Illustrator
图形制作

胡家强　刘婷婷　王　甜　著

北京希望电子出版社
Beijing Hope Electronic Press
www.bhp.com.cn

内容简介

本书以实训案例的讲解为主，以理论知识的介绍为辅，对 Illustrator 软件的功能进行了全面阐述。全书共 12 章，主要内容包括 Illustrator 的基础知识、基本图形的绘制与编辑、复杂图形的绘制与编辑、图形的填充和描边、对象的基本操作、对象的高级管理与编辑、文字工具的应用、图表的绘制与编辑、符号的绘制与编辑、效果的应用、打印与自动化处理、切片与网页输出等。

本书结构合理，通俗易懂，图文并茂，可作为广大平面设计爱好者和专业人员的参考用书，也可作为平面设计相关专业的教材。

图书在版编目（ＣＩＰ）数据

Illustrator 图形制作 / 胡家强，刘婷婷，王甜著.

北京：北京希望电子出版社，2024.8.

-- ISBN 978-7-83002-886-2

Ⅰ. TP391.412

中国国家版本馆 CIP 数据核字第 2024YL2727 号

出版：北京希望电子出版社	封面：周卓琳
地址：北京市海淀区中关村大街 22 号	编辑：郭燕春　毛文潇
中科大厦 A 座 10 层	校对：石文涛
邮编：100190	开本：787 mm×1092 mm　1/16
网址：www.bhp.com.cn	印张：16.5
电话：010-82620818（总机）转发行部	字数：391 千字
010-82626237（邮购）	印刷：北京昌联印刷有限公司
经销：各地新华书店	版次：2024 年 12 月 1 版 1 次印刷

定价：79.80 元

前言
PREFACE

"十三五"期间，数字创意产业作为国家战略性新兴产业蓬勃发展，设计、影视与传媒、数字出版、动漫游戏、在线教育等数字创意领域日新月异。"十四五"规划进一步提出"壮大数字创意、网络视听、数字出版、数字娱乐、线上演播等产业"。

计算机、互联网、移动网络技术的迭代升级为数字创意产业提供了硬件和软件基础，而Adobe、Corel、Autodesk等企业提供了先进的软件和服务支撑。在数字化设计领域，Adobe Illustrator作为一款功能强大的矢量图形处理软件，广受设计师青睐。它不仅帮助设计师创造出精美的图形作品，还极大地提升了工作效率和创意表达的自由度。本书正是基于这样的背景，为想要深入学习并掌握Illustrator的用户量身定制。

本书共12章，内容涵盖了Illustrator的基础知识、基本图形的绘制与编辑、复杂图形的绘制与编辑、图形的填充与描边、对象的基本操作、对象的高级管理与编辑、文字工具的应用、图表的绘制与编辑、符号的绘制与编辑、效果的应用、打印与自动化处理、切片与网页输出等全方位的知识技能。每一章节都力求通过实例讲解与理论介绍相结合的方式，让读者在理解基础知识的同时，掌握实际的操作技能。

与市面上众多Illustrator教程不同，本书更注重实战经验的分享。书中不仅包含了大量精心设计的实训案例，还融入了作者在设计实践中积累的宝贵经验，使读者能够在学习中避开各种误区，更快地提升技能水平。

此外，本书还特别强调了设计思维的培养。通过穿插在各章节中的知识讲解，帮助读者建立正确的设计理念和方法论，从而在掌握软件操作的同时，也能提升整体的设计能力和审美水平。

我们深知，技术的进步日新月异，而设计领域的竞争也日益激烈。因此，本书致力于为读者提供系统、实用的学习路径，帮助他们在设计领域脱颖而出，实现个人价值与社会价值的双重提升。

无论你是设计领域的新手，还是有一定基础的设计师，相信本书都将是你不可多得的学习伙伴。让我们一起，借助Illustrator的强大功能，开启一段充满挑战与收获的设计之旅。

本书在写作的过程中坚持严谨细致的态度，精益求精。由于水平有限，书中不足之处在所难免，希望读者朋友批评指正。

编 者
2024年8月

ILLUSTRATOR
知识画板

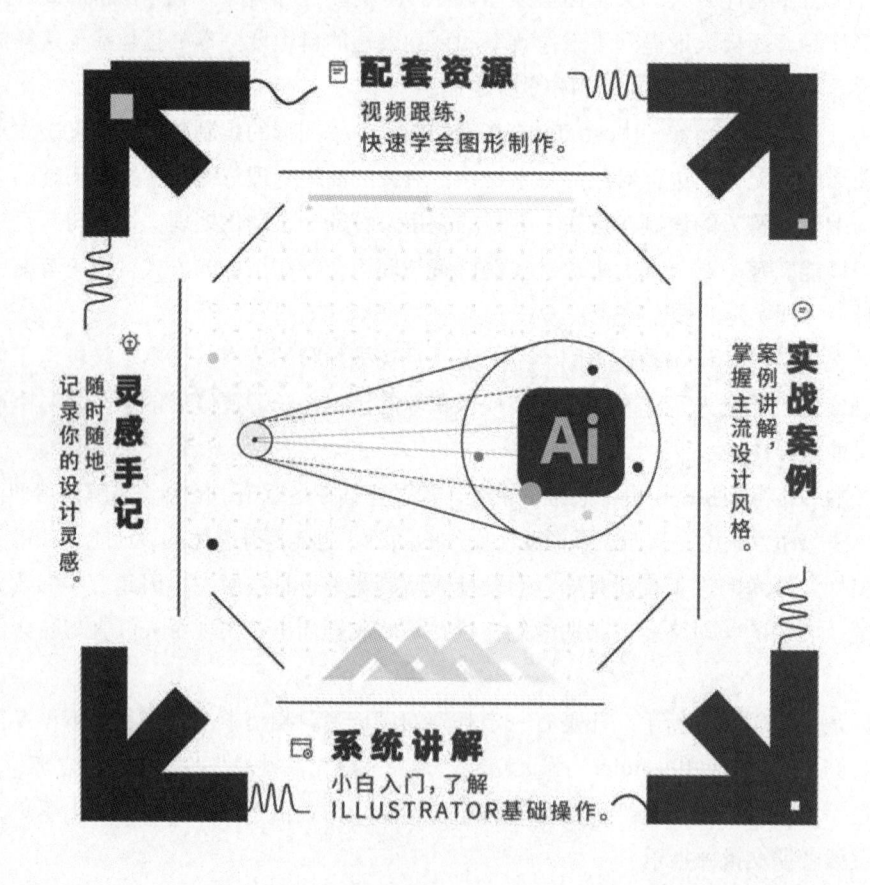

"码"上打开

配套资源
视频跟练，
快速学会图形制作。

实战案例
案例讲解，
掌握主流设计风格。

灵感手记
随时随地，
记录你的设计灵感。

系统讲解
小白入门，了解
ILLUSTRATOR基础操作。

目录 CONTENTS

第1章 Illustrator的基础知识

1.1 Illustrator的基本操作 2
- 1.1.1 像素和分辨率 2
- 1.1.2 矢量图形和位图图像 2
- 1.1.3 图像色彩模式 4
- 1.1.4 常见图像文件格式 5
- 1.1.5 了解Illustrator 6
- 1.1.6 Illustrator的工作界面 8

1.2 文档的基本操作 10
- 1.2.1 新建文档 10
- 1.2.2 置入文档 12
- 1.2.3 文档的存储 12
- 1.2.4 文档的导出 13

1.3 图像的基本操作 15
- 1.3.1 图像的缩放与移动 15
- 1.3.2 屏幕模式 16

1.4 辅助工具 18
- 1.4.1 标尺 18
- 1.4.2 参考线 18
- 1.4.3 智能参考线 19
- 1.4.4 网格 20

1.5 设计知识：商业插画设计 20
- 1.5.1 插画的概念 20
- 1.5.2 插画的三要素 21
- 1.5.3 商业插画的分类 22
- 1.5.4 插画的基本类型 24
- 1.5.5 插画的艺术形象 25

实训案例 制作中秋插画 26

第2章 基本图形的绘制与编辑

2.1 绘制基本图形 31
- 2.1.1 矩形工具 31
- 2.1.2 椭圆工具 32
- 2.1.3 圆角矩形工具 32
- 2.1.4 多边形工具 33

· 1 ·

	2.1.5	星形工具	34
	2.1.6	光晕工具	34
2.2	线性工具		36
	2.2.1	直线段工具	36
	2.2.2	弧形工具	36
	2.2.3	螺旋线工具	37
	2.2.4	矩形网格工具	37
	2.2.5	极坐标网格工具	38
2.3	橡皮擦工具组		39
	2.3.1	橡皮擦工具	39
	2.3.2	剪刀工具	40
	2.3.3	刻刀	41
2.4	宽度工具组		42
	2.4.1	宽度工具	42
	2.4.2	变形工具	43
	2.4.3	旋转扭曲工具	43
	2.4.4	缩拢工具	44
	2.4.5	膨胀工具	44
	2.4.6	扇贝工具	45
	2.4.7	晶格化工具	45
	2.4.8	皱褶工具	46
2.5	设计知识：海报招贴设计		46
	2.5.1	海报招贴的起源	46
	2.5.2	海报招贴的分类	47
	2.5.3	海报招贴设计的要素	48
	2.5.4	海报招贴设计的要求	52
	2.5.5	海报招贴与其他广告的区别	52

实训案例 绘制几何海报　　53

第3章　复杂图形的绘制与编辑

3.1	认识路径和锚点		59
	3.1.1	路径的组成	59
	3.1.2	开放路径和闭合路径	59
	3.1.3	复合路径	60
3.2	钢笔工具组		61
	3.2.1	钢笔工具	61
	3.2.2	添加锚点工具和删除锚点工具	61
	3.2.3	锚点工具	62
	3.2.4	曲率工具	62
3.3	画笔工具		63
	3.3.1	"画笔"面板和画笔库	64

目录 CONTENTS

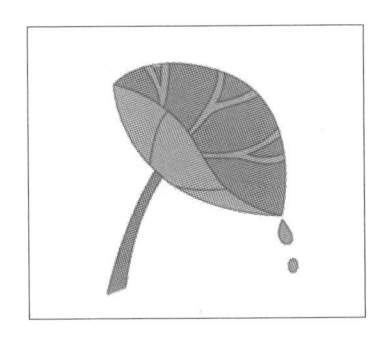

  3.3.2 画笔类型 ……………………………… 64
3.4 铅笔工具组 …………………………………… 69
  3.4.1 Shaper工具 …………………………… 69
  3.4.2 铅笔工具 ……………………………… 70
  3.4.3 平滑工具 ……………………………… 70
  3.4.4 路径橡皮擦工具 ……………………… 70
  3.4.5 连接工具 ……………………………… 71
3.5 设计知识：卡通漫画设计 …………………… 71
  3.5.1 卡通漫画的概念 ……………………… 71
  3.5.2 卡通漫画人物的造型特点 …………… 72
  3.5.3 卡通漫画形象的造型方法 …………… 73

实训案例 绘制扁平风人物   74

第4章 图形的填充和描边

4.1 设置填充与描边 ……………………………… 79
  4.1.1 "颜色"面板 ………………………… 79
  4.1.2 "色板"面板 ………………………… 79
  4.1.3 "渐变"面板 ………………………… 80
  4.1.4 图案填充 ……………………………… 82
  4.1.5 "描边"面板 ………………………… 83
4.2 实时上色工具组 ……………………………… 85
  4.2.1 创建实时上色组 ……………………… 85
  4.2.2 扩展和释放实时上色组 ……………… 85
  4.2.3 选择实时上色组 ……………………… 86
4.3 网格工具 ……………………………………… 87
  4.3.1 使用"网格工具"改变对象颜色 …… 88
  4.3.2 使用"网格工具"调整对象状态 …… 88
4.4 设计知识：宣传画册设计 …………………… 89
  4.4.1 宣传画册的种类 ……………………… 89
  4.4.2 企业宣传画册的设计原则 …………… 90

实训案例 制作"恋心首饰"宣传画册   91

第5章 对象的基本操作

5.1 对象的选取 …………………………………… 103
  5.1.1 选择工具 ……………………………… 103
  5.1.2 直接选择工具 ………………………… 104
  5.1.3 编组选择工具 ………………………… 104

	5.1.4 套索工具	105
	5.1.5 魔棒工具	105
	5.1.6 "选择"命令	106
5.2	对象的变换	108
	5.2.1 "变换"面板	108
	5.2.2 移动对象	109
	5.2.3 使用"比例缩放工具"变换对象	110
	5.2.4 使用"倾斜工具"变换对象	111
	5.2.5 使用"旋转工具"变换对象	112
	5.2.6 使用"镜像工具"变换对象	113
实训案例	制作波浪线卡片	114

第6章 对象的高级管理与编辑

6.1	使用"图层"面板管理对象	120
	6.1.1 认识"图层"面板	120
	6.1.2 使用"图层"面板	120
6.2	对象的排列	122
6.3	对齐与分布	123
	6.3.1 对齐对象	124
	6.3.2 分布对象	124
	6.3.3 分布间距与对齐依据	125
6.4	隐藏与显示	125
	6.4.1 隐藏对象	125
	6.4.2 显示对象	126
6.5	锁定和群组对象	126
	6.5.1 锁定与解锁对象	126
	6.5.2 编组与取消编组对象	127
6.6	对象的高级编辑	128
	6.6.1 剪切蒙版	128
	6.6.2 混合工具	129
	6.6.3 图像描摹	131
6.7	设计知识：书籍装帧设计	133
	6.7.1 书籍装帧设计的定义	133
	6.7.2 书籍装帧设计的要素	134
实训案例	制作图书封面	136

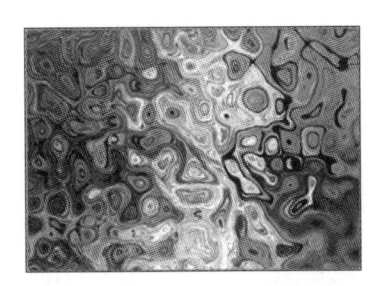

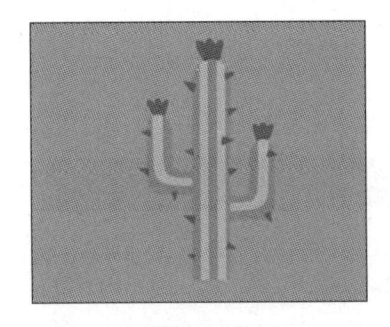

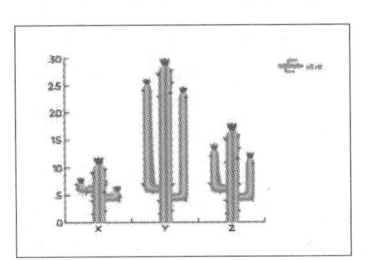

第7章 文字工具的应用

7.1 文字工具组 142
- 7.1.1 文字工具 142
- 7.1.2 区域文字工具 143
- 7.1.3 路径文字工具 145
- 7.1.4 修饰文字工具 147

7.2 "字符"面板和"段落"面板 148
- 7.2.1 "字符"面板 148
- 7.2.2 "段落"面板 150

7.3 文本的编辑 152
- 7.3.1 变形文字 152
- 7.3.2 创建轮廓 153
- 7.3.3 串接文本 154
- 7.3.4 文本分栏 154
- 7.3.5 文本绕排 155

7.4 设计知识:标志设计 155
- 7.4.1 Logo标志的含义 155
- 7.4.2 Logo标志的设计原则 156
- 7.4.3 Logo标志的发展趋势 157

实训案例 制作粒子文字效果　158

第8章 图表的绘制与编辑

8.1 图表工具组 164
- 8.1.1 柱形图工具 164
- 8.1.2 堆积柱形图工具 165
- 8.1.3 条形图与堆积条形图工具 165
- 8.1.4 折线图工具 166
- 8.1.5 面积图工具 166
- 8.1.6 散点图工具 167
- 8.1.7 饼图工具 167
- 8.1.8 雷达图工具 167

8.2 编辑图表 168
- 8.2.1 "图表类型"对话框 168
- 8.2.2 设置坐标轴 170
- 8.2.3 图表设计 171

实训案例 制作饼图图表　172

第9章 符号的绘制与编辑

9.1 "符号"面板与符号库 ········178
9.1.1 "符号"面板 ········178
9.1.2 符号库 ········178
9.2 添加符号对象 ········179
9.2.1 符号喷枪工具 ········179
9.2.2 编辑符号对象 ········180
9.3 调整符号对象效果 ········181
9.3.1 移动符号 ········181
9.3.2 调整符号间距 ········182
9.3.3 调整符号大小 ········182
9.3.4 旋转符号 ········182
9.3.5 调整符号颜色 ········183
9.3.6 调整符号透明度 ········183
9.3.7 添加图形样式 ········183

实训案例 制作宣传海报　　184

第10章 效果的应用

10.1 Illustrator效果 ········188
10.1.1 3D ········188
10.1.2 SVG滤镜 ········192
10.1.3 变形 ········193
10.1.4 扭曲和变换 ········193
10.1.5 裁剪标记 ········197
10.1.6 路径 ········198
10.1.7 路径查找器 ········199
10.1.8 转换为形状 ········203
10.1.9 风格化 ········204
10.2 Photoshop效果 ········209
10.2.1 像素化 ········209
10.2.2 扭曲 ········210
10.2.3 模糊 ········211
10.2.4 画笔描边 ········212
10.2.5 素描 ········213
10.2.6 纹理 ········215
10.2.7 艺术效果 ········216

实训案例 制作文字的毛绒效果　　218

第11章 打印与自动化处理

11.1 文件的打印 ……………………………… 224
11.2 "动作"面板 …………………………… 227
11.3 动作的记录与应用 …………………… 228
11.3.1 动作预设的应用 ………………… 228
11.3.2 记录与播放动作 ………………… 228
11.3.3 动作的编辑处理 ………………… 229
11.4 批处理 …………………………………… 231

实训案例 创建动作和批处理 …………………… 233

第12章 切片与网页输出

12.1 切片工具组 …………………………… 237
12.1.1 切片工具 ………………………… 237
12.1.2 切片选择工具 …………………… 238
12.2 切片的创建与编辑 …………………… 238
12.2.1 基于参考线创建切片 …………… 238
12.2.2 划分切片 ………………………… 239
12.2.3 设置切片选项 …………………… 240
12.2.4 编辑切片 ………………………… 241
12.3 Web图形输出 ………………………… 242
12.3.1 优化GIF格式设置 ……………… 243
12.3.2 优化JPEG格式设置 …………… 243
12.3.3 优化PNG格式设置 …………… 244
12.4 设计知识：网页版式设计 …………… 244
12.4.1 网页的基本组成元素 …………… 244
12.4.2 网页版式设计原则 ……………… 247

实训案例 制作网页切片 ………………………… 249

参考文献 ……………………………………………… 252

第1章
Illustrator 的基础知识

内容概要

本章主要讲解Illustrator的基础知识，包括：与图形图像、颜色相关的知识，Illustrator与Photoshop的区别及Illustrator的应用领域，在Illustrator中如何进行文档和图像的基本操作，以及一些辅助工具的应用。

知识要点

- Illustrator的相关知识。
- 文档的基本操作。
- 图像的基本操作。
- 辅助工具。

数字资源

【本章案例素材来源】："素材文件\第1章"目录下
【本章案例最终文件】："素材文件\第1章\实训案例\制作中秋插画.ai"

1.1 Illustrator的基本操作

在学习Illustrator软件之前，本节先介绍图形图像的相关知识和Illustrator的工作界面。

■ 1.1.1 像素和分辨率

像素是构成图像的最小单位，是图像的基本元素。若把图像放大数倍，会发现这些连续色调其实是由许多色彩相近的小方点组成的，如图1-1和图1-2所示。这些小方点就是构成图像的最小单位——像素（pixel）。图像像素点越多，色彩信息越丰富，效果就越逼真。

图 1-1　　　　　　　　　　图 1-2

分辨率在数字图像的显示及打印等方面起着至关重要的作用，常以"宽×高"的形式来表示。在一般情况下，分辨率主要分为图像分辨率、屏幕分辨率和打印分辨率3种。

- **图像分辨率**：指图像中每单位面积含有的像素数目。常用单位是"像素/英寸"和"像素/厘米"。分辨率高的图像比相同打印尺寸的低分辨率图像包含更多的像素，因而图像会更加清晰、细腻。
- **屏幕分辨率**：指屏幕显示的分辨率，即屏幕上显示的像素个数。常见的屏幕分辨率类型有1 920×1 080、1 600×1 200、640×480。在屏幕尺寸相同的情况下，分辨率越高，显示效果就越清晰和细致。
- **打印分辨率**：打印分辨率又称为输出分辨率，是指在打印输出时横向和纵向两个方向上每英寸最多能够打印的点数，通常以"点/英寸"（dot per inch,dpi）表示。大部分打印机的分辨率为300～600 dpi。

> **提示**：在确定图像的分辨率时，应考虑图像的最终用途，根据用途对图像设置相应的分辨率。如果所制作的图像用于网络，分辨率只需满足典型的显示器分辨率（72 dpi或96 dpi）即可；如果图像用于打印、输出，则需要满足打印机或其他输出设备的要求；如果图像用于印刷，图像分辨率应不低于300 dpi。

■ 1.1.2 矢量图形和位图图像

计算机记录数字图像的方式有两种：一种是用像素点阵方法记录，即位图图像；另一种是通过数学方法记录，即矢量图形。Photoshop在不断升级的过程中，其功能越来越强大，但编辑对象仍然是位图图像。

1. 矢量图形

矢量图形又称为向量图形，使用直线和曲线来描述图形。由于其线条的形状、位置、曲率和粗细都是通过数学公式进行描述和记录的，因而矢量图形与分辨率无关，能以任意大小输出，不会遗漏细节或降低清晰度，更不会出现锯齿状边缘的现象，而且图像文件所占的磁盘空间也很少，非常适合网络传输。矢量图形在标志设计、插图设计和工程绘图上具有很大的优势。制作和处理矢量图形的软件有Illustrator、CorelDRAW等，绘制的矢量图形如图1-3和图1-4所示。

图 1-3

图 1-4

2. 位图图像

位图图像又称为点阵图像，是由许许多多的点组成的，这些点称之为"像素"。这些不同颜色的点按一定次序进行排列，就组成了色彩斑斓的图像。当把位图图像放大到一定程度显示时，计算机屏幕上就可以看到一个个的小色块，如图1-5和图1-6所示。这些小色块就是组成图像的像素。位图图像通过记录每个点（像素）的位置和颜色信息来保存图像，因此图像的像素越多，每个像素的颜色信息就越多，图像文件也就越大。

图 1-5

图 1-6

> **提示**：位图图像与分辨率有关。当位图图像在屏幕上以较大的放大倍数显示或以过低的分辨率打印时，就会出现锯齿状的图像边缘。因此，在制作和处理位图图像之前，应首先根据输出的要求调整好图像的分辨率。制作和处理位图图像的软件有Photoshop、Painter等。

■1.1.3 图像色彩模式

色彩模式是指同一属性下不同颜色的集合，它能使用户方便地使用各种颜色，而不必在重复使用时对颜色进行重新调配。常用的色彩模式包括RGB模式、CMYK模式、Lab模式、HSB模式、位图模式、灰度模式和索引模式等。每种模式都有自己的优缺点及适用范围，并且各模式之间可以根据图像处理工作的需要进行转换。

1. RGB模式

RGB模式是最基础的色彩模式，是一种发光屏幕的加色模式，是最适合计算机屏幕显示的一种色彩模式。在RGB模式中，R（Red）代表红色，G（Green）代表绿色，B（Blue）代表蓝色，如图1-7所示。新建的Photoshop图像默认色彩模式为RGB模式。

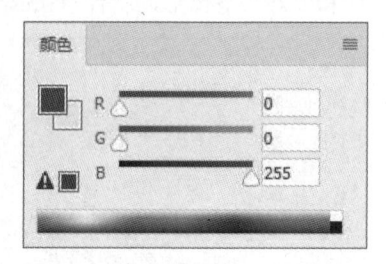

图 1-7

2. CMYK模式

CMYK模式是一种减色模式，主要用于印刷领域。CMYK模式中，C（Cyan）代表青色，M（Magenta）代表品红色，Y（Yellow）代表黄色，K（Black）代表黑色，如图1-8所示。由于B既可以代表Black（黑色），也可以代表Blue（蓝色），所以为了避免歧义，黑色用K代表。C、M、Y分别是红、绿、蓝的互补色。

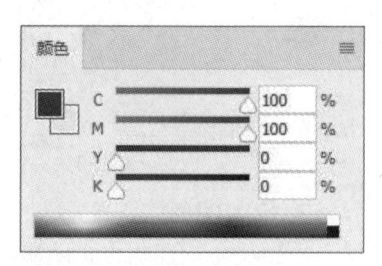

图 1-8

3. Lab模式

Lab模式是最接近自然世界颜色的一种色彩模式。其中，L表示亮度，亮度范围是0~100；a表示由绿色到红色的范围；b代表由蓝色到黄色的范围；a和b范围均为–128～+127，如图1-9所示。该模式解决了由不同的显示器和打印设备所造成的颜色差异问题，是一种独立于设备存在的颜色模式，不受任何硬件性能的影响。

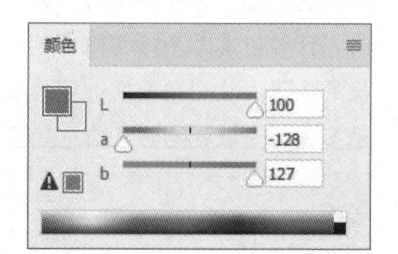

图 1-9

4. HSB模式

HSB模式又称HSV模式，是基于人类对颜色的感觉而开发的模式，最接近人眼对颜色的观察。所有的颜色都用色相（H）、饱和度（S）和亮度（B）3个特性来描述，如图1-10所示。

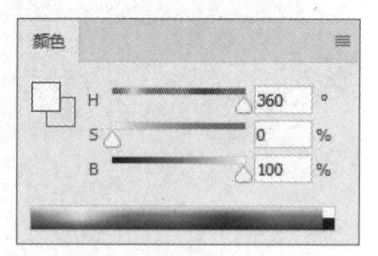

图 1-10

5. 位图模式

位图模式是由黑、白两种像素组成的图像模式，有助于较为完善地控制灰度图的打印。只有灰度模式或多通道模式的图像才能转换为位图模式。因此，要把RGB模式转换为位图模式，应先将其转换为灰度模式，再由灰度模式转换为位图模式。

6. 灰度模式

灰度模式的图像中只存在灰度，而没有色度、饱和度等颜色信息。灰度模式共有256个灰度级。灰度模式的应用十分广泛。在成本相对低廉的黑白印刷中，许多图像都采用了灰度模式。

7. 索引颜色模式

索引颜色模式是网络和动画中常用的图像模式，当彩色图像转换为索引颜色的图像后包含近256种颜色。索引颜色图像包含一个颜色表。如果原图像中颜色不能用256色表现，则Photoshop会从可使用的颜色中选出最相近的颜色来模拟这些颜色，从而有效减小图像文件的尺寸。

■1.1.4 常见图像文件格式

图像文件有很多种存储格式，对于同一幅图像，如果存储格式不同，其所对应的文件大小也不同，这是因为文件的压缩方式不同。小文件由于存储空间小，可能会损失更多的图像信息，而大文件则会更好地保持图像质量。

- **CDR（*.CDR）**：CDR格式是Corel公司旗下绘图软件CorelDRAW的专用图形文件格式。由于CorelDRAW是矢量图形绘制软件，CDR格式可以记录文件的属性、位置和分页等，但它在兼容性上比较差，在所有CorelDRAW应用程序中均能使用，但其他图像编辑软件则无法打开并编辑此类文件。
- **Adobe Illustrator（*.AI）**：AI格式是Illustrator软件创建的矢量图格式，AI格式的文件可以直接在Photoshop软件中打开，打开后的文件将转换为位图格式。
- **EPS（*.EPS）**：EPS是Encapsulated PostScript首字母的缩写，是一种通用的行业标准格式。除了多通道模式的图像之外，其他模式的图像都可存储为EPS格式，但是它不支持Alpha通道。EPS格式可以支持剪贴路径，可以产生镂空或蒙版效果。
- **TIFF（*.TIFF）**：TIFF格式是印刷行业标准的图像格式，通用性很强，几乎所有的图像处理软件和排版软件都为其提供了很好的支持，因此广泛用于在程序之间和计算机平台之间进行图像数据交换。TIFF格式支持RGB、CMYK、Lab、索引颜色、位图和灰度颜色模式，并且在RGB、CMYK和灰度3种颜色模式中还支持使用通道、图层和路径。
- **Photoshop（*.PSD）**：PSD格式是Adobe Photoshop软件的专用格式，也是Photoshop新建和保存图像文件时默认的格式。PSD格式是唯一支持所有图像模式的格式，并且可以存储Photoshop中建立的所有图层、通道、参考线、注释和颜色模式等信息，以便下次编辑。因此，最好将没有编辑完成和下次需要继续编辑的文件保存为PSD格式。
- **GIF（*.GIF）**：GIF格式也是一种通用的图像格式，将图像保存为GIF格式之前，需要先将图像转换为位图、灰度或索引颜色等颜色模式。GIF采用两种保存格式，一种为"正常"格式，可以支持透明背景和动画格式；另一种为"交错"格式，可以让图像在网络上由模糊逐渐转为清晰的方式显示。

- **JPEG（*.JPG）**：JPEG格式是一种高压缩比、有损压缩、真彩色图像文件格式，其最大特点是文件比较小，可以进行高倍率的压缩，因而在注重文件大小的领域应用广泛。JPEG格式是压缩率最高的图像格式之一，这是由于JPEG格式在压缩保存的过程中会以失真最小的方式丢失一些肉眼不易察觉的数据，但保存后的图像与原图像还是会有所差别，没有原图像的质量好，一般在印刷、出版等高要求的场合下不宜使用。
- **PDF（*.PDF）**：PDF格式是Adobe公司开发的一种跨平台的通用文件格式，能够保存任何源文档的字体、格式、颜色和图形，而不管创建该文档所使用的软件，Illustrator和Photoshop软件都可直接将文件存储为PDF格式。
- **PNG（*.PNG）**：PNG格式是Portable Network Graphics（便携式网络图形）的缩写，是Netscape公司专为互联网开发的网络图像格式。不同于GIF格式图像，使用PNG格式可以保存24位的真彩色图像，并且支持透明背景和消除锯齿边缘的功能，可以在不失真的情况下压缩保存图像。由于不是所有的浏览器都支持PNG格式，所以该格式使用范围没有GIF和JPEG广泛。PNG格式在RGB和灰度颜色模式下支持Alpha通道，但在索引颜色和位图模式下不支持Alpha通道。

■ 1.1.5 了解Illustrator

在计算机绘图领域中，绘图软件可分为两大类，一类是以数学方法表现图形的矢量图软件，其中以CorelDRAW、Illustrator为代表；另一类是以像素来表现图像的位图处理软件，其中以Photoshop为代表。Illustrator系列是Adobe公司开发的主要基于矢量图形的优秀软件，它在矢量绘图软件中占有重要地位，并且对位图也有一定的处理能力。

1. Illustrator与Photoshop

Illustrator（简称AI）与Photoshop（简称PS）两个软件的关系是相辅相成的。

AI作为矢量图绘制方面的利器，在制作矢量图形上有着无与伦比的优势，它在图形、卡通、文字造型、路径造型上表现非常出色，如图1-11所示。

PS在图像抠取、修饰图片、色彩融合、图层等方面有优势，可以创造出写实的图像、流畅的光影变化、过渡自然的羽化效果，如图1-12所示。

图1-11　　　　　　　　　　图1-12

2. Illustrator的应用范围

Illustrator在矢量图绘制领域是很出色的一个软件，利用该软件可以绘制标志、VI、广告、版面、插画等，适用于可以使用矢量图来表现的应用类别，也可以用来创建设计作品中使用到的一些小的矢量图形。可以说，只要能想象得到的图形，都可以通过该软件创作出来。

（1）平面设计。

Illustrator可以应用于平面设计中的很多类别，不管是广告设计、海报设计、标志设计、POP设计、书籍装帧设计等，都可以使用该软件直接创作或是配合创作完成，如图1-13和图1-14所示。

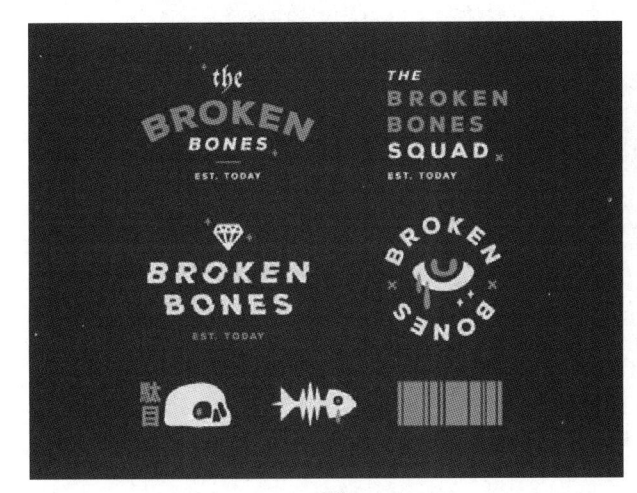

图 1-13

图 1-14

（2）排版设计。

Illustrator作为一个矢量绘图软件，也提供了强大的文本处理和图文混排功能。它不仅可以创建各种文本，也可像其他文字处理软件一样排版大段的文字。其最大的优点是可以把文字作为图形进行处理，制作出绚丽多彩的文字效果，如图1-15和图1-16所示。

图 1-15

图 1-16

（3）插画设计。

目前，Illustrator依旧是很多插画师追捧的绘图利器。利用其强大的绘制功能，不仅可以实现各种图形效果，还可以使用众多的图案、笔刷，实现丰富的画面效果，如图1-17和图1-18所示。

图 1-17 　　　　　　　　　　　图 1-18

（4）UI设计。

UI设计或称界面设计，是指对软件的人机交互、操作逻辑、界面美观的整体设计。比如UI设计中手机App、网页设计的布局排版、按钮、图标等矢量元素，都适合用Illustrator绘制，如图1-19和图1-20所示。

图 1-19 　　　　　　　　　　　图 1-20

■ 1.1.6　Illustrator 的工作界面

Illustrator的工作界面主要由菜单栏、控制栏、标题栏、工具箱、面板组、绘图区、工作区域、状态栏组成，如图1-21所示。

第1章 **Illustrator的基础知识**

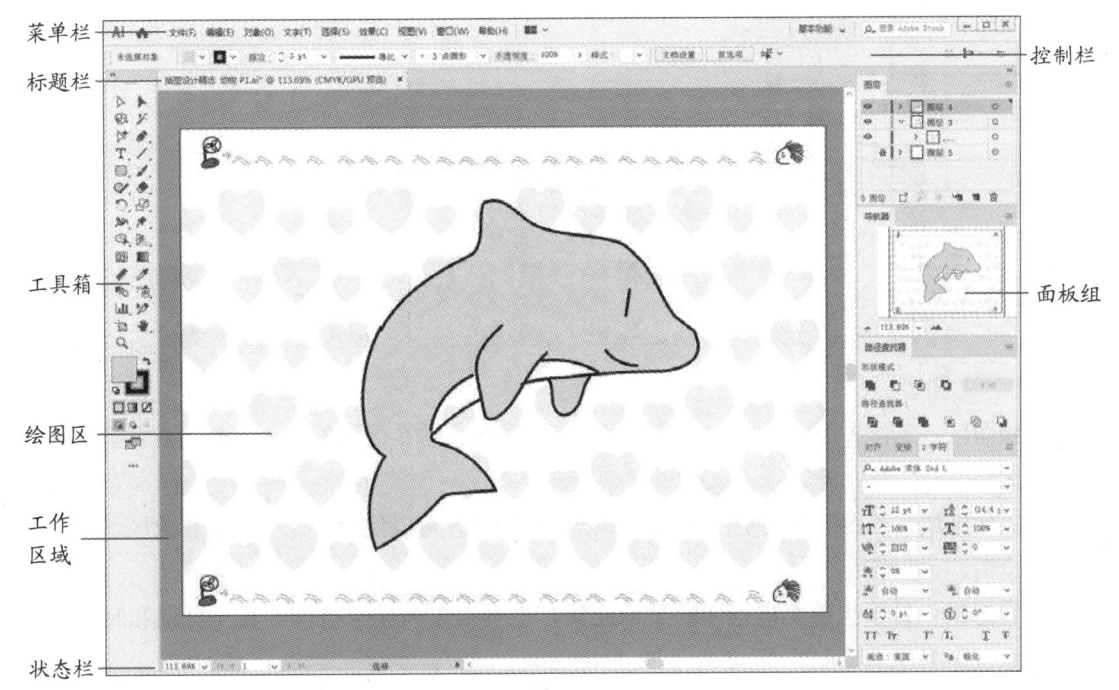

图 1-21

下面简要介绍各部分的主要功能和作用。

- **菜单栏**：包括文件、编辑、对象、文字、效果和帮助等9个主菜单，如图1-22所示。每个菜单都包括多个子菜单，通过应用这些菜单命令可以完成大多数的常规操作。

图 1-22

- **控制栏**：控制栏左侧是一些常用的图形设置选项，例如填色、描边参数等。使用不同的工具时，该控制栏上显示的选项也不同，如图1-23所示。

图 1-23

- **标题栏**：打开一个图像或文档文件时，在工作区域上方会显示该文档的相关信息，包括文档名称、文档格式、缩放等级、颜色模式等，如图1-24所示。

图 1-24

- **工具箱**：包括了Illustrator中所有的工具，大部分工具还有展开式工具栏，里面包含了与该工具功能相类似的工具，可以方便、快捷地进行绘图与编辑。当Illustrator工具箱无法完全显示时，可以将单排的工具箱折叠为双排显示，单击 ◀◀、▶▶ 按钮即可在两种显示模式之间切换，如图1-25和图1-26所示。长按某工具不放即可展开该工具组，如图1-27所示；单击右边黑色三角，此时展开的工具组就从工具箱分离出来，成为独立的工具栏，如图1-28所示。

· 9 ·

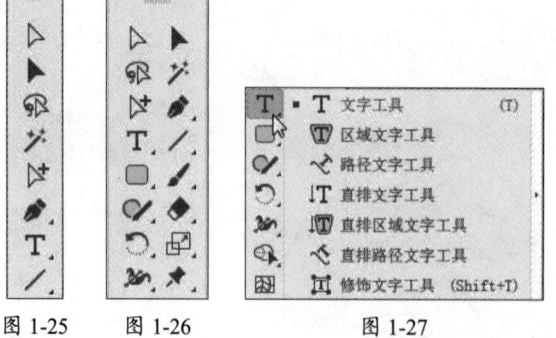

图 1-25　　　图 1-26　　　　　图 1-27 　　　　　　　图 1-28

- **绘图区**：工作界面中间黑色实线围成的矩形区域，这个区域的大小就是用户设置的页面大小。
- **工作区域**：绘图区外的空白区域，和绘图区相同，可以使用绘制类工具在此区域自由地绘图。
- **状态栏**：显示当前文档视图的显示比例，也可设置为显示当前工具、日期和时间等信息，如图1-29所示。
- **面板**：Illustrator中最重要的组件之一，在面板中可设置数值和调节功能。按住鼠标左键拖动可将面板和窗口分离。单击 、 按钮或单击面板名称可以显示或隐藏面板内容，如图1-30和图1-31所示。

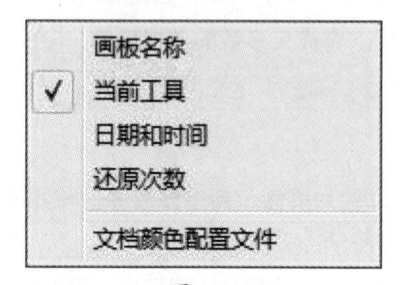

图 1-29 　　　　　　　图 1-30 　　　　　　　图 1-31

1.2　文档的基本操作

熟悉了Illustrator的工作界面，下面来了解文档的一些基本操作，包括新建文档、置入文档、文件的存储、文件的导出，以及文件的设置等操作。

■ 1.2.1　新建文档

启动Illustrator软件，执行"文件"→"新建"命令，或按Ctrl+N组合键，打开"新建文档"对话框，如图1-32所示。

该对话框中各选项的介绍如下：

- **预设详细信息**：可在该文本框中输入新建文档的名称，默认状态下是"未标题-1"。
- **宽度、高度、单位**：设置文档尺寸和度量单位，默认状态下是"毫米"。

图 1-32

- **方向**：设置新建页面是竖向排版还是横向排版。
- **画板**：设置画板数量。
- **出血**：可设置出血参数值，当数值不为0时，可在创建文档的同时，在画板四周显示设置的出血范围。
- **颜色模式**：用于设置新建文件的颜色模式。
- **栅格效果**：为文档中的栅格效果指定分辨率。
- **预览模式**：为文档设置默认预览模式，可以使用"视图"菜单更改此选项。
- **更多设置**：单击此按钮，显示"更多设置"对话框，若画板数量在2或2以上，便可以设置画板的排列方式、间距、列数，如图1-33所示。

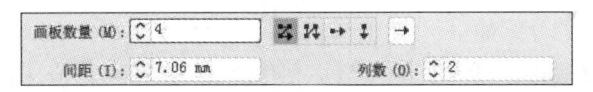

图 1-33

按Ctrl+Shift+N组合键，可以在弹出的"从模板新建"对话框中选择软件自带的模板进行设计创作，如图1-34所示。

图 1-34

1.2.2 置入文档

执行"文件"→"置入"命令,打开"置入"对话框,如图1-35所示。该命令可以将多种格式的图形、图像文件置入Illustrator软件的当前工作区域中,还可以以嵌入或链接的形式置入文件,也可以作为模板文件置入。

图1-35

该对话框中各选项的介绍如下:
- **链接**:选中此复选框,被置入的图形或图像文件与当前Illustrator文档保持独立,最终形成的文件不会太大,当链接的原文件被修改或编辑时,置入的链接文件也会自动修改更新;若取消选中,置入的文件会嵌入Illustrator当前打开的文档中,形成一个较大的文件,并且当链接的文件被编辑或修改时,置入的文件不会自动更新。默认状态下"链接"选项处于被选中状态。
- **模板**:选中此复选框,将置入的图形或图像创建为一个新的模板图层,并用图形或图像的文件名称为该模板命名。
- **替换**:如果在置入图形或图像文件之前,页面中具有被选取的图形或图像,单击"替换"复选框,可以用新置入的图形或图像替换被选取的原图形或图像。页面中如果没有被选取的图形或图像文件,"替换"选项不可用。

1.2.3 文档的存储

第一次保存文件时,执行"文件"→"存储"命令,或按Ctrl+S组合键,弹出"存储为"对话框,如图1-36所示。在该对话框中输入要保存文件的名称,设置保存文件位置和类型。设置完成后,单击"保存"按钮,弹出"Illustrator选项"对话框,如图1-37所示。

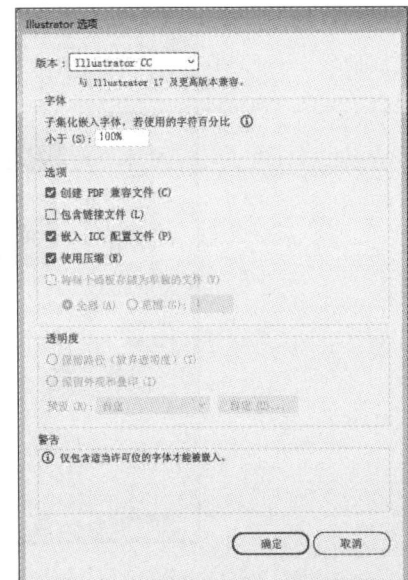

图 1-36　　　　　　　　　　　图 1-37

该对话框中各选项的介绍如下：
- **版本**：指定希望文件兼容的Illustrator版本，旧版格式不支持当前版本中的所有功能。
- **创建PDF兼容文件**：在Illustrator文件中存储文档的PDF演示。
- **嵌入ICC配置文件**：创建色彩受管理的文档。
- **使用压缩**：在Illustrator文件中压缩PDF数据。
- **将每个画板存储到单独的文件**：将每个画板存储为单独的文件同时还会单独创建一个包含所有画板的主文件。涉及某个画板的所有内容都会包含在与该画板对应的文件中。用于存储的文件的画板会基于默认文档启动配置文件的大小。
- **透明度选项**：确定若是选择早于9.0版本的 Illustrator格式时，如何处理透明对象。选择"保留路径"可放弃透明度效果并将透明图稿重置为100%不透明度和正常混合模式。选择"保留外观和叠印"可保留与透明对象不相互影响的叠印，与透明对象相互影响的叠印将拼合。

若是既要保留修改过的文件，又不想放弃原文件，则可以执行"文件"→"存储为"命令，或按Ctrl+Shift+S组合键，在弹出的"存储为"对话框中可以为修改过的文件重命名，并设置文件的路径和类型。设置完成后，单击"保存"按钮，原文件保持不变，修改过的文件被另存为一个新的文件。

■ 1.2.4　文档的导出

"存储"命令可以将文档存储为Illustrator特有的矢量文件格式；若要保存为便于浏览、传输的文件格式，则需执行"文件"→"导出"命令，如图1-38所示。

图 1-38

该对话框中各选项的介绍如下：
- **选择面板**：选中此复选框，只保存画板内的图形；若取消选中，则会保存工作区域图形，如图1-39和图1-40所示。

图 1-39 　　　　　　　　　　　　　　图 1-40

- **全部**：若有多个面板，选中此复选框，将保存所有画板的图像文档。
- **范围**：选中此复选框，可设置保存画板图像的范围。

若导出文件类型设置为"JPEG（*.JPEG）"时，单击"导出"按钮，则弹出"JPEG选项"对话框，如图1-41所示。

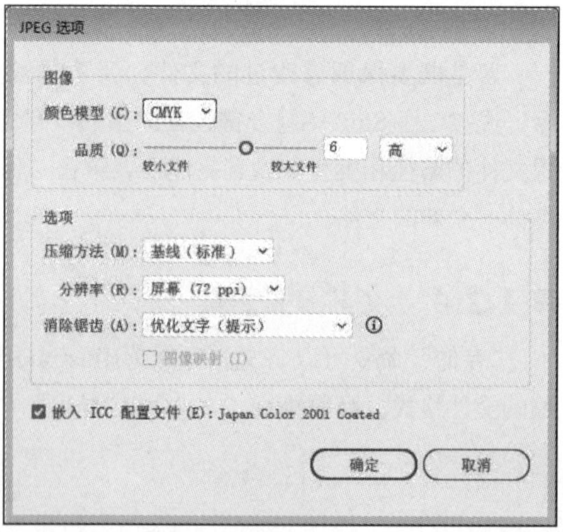

图 1-41

该对话框中各选项的介绍如下：
- **颜色模型**：设置JPEG文件的颜色模型。有RGB、CMYK、灰度3种模式可供选择。
- **品质**：这里指JPEG文件的品质和大小。可以从"品质"菜单选择一个选项，或在"品质"文本框中输入0～10之间的值。
- **压缩方法**：选择"基线（标准）"即使用大多数Web浏览器都识别的格式；选择"基线（优化）"可以获得优化的颜色和稍小的文件大小；选择"连续"可以在图像下载过程中显示一系列越来越详细的扫描（用户可以指定扫描次数）。并不是所有 Web 浏览器都支持选择"基线（优化）"和"连续"的 JPEG 图像。
- **分辨率**：设置JPEG 文件的分辨率。
- **消除锯齿**：通过超像素采样消除图稿中的锯齿边缘。取消选中此选项有助于栅格化线状图时维持其硬边缘。

1.3 图像的基本操作

进行图像操作时，当图像的大小不满足要求时，可根据需要在操作过程中调整修改，包括图像的缩放、抓手工具和屏幕模式的切换等。除此之外，"导航器"面板也可以实现方便快速的定位。

■ 1.3.1 图像的缩放与移动

图像的缩放是绘制图形时必不可少的辅助操作，可在大图和细节显示上进行切换，共有以下5种方法。

- 执行"视图"→"放大"命令，或按Ctrl++组合键，便可放大图像；执行"视图"→"缩小"命令，或按Ctrl+-组合键，便可缩小图像。
- 单击"缩放工具" 按钮，鼠标光标会变为一个中心带有加号的放大镜，单击鼠标左键放大图像，如图1-42所示；按住Alt键的同时单击"缩放工具" 按钮，光标会变成，再单击鼠标左键会缩小图像，如图1-43所示。
- 在"缩放工具"状态下，按住鼠标左键向右拖动，放大光标所在区域；按住鼠标左键向左拖动，缩小光标所在区域。
- 按住空格键和Ctrl键，鼠标光标会变为一个中心带有加号的放大镜，按住光标向右滑动放大光标所在的图像区域，向左滑动缩小光标所在的图像区域。
- 按住空格键和Alt键，滑动鼠标中键可以以 为中心放大或缩小图像。

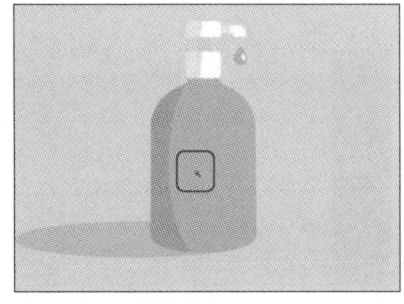

图 1-42   图 1-43

> **提示**：按Ctrl+0组合键，会尽量大地将图像全部显示在工作界面中并保持其完整性，如图1-44所示。按Ctrl+1组合键，可以将图像按100%的效果显示，如图1-45所示。

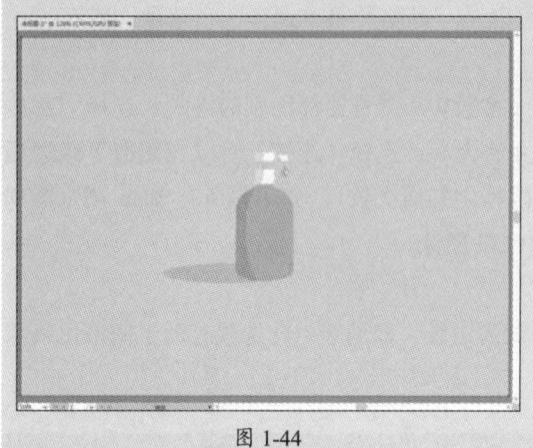

图 1-44 　　　　　　　　　图 1-45

若图像显示较大时，有些局部不能显示，可以选择"抓手工具"，按住鼠标左键，光标变为时移动图像，如图1-46和图1-47所示。

图 1-46 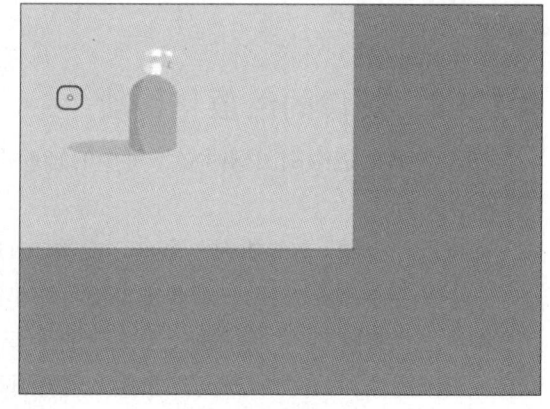　　　　　　　　　图 1-47

1.3.2　屏幕模式

单击工具箱底部的"切换屏幕模式"按钮，在弹出的快捷菜单中可以选择不同的屏幕显示方式，如图1-48所示。按Esc键恢复到正常屏幕模式。

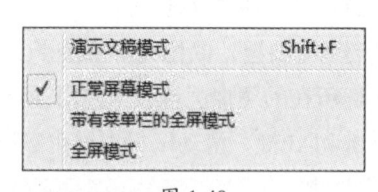

该菜单中各选项的介绍如下：

- **演示文稿模式**：此模式会将图稿显示为演示文稿，其中应用程序菜单、面板、参考线和边框会处于隐藏状态，如图1-49所示。

图 1-48

图 1-49

- **正常屏幕模式**：在标准窗口中显示图稿，菜单栏位于窗口顶部，滚动条位于两侧，如图1-50所示。

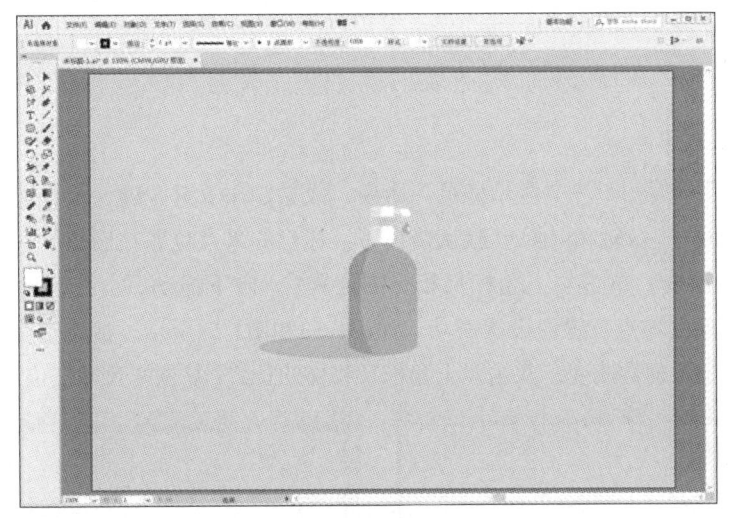

图 1-50

- **带有菜单栏的全屏模式**：在全屏窗口中显示图稿，在顶部显示菜单栏，带滚动条，如图1-51所示。

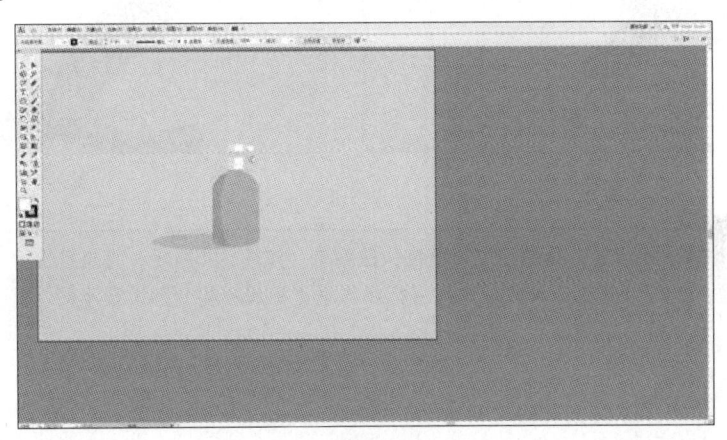

图 1-51

- **全屏模式**：在全屏窗口中显示图稿，不显示菜单栏等工作界面，如图1-52所示。

图 1-52

1.4 辅助工具

绘制图形时，可以使用标尺、参考线、网格等辅助工具来对图形进行精确的定位和测量准确的尺寸。

1.4.1 标尺

执行"视图"→"标尺"→"显示标尺"命令，或按Ctrl+R组合键，工作区域右端和上端会显示带有刻度的尺子（x轴和y轴）。默认情况下，标尺的零点位置在画板的左上角。标尺零点可以根据需要而改变，单击左上角标尺相交的位置 ，向下拖动，会拖出两条十字交叉的虚线，松开鼠标，新的零点位置便设置成功，如图1-53和图1-54所示。按住空格键，进行拖动，此时标尺的零点位置便会改变。双击左上角标尺相交的位置 复位标尺零点位置。

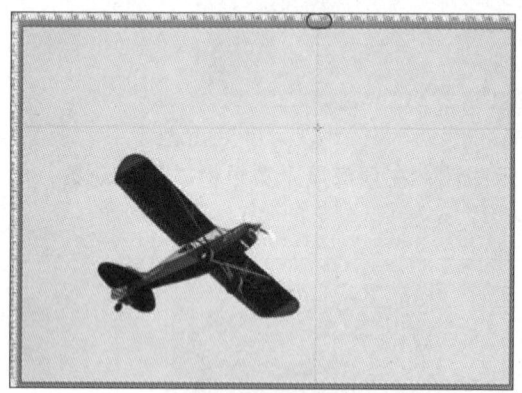

图1-53   图1-54

提示：鼠标右击标尺处，会弹出度量单位快捷菜单，如图1-55所示。直接选择需要的单位，也可以更改标尺单位。水平标尺与垂直标尺不能分别设置不同的单位。

图1-55

1.4.2 参考线

参考线是常用的辅助工具，有助于对图形进行对齐操作。创建标尺后，将光标放置在水平标尺或垂直标尺上进行向下向右拖动，即可创建参考线，如图1-56所示。

图1-56

创建完参考线之后，可以对其进行的操作如下：
- 执行"视图"→"参考线"→"隐藏参考线"命令，或按Ctrl+;组合键，隐藏参考线；再按Ctrl+;组合键，显示参考线。
- 执行"视图"→"参考线"→"锁定参考线"命令，锁定参考线。
- 执行"视图"→"参考线"→"清除参考线"命令，清除所有参考线。

根据需要也可以将图形或路径转换为参考线，选中要转换的路径，执行"视图"→"参考线"→"锁定参考线"命令，或按Ctrl+5组合键，即可将图形转换为参考线，如图1-57和图1-58所示。

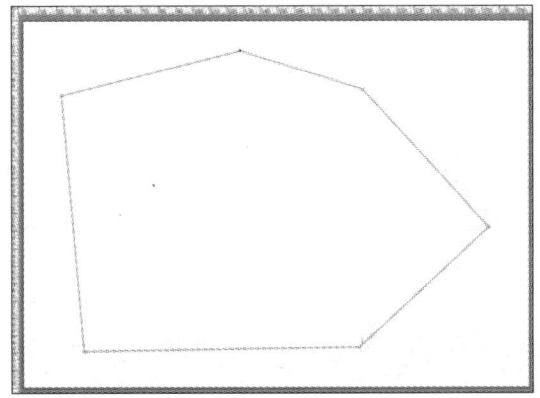

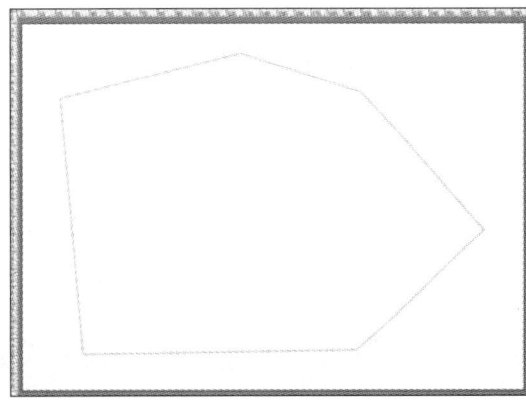

图 1-57

图 1-58

■ 1.4.3 智能参考线

智能参考线是一种会在绘制、移动、变换的情况下自动显示的参考线，可以在移动时对齐特定对象，执行"视图"→"智能参考线"命令，或按Ctrl+U组合键，可以打开或关闭该功能。图1-59和图1-60所示分别为移动和变换情况下显示的智能参考线。

图 1-59

图 1-60

1.4.4 网格

网格是一系列交叉的虚线或点，可以精确对齐和定位对象。执行"视图"→"显示网格"命令，或按Ctrl+"组合键显示出网格，如图1-61所示；执行"视图"→"隐藏网格"命令，或按Ctrl+"组合键隐藏网格，如图1-62所示。

图1-61

图1-62

1.5 设计知识：商业插画设计

"插画"与"插图"经常被人混淆使用，实际上它们的含义并不完全相同。"插图"主要是指出版物的配图，是为出版物服务的，依附于出版物；"插画"则主要是针对现在比较流行的商业广告所采用的一种绘画形式，相对来说比较自由，它属于绘画的一种，可以单独欣赏。

1.5.1 插画的概念

美术是创作者运用一定的创作手法，创造、表现情感的过程，是为人们精神层面审美需要的造型艺术、空间艺术、视觉艺术的综合。它是指运用线条、色彩和形体等艺术语言，在二维空间（即平面）里塑造出静态的视觉形象，以表达作者审美感受的艺术形式。美术常见的表现形式有雕塑、绘画、建筑、书法及摄影等。根据其应用范围的不同，大致可以分为商业性美术、工艺性美术和纯艺术性美术等几类。由于现代社会活动的多样渗透，大部分美术作品都可以被看成为一种商业性的手段。例如，为实现商业价值而通过计算机技术制作出来的美术类作品；为了获得更好的艺术表现力、赢得更高的商业价值而设计的建筑造型；画家创作出来的艺术作品，不管是水墨画还是油画、水粉画等，最终都要通过货币的交易，进入收藏或类似收藏的范畴。

插画是美术表现的一种手段。插图也是插画的一种形式，中国旧时称其为"出相""绣像""全图"等，如明清时有很多小说类艺术作品都会加上"绣像传"之类的名称。插图一般附在书刊中，有的被印在正文的中间，有的采用插页的方式，还有的以题花的形式表现，可以起到对正文内容补充说明、附加艺术欣赏性、填充版面空白等作用。

为企业或产品绘制，获得与之相关的报酬，作者放弃对作品的所有权，只保留署名权的商业行为，其产物即"商业插画"。图1-63所示为礼品的商业插画。

这与以前认为的"绘画"是有本质区别的。艺术绘画作品在没有被个人或机构收藏之前，可以被无限制地在各种媒体上展示，作者从中得到很小比例的报酬；商业插画只能为一件商品或一个客户服务，一旦支付费用，作者便失去了作品的所有权，而相应得到较大的报酬，这与绘画被收藏或拍卖的结果是相似的。

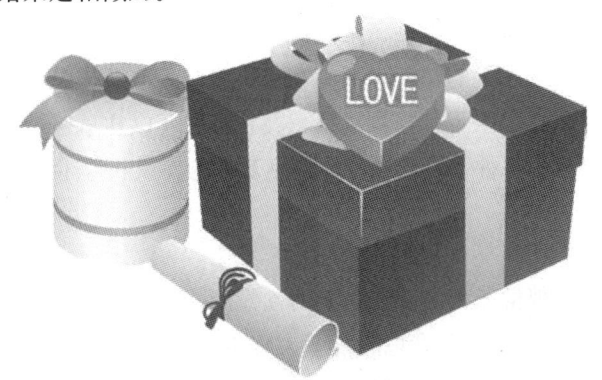

图 1-63

■ 1.5.2 插画的三要素

  一件完整的插画作品，最重要的是通俗易懂，能让普通观众明白作品的内涵，不能片面地追求艺术性。虽然插画类作品也会采用抽象的表现形式，但要基于原对象的思想、观众的层次与定位、地域文化等。如果一幅抽象插画被放在一本通俗读物中，普通读者是很难从中感受到插画的艺术性的，甚至会由此产生排斥的心理。当然，如果有针对性地面向读者定位，采用一些纯艺术性的表现形式，不但可以对原对象起到画龙点睛的作用，更能体现插画作品的个体艺术性，使读者心旷神怡、浮想联翩。

  计算机图形图像技术的发展，为插画开辟了广阔而活跃的表现空间。通过计算机技术，可以将传统的艺术作品完美地再现出来。

  在现代商业因素的驱动下，插画艺术表现出了越来越重要的商业价值。在日常生活中，插画作品无处不在，深深地影响着人们的衣食住行等社会活动。从简单的报纸杂志到复杂的商业广告，无不体现着插画艺术的巨大魅力。图1-64所示为风景的商业插画。

图 1-64

商业插画有一定的规则，它必须具备以下三要素。

（1）直接传达消费需求。

（2）符合大众的审美定位。

（3）夸张、强化商品特征。

随着时代和科学技术的发展，插画艺术也得到了更广泛的应用。从简单的书刊报花到复杂的广告宣传，处处可见插画艺术的踪影。插画艺术已经进入商业化时代，插画的概念也远远超出了传统限定的范畴，不再局限于某一种风格，并且打破了以往单一地使用材料的方式，为达到预想的效果，广泛地运用各种手段，这使得插画艺术的发展获得了更为广阔的空间。

■ 1.5.3　商业插画的分类

商业插画是一种结合视觉艺术与商业功能的创作形式，具有多元化的分类，以满足市场的不同需求。广告商业插画通过令人难忘的视觉表现来吸引消费者，增强品牌和产品的信息传递。卡通吉祥物设计则通过富有亲和力和记忆点的形象，为企业或品牌赋予活力，建立与受众的情感连接。出版物插图在书籍和杂志中发挥关键作用，为文本增添视觉吸引力和解释力，使读者更深刻地体验故事或内容。影视游戏美术插图则通过细致入微的场景和角色设计，将观众和玩家带入全新的视觉世界，支持故事叙述和互动体验。综上所述，这些不同类型的商业插画在各自领域中，通过其专业的视觉表达，提升了产品和服务的市场影响力。

商业插画的使用寿命是短暂的，一件商品或一个企业在进行更新换代时，此插画作品的时效性即宣告消亡。从某种角度上看，商业插画的结局似乎有些悲壮，但站在另一角度，商业插画在短暂的时间里所迸发的光辉是其他形式的艺术绘画所不能比拟的。因为商业插画是借助广告渠道进行传播的，其覆盖面很广，社会关注度也比艺术绘画高出许多倍。

商业插画有4个组成部分，即广告商业插画、卡通吉祥物设计、出版物插图、影视游戏美术插画。

1. 广告商业插画

利用广告商业插画（如图1-65所示）为商品服务时，必须具有强烈的消费意识；为广告商服务时，必须具有灵活的价值观念；为社会服务时，必须具有高度的群体责任感。

图 1-65

2. 卡通吉祥物设计

卡通吉祥物（如图1-66所示）分为产品吉祥物、企业吉祥物和社会吉祥物3种。产品吉祥物是寻找卡通与产品的结合点以体现产品；企业吉祥物是结合企业CI规范，为企业度身定制；社会吉祥物是分析社会活动特点，适时迎合以便于延展。

图 1-66

3. 出版物插图

出版物插图（如图1-67所示）分为文学艺术类、儿童读物类、自然科学类和社会人文类等。文学艺术类的出版物插图应体现良好的艺术修养和文学功底；儿童读物类的出版物插图应体现健康、快乐的生活体验和童趣心理；自然科学类的出版物插图应体现广博的自然知识与成熟的见解；社会人文类的出版物插图应体现丰富多彩的生活阅历和深厚的人文底蕴。

图 1-67

4. 影视游戏美术插图

影视游戏美术插图（如图1-68所示）分为形象设计类、场景设计类和故事脚本类。形象设计类是人格置换、形神离合的情感流露；场景设计类是独特视角微观与宏观的综合；故事脚本类是文学、音乐等通过美术的手段进行体现。

图 1-68

■ 1.5.4　插画的基本类型

在大多数广告中插画比文案占据更多的位置，它在商品促销方面与文案起着同等重要的作用，在某些招贴广告中插画甚至比文案重要。

插画在广告中的主要功能包括吸引功能、看读功能和诱导功能。插画的"吸引功能"主要是指吸引消费者的注意。插画的"看读功能"是指广告界有人提出的插画的"阅读最省力原则"，即"看一眼广告比不看它也费不了多大劲"。插画的"诱导功能"是指抓住消费者的心理，把视线引至文案。好的插画应该能将广告内容与消费者的自身实际联系起来，插画本身应使消费者迷恋和感兴趣，画面要有足够的力量促使消费者进一步想要得知有关产品的细节内容，诱使消费者的视线从插画转入文案。

插画表现的形象包括产品本身、产品的某个部分、准备使用的产品、使用中的产品、试验对照的产品、产品的区别特征、使用该产品能获得的收益、不使用该产品可能带来的恶果、证词性图例等。

按插画的表现方法，可以将插画分为摄影插画、绘画插画（包括写实的、纯抽象的、新具象的、漫画卡通式的、图解式的……）和立体插画3种类型。

（1）摄影插画是最常用的一种插画，因为一般消费者认为照片是真实可靠的，它能客观地表现产品。

（2）绘画插画使用最多的技法是喷绘法，这是一种利用空气压缩机的气体输送，使颜料透过喷笔进行绘画的方法，特点是没有一般绘画所造成的笔触且画面过渡自然、应用价值极高。在绘画插画中，漫画卡通形式很多见。漫画卡通插画可分为夸张性插画、讽刺性插画、幽默性插画和诙谐性插画4种。

①夸张性插画：将被描述对象的某些特点加以夸大和强调，突出事物的本质特征，从而加

强表现效果。

②讽刺性插画：一般用以贬斥敌对的或落后的事物，以讥讽的风格达到否定的效果。

③幽默性插画：通过影射、讽喻、双关等表现手法，在善意的微笑中揭露生活中乖讹和不通情理之处，从而引人发笑，从笑中领悟到一些事理。

④诙谐性插画：使广告画面富有情趣，使人在轻松的情景中接受广告信息，在愉悦的环境中感受新鲜的概念。

（3）立体插画是利用人们两眼的视觉差别和光学折射原理，在一个平面内使人们可直接看到三维立体画，画中物体既可以凸出于画面之外，也可以深藏于画面之中，给人们以很强的视觉冲击力。立体插画主要是运用光影、虚实、明暗对比来体现的，而真正的3D立体画是模拟人眼看世界的原理、利用光学折射制作出来的，可以使眼睛在感观上看到物体的上下、左右、前后三维关系。

1.5.5 插画的艺术形象

插画是运用图案表现形象，本着审美与实用相统一的原则，尽量使线条和形态清晰、明快，制作方便。插画是世界通用的语言，其设计在商业应用上通常被分为人物、动物、商品等形象。

1. 人物形象

插画以人物为题材，容易与消费者相投合，因为人物形象最能表现出可爱感与亲切感，其想象性创造空间非常大。形象塑造的比例是重点，生活中成年人的头身比例为1:7或1:5，儿童的头身比例为1:4左右，而卡通人物常以1:2或1:1的大头形态出现，这样的比例可以充分地利用头部面积来再现形象的神态。人物的脸部表情是整体形象的焦点，因此，描绘眼睛非常重要。运用夸张的变形不会给人以不自然、不舒服的感觉，反而能够使人发笑，让人产生好感，使整体形象更明朗，给人的印象更深刻。

2. 动物形象

以动物形象为插画形象的历史十分久远。在现实生活中有不少动物成了人们的宠物，将这些动物作为插画形象更易受到人们的欢迎。在创作动物形象时，必须重视创造性，注重形象的拟人化表现。例如，动物与人类的差别之一就是一些动物在表情上不能显露笑容，但是在插画形象中可以通过拟人化的手法赋予动物以人类般的笑容，使动物形象具有人情味。运用人们生活中所熟知的、喜爱的动物，容易被人们所接受。

3. 商品形象

商品形象是拟人化手法在商品领域中的扩展，经过拟人化的商品给人以亲切感。商品形象的个性造型，可令人耳目一新，从而加深人们对商品的直接印象。以商品拟人化的构思来说，可分为两类：一类为完全拟人化，即夸张商品，运用商品本身的特征和造型结构进行拟人化表现；另一类为半拟人化，即在商品上另外附加与商品无关的手、足、头等作为拟人化特征元素。

这两种拟人化的塑造手法，使商品更富有人情味，也更加个性化。再通过动画形式，强调商品的特征，将其动作、语言与商品直接联系起来，使宣传效果更明显。

Illustrator图形制作

实训案例 制作中秋插画

案/例/描/述

本案例制作的是中秋插画。在实操中主要用到的知识点有新建文档、置入文档、图像的基本操作等。

案/例/详/解

下面将对案例的制作过程进行详细讲解。

步骤 01 打开Illustrator软件，执行"文件"→"新建"命令，打开"新建文档"对话框，设置参数，单击"创建"按钮即可，如图1-69所示。

步骤 02 在工具箱中选择"矩形工具"，在绘图区单击，在弹出的"矩形"对话框中设置参数，如图1-70所示。

图 1-69 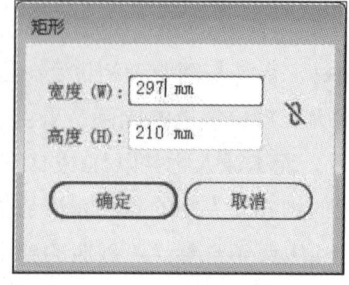　　　　　图 1-70

步骤 03 在工具箱中双击"填色"按钮，在弹出的"拾色器"对话框中设置颜色参数，如图1-71所示。

步骤 04 执行"窗口"→"图层"命令，在弹出的"图层"面板中锁定该图层，如图1-72所示。

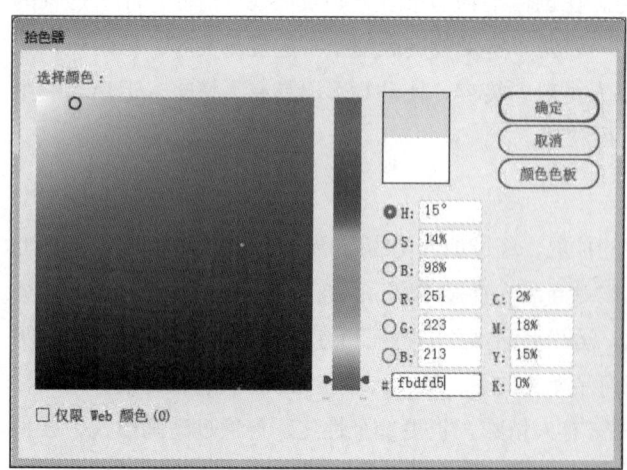

图 1-71 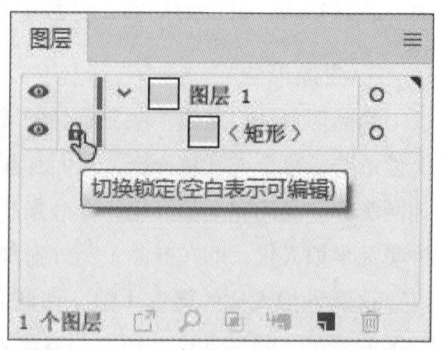　　　　　图 1-72

步骤05 执行"文件"→"打开"命令,在弹出的"打开"对话框中选择"月兔.ai",单击"打开"按钮,月兔图片如图1-73所示。

步骤06 按Ctrl+A组合键全选图层,如图1-74所示。

图 1-73

图 1-74

步骤07 将选中的图层拖动到"中秋"文档中,按住Ctrl+空格键的同时按住鼠标光标向右滑动,缩小光标所在的图像区域,按住空格键调整显示位置,将图层组移至工作区域,如图1-75所示。

步骤08 选中一个图层组移至画板右下角,按Ctrl+0组合键调整显示区域,如图1-76所示。

图 1-75

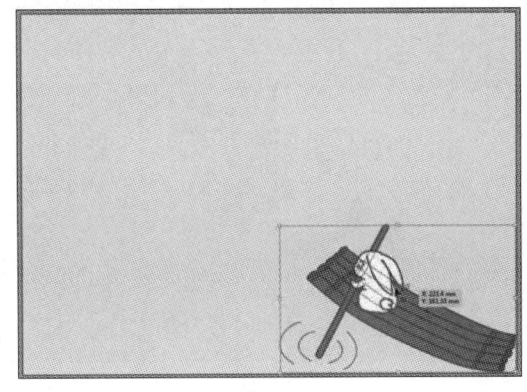

图 1-76

步骤09 双击该图层组,进入隔离模式,如图1-77所示。

步骤10 选中兔子图层,按住Shift键等比例放大,如图1-78所示。

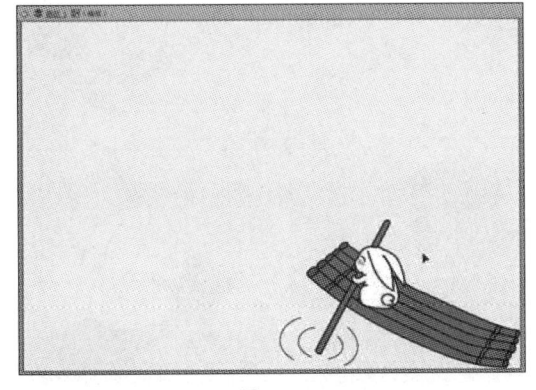

图 1-77

图 1-78

步骤11 继续双击图层组，进入隔离模式，选中兔子图层，按住Shift键等比例放大，如图1-79所示。

步骤12 双击空白处，退出隔离模式，如图1-80所示。

图 1-79

图 1-80

步骤13 按住Ctrl+空格键的同时按住鼠标光标向右滑动，缩小光标所在的图像区域，按住空格键调整显示位置，如图1-81所示。

步骤14 将面板左边的元素依次移至面板中，按Ctrl+0组合键调整显示区域，如图1-82所示。

图 1-81

图 1-82

步骤15 执行"文件"→"置入"命令，在弹出的"置入"对话框中选择"荷花-01.png"，单击"置入"按钮，调整大小，如图1-83所示。

步骤16 按Ctrl+Shift+]组合键将其置于底层，按Ctrl+]组合键将其前移一层，如图1-84所示。

图 1-83

图 1-84

步骤 17 在控制栏中单击"嵌入"按钮，并在"图层"面板中锁定该图层，如图1-85所示。
步骤 18 调整位置与大小，如图1-86所示。

图 1-85

图 1-86

步骤 19 输入两组文字，按Ctrl+C组合键复制，按Ctrl+F组合键贴在前面，如图1-87所示。
步骤 20 设置底层的文字描边15 pt，最终效果如图1-88所示。

图 1-87

图 1-88

至此，完成中秋插画的制作。

☑ 配套资源
☑ 系统讲解
☑ 实战案例
☑ 灵感手记

扫码获取

第 2 章
基本图形的绘制与编辑

内容概要

本章主要讲解基础图形的绘制与编辑，重点介绍的工具有"矩形工具""椭圆工具"和"圆角矩形工具"等基本图形工具，还有线性工具、基础编辑类的工具橡皮线工具组以及宽度工具组。

知识要点

- 基本图形的绘制。
- 线性工具的绘制。
- 橡皮擦工具组的使用。
- 宽度工具组的使用。

数字资源

【本章案例素材来源】："素材文件\第2章"目录下
【本章案例最终文件】："素材文件\第2章\实训案例\绘制几何海报.ai"

2.1 绘制基本图形

Illustrator工具箱中为用户提供了多个绘制基本图形的工具，如矩形工具、圆角矩形工具、椭圆工具和星形工具等。在工具箱中长按或右击形状工具组◻按钮，展开其工具组，如图2-1所示。

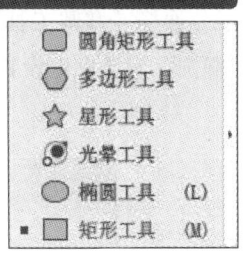

图 2-1

■ 2.1.1 矩形工具

选择"矩形工具"◻，在绘图区拖动鼠标可以绘制矩形；或在绘图区单击，在弹出的"矩形"对话框中设置参数，如图2-2和图2-3所示。

图 2-2 　　　　　　　　　　图 2-3

选择该工具后按住Alt键，鼠标光标变为 形状时，拖动鼠标可以绘制以此为中心点向外扩展的矩形；按住Shift键，可以绘制正方形；按住Shift+Alt组合键，可以绘制以单击处为中心点的正方形，如图2-4所示。按住鼠标左键拖动圆角矩形的任意一角的控制点，向下拖动可以调整为正圆形，如图2-5所示。

图 2-4 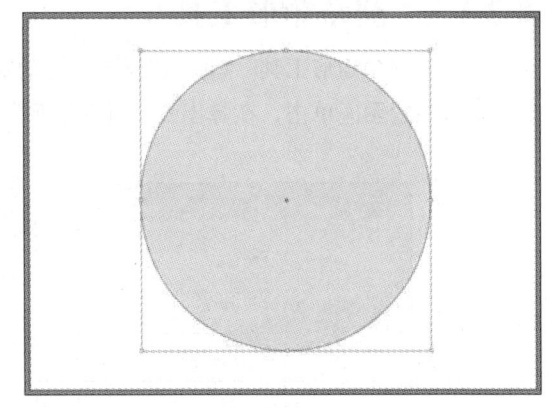　　　　　　　　　　图 2-5

2.1.2 椭圆工具

选择"椭圆工具" ，在绘图区拖动鼠标可以绘制椭圆形；或在绘图区单击，在弹出的"椭圆"对话框中设置参数，如图2-6和图2-7所示。

图 2-6 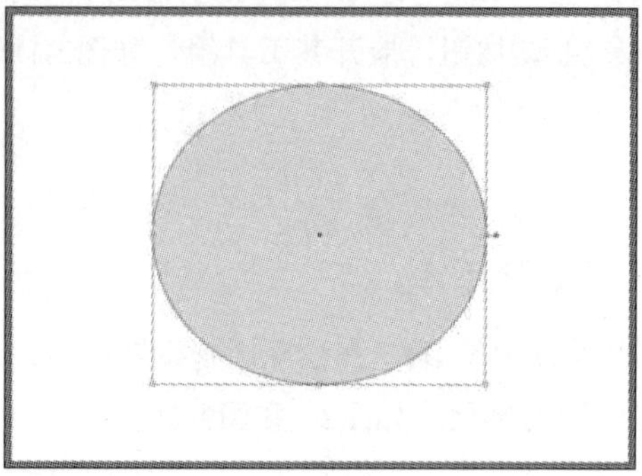　　　　　　　　　　图 2-7

在绘制椭圆形的过程中按住Shift键，可以绘制正圆形；按住Alt+Shift组合键，可以绘制以起点为中心的正圆形，如图2-8所示。绘制完成后，将鼠标光标置于控制点，当鼠标光标变为形状后，可以将其调整为饼形，如图2-9所示。

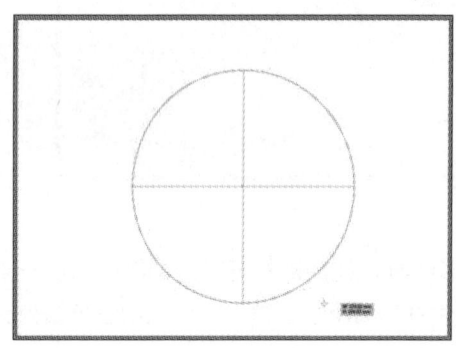

图 2-8 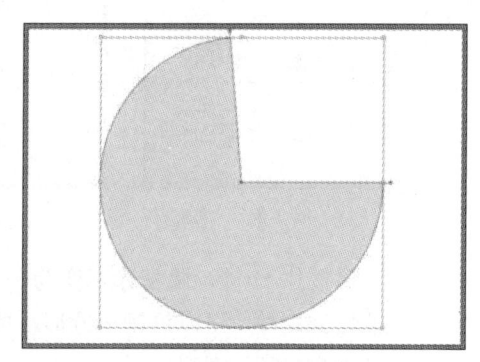　　　　　　　　　　图 2-9

2.1.3 圆角矩形工具

选择"圆角矩形工具" ，在绘图区拖动鼠标可以绘制圆角矩形。若要绘制精确的圆角矩形，可以在绘图区单击，在弹出的"圆角矩形"对话框中设置参数，如图2-10和图2-11所示。

图 2-10 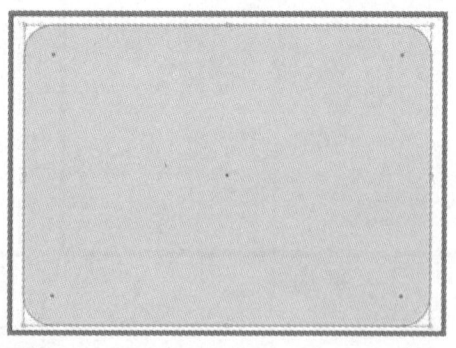　　　　　　　　　　图 2-11

按住鼠标左键拖动圆角矩形的任意一角的控制点,向上或向下拖动可以调整圆角半径,如图2-12和图2-13所示。

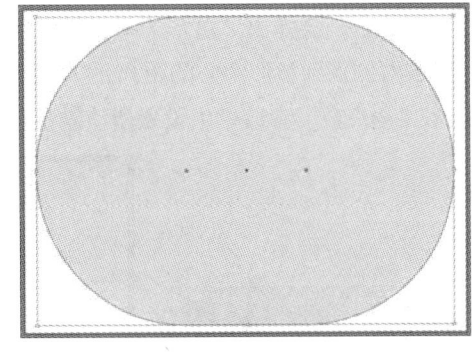

图 2-12

图 2-13

> **提示**：拖动鼠标的同时按住左箭头←,可以绘制圆角半径最小值的圆角矩形;拖动鼠标的同时按住右箭头→,可以绘制圆角半径最大值的圆角矩形。

2.1.4 多边形工具

选择"多边形工具",在绘图区拖动鼠标可以绘制不同边数的多边形;或在绘图区单击,在弹出的"多边形"对话框中设置参数,如图2-14和图2-15所示。

图 2-14

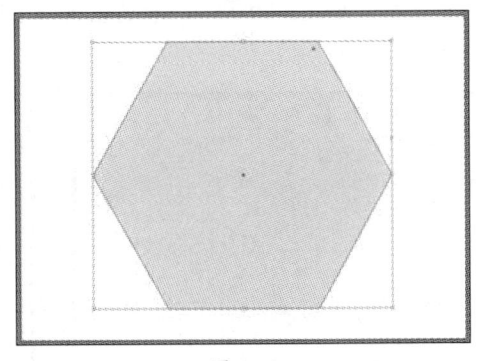

图 2-15

按住鼠标左键拖动多边形的任意一角的控制点,向下拖动可以产生圆角效果,当控制点和中心点重合时,便形成圆形,如图2-16和图2-17所示。

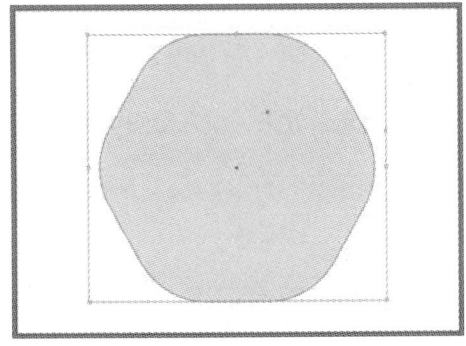

图 2-16

图 2-17

■ 2.1.5 星形工具

选择"星形工具" ☆，可以绘制不同形状的星形图形，在绘图区拖动鼠标可以绘制星形；或在绘图区单击，会弹出"星形"对话框，可以在该对话框中的"半径1"参数栏中设置所绘制星形图形内侧点到星形中心的距离，"半径2"参数栏中设置所绘制星形图形外侧点到星形中心的距离，"角点数"参数栏中设置所绘制星形图形的角数，如图2-18和图2-19所示。

图 2-18 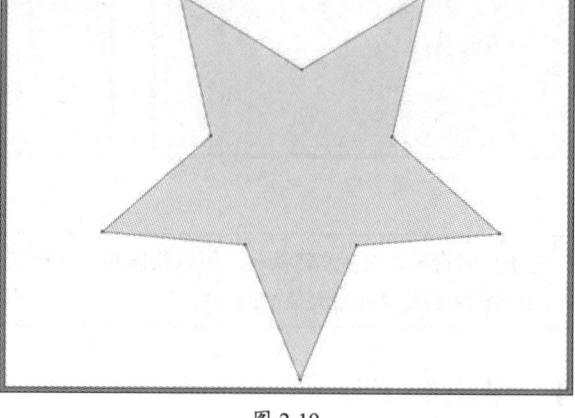   图 2-19

在绘制星形的过程中按住Alt键，可以绘制旋转的正星形；按住Alt+Shift组合键，可以绘制不旋转的正星形，如图2-20所示。绘制完成后按住Ctrl键，拖动控制点可以调整星形角的度数，如图2-21所示。

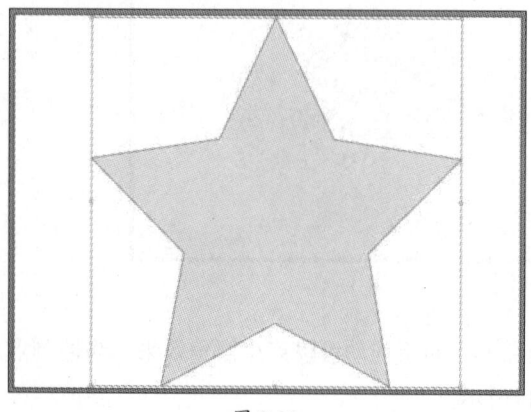

图 2-20 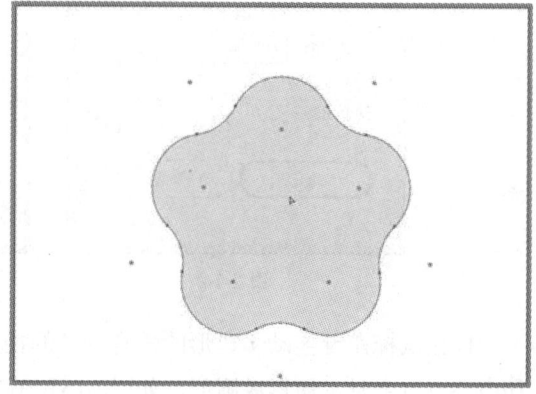   图 2-21

■ 2.1.6 光晕工具

选择"光晕工具" ，在绘图区拖动鼠标可以绘制出光晕效果；或在绘图区单击，在弹出的"光晕工具选项"对话框中设置参数，如图2-22所示。

图 2-22

该对话框中各选项的介绍如下：
- **居中**：设置光晕中心的直径、不透明度和亮度。
- **光晕**：设置光晕"增大"的百分比（以整体大小为基准）与光晕的模糊度（0为锐利，100为模糊）。
- **射线**：若光晕包含射线，则选中该复选框。可以指定射线的数量、最长的射线（作为射线平均长度的百分比）和射线的模糊度（0为锐利，100为模糊）。
- **环形**：若光晕包含光环，则选中该复选框。指定光晕中心点（中心手柄）与最远的光环中心点（末端手柄）之间的路径距离、光环数量、最大的光环（以光环平均大小为基准的百分比）和光环的方向或角度。

选择"光晕工具"，按住Shift键绘制主光环放射线，按上下箭头键可增加和减少放射线的数量，按住Alt键可创建默认光晕，如图2-23和图2-24所示。

图 2-23　　　　　　　　　　图 2-24

2.2 线性工具

线形工具是指直线段工具、弧形工具、螺旋线工具、矩形网格工具和极坐标网格工具，使用这些工具可以创建出线段组成的各种图形。在工具箱中长按或右击线性工具组 ╱ 按钮，展开其工具组，如图2-25所示。

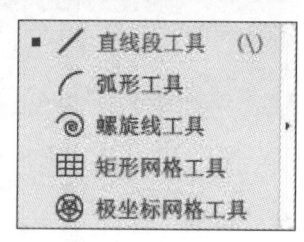

图 2-25

■ 2.2.1 直线段工具

选择"直线段工具" ╱ ，在绘图区拖动鼠标可以绘制直线。选择该工具后，在控制栏中设置"描边"参数；或在绘图区单击，在弹出的"直线段工具选项"对话框中设置参数，如图2-26和图2-27所示。

图 2-26

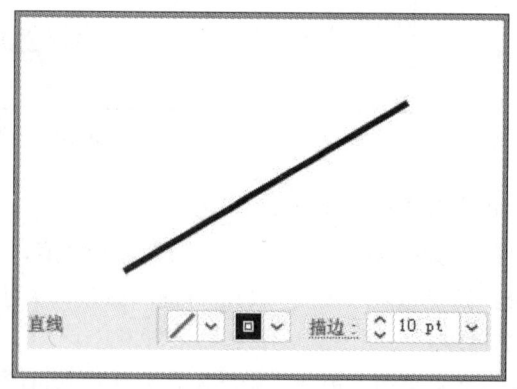

图 2-27

❶ 提示：按住Shift键可以绘制出水平、45°、90°、135°等以45°为倍增角度的斜线。

■ 2.2.2 弧形工具

选择"弧形工具" ╭ ，在绘图区拖动鼠标可以绘制弧线。若要精确绘制弧线，可以在绘图区单击，在弹出的"弧线段工具选项"对话框中设置参数，如图2-28所示。

该对话框中各选项的介绍如下：

- **X轴长度**：设置弧线的宽度。
- **Y轴长度**：设置弧线的高度。
- **类型**：设置对象为开放路径还是封闭路径。
- **基线轴**：设置弧线的方向坐标轴。

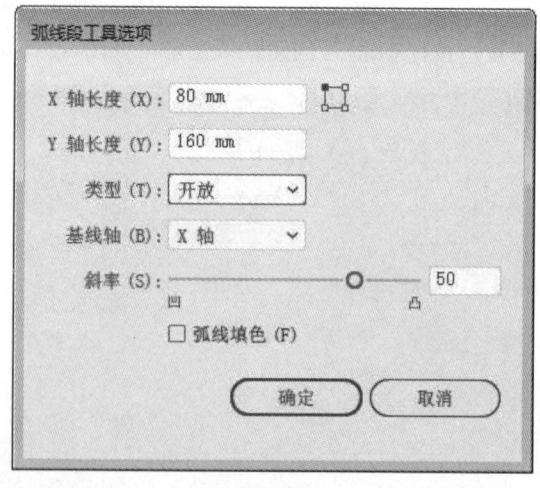

图 2-28

- **斜率**：设置弧线斜率的方向。对凹入（向内）斜率输入负值，对凸起（向外）斜率输入正值，斜率为0将创建直线。
- **弧线填色**：以当前填充颜色为弧线填色。

图2-29所示为描边为6 pt、填充为无的开放弧线段效果，图2-30所示为填充为黑色的闭合弧线段效果。

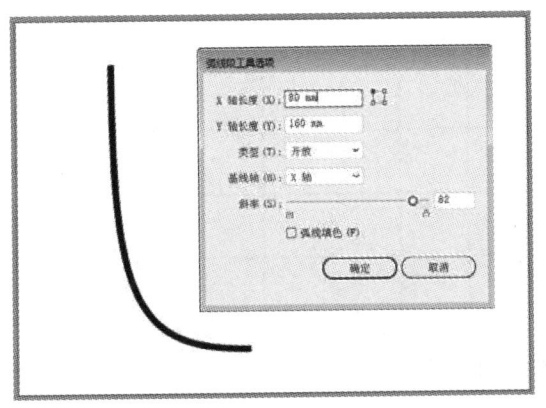

图 2-29 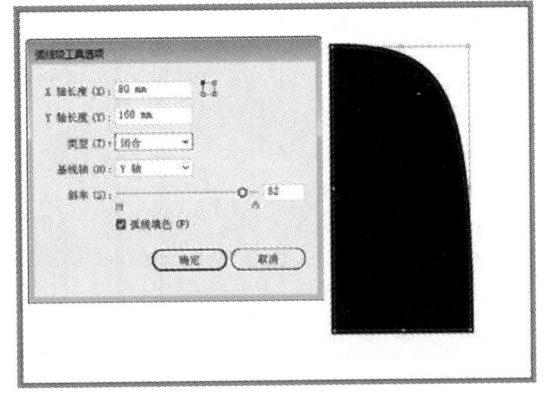　　　　　　　　　　　　　　图 2-30

■ 2.2.3　螺旋线工具

选择"螺旋线工具" ，可以绘制螺旋线。在绘图区单击，在弹出的"螺旋线"对话框中设置参数，如图2-31所示。

该对话框中各选项的介绍如下：
- **半径**：设置从中心到螺旋线最外点的距离。
- **衰减**：设置螺旋线的每一螺旋相对于上一螺旋应减少的量。
- **段数**：设置螺旋线具有的线段数。螺旋线的每一完整螺旋由4条线段组成。
- **样式**：设置螺旋线方向。

图2-32和图2-33所示分别为不同参数的螺旋线段效果。

图 2-31 　　　　　　　图 2-32 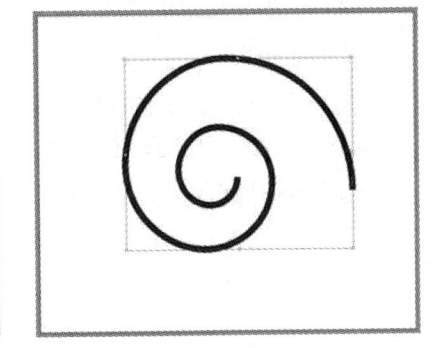　　　　　　　图 2-33

■ 2.2.4　矩形网格工具

选择"矩形网格工具" ，可以创建具有指定大小和指定分隔线数目的矩形网格。在绘图区单击，可在弹出的"矩形网格工具选项"对话框中设置参数，如图2-34和图2-35所示。

图 2-34　　　　　　　　　　　　　　图 2-35

该对话框中各选项的介绍如下：
- **默认大小**：设置整个网格的宽度和高度。
- **水平分隔线**：设置在网格顶部和底部之间出现的水平分隔线数量。"倾斜"值决定水平分隔线倾向网格顶部或底部的程度。
- **垂直分隔线**：设置在网格左侧和右侧之间出现的分隔线数量。"倾斜"值决定垂直分隔线倾向于左侧或右侧的程度。
- **使用外部矩形作为框架**：以单独矩形对象替换顶部、底部、左侧和右侧线段。
- **填色网格**：以当前填充颜色填色网格（否则，填色设置为无）。

2.2.5　极坐标网格工具

选择"极坐标网格工具" ，可以绘制类似同心圆的放射线效果。在绘图区单击，在弹出的"极坐标网格工具选项"对话框中设置参数，如图2-36和图2-37所示。

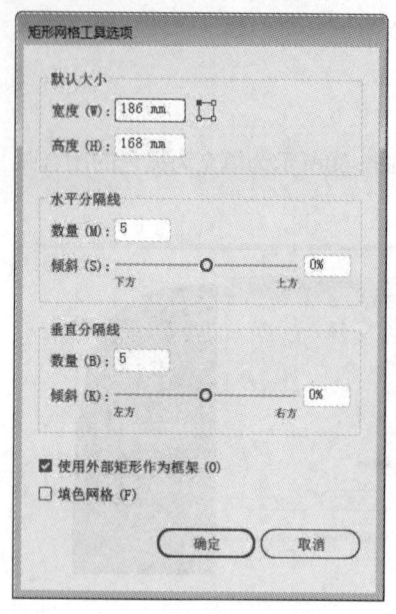

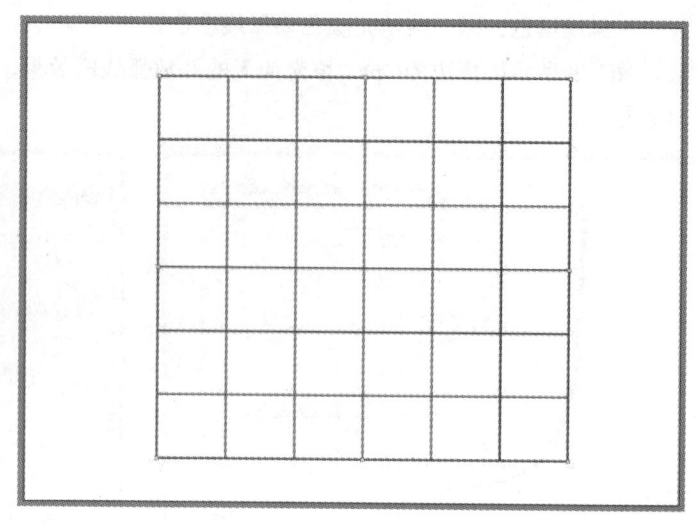

该对话框中主要选项的介绍如下：
- **默认大小**：设置整个网格的宽度和高度。
- **同心圆分隔线**：设置出现在网格中的圆形同心圆分隔线数量。"倾斜"值决定同心圆分隔线倾向于网格内侧或外侧的程度。
- **径向分隔线**：设置网格中心和外围之间出现的径向分隔线数量。"倾斜"值决定径向分隔线倾向于网格逆时针或顺时针的方式。
- **从椭圆形创建复合路径**：将同心圆转换为独立复合路径并每隔一个圆填色。

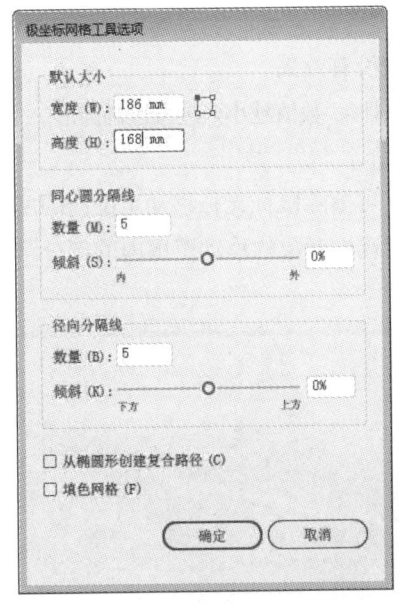

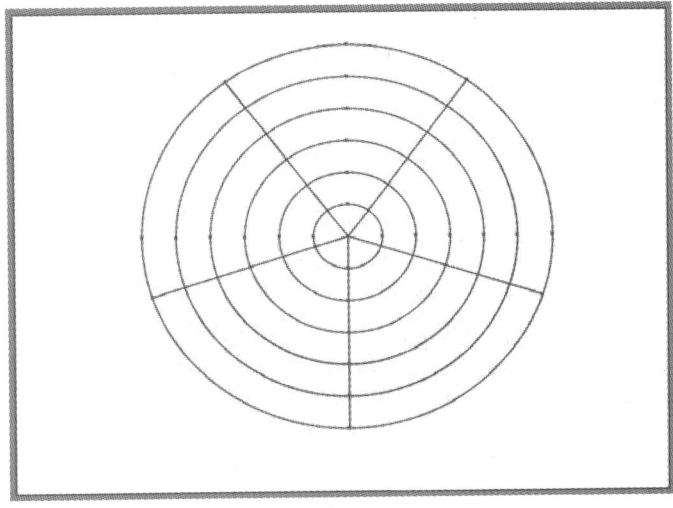

图 2-36

图 2-37

2.3 橡皮擦工具组

在图形绘制过程中，一次绘制的图形往往不能满足需要，还需要利用其他工具对图形进行编辑。橡皮擦工具组主要用于擦除、切断和断开路径，包括橡皮擦工具、剪刀工具和刻刀，如图2-38所示。

图 2-38

■ 2.3.1 橡皮擦工具

选择"橡皮擦工具" ◆ ，可以删除对象中不需要的部分，可以对多个图形进行操作。在工具箱中双击"橡皮擦工具"，在弹出的"橡皮擦工具选项"对话框中设置参数，如图2-39所示。

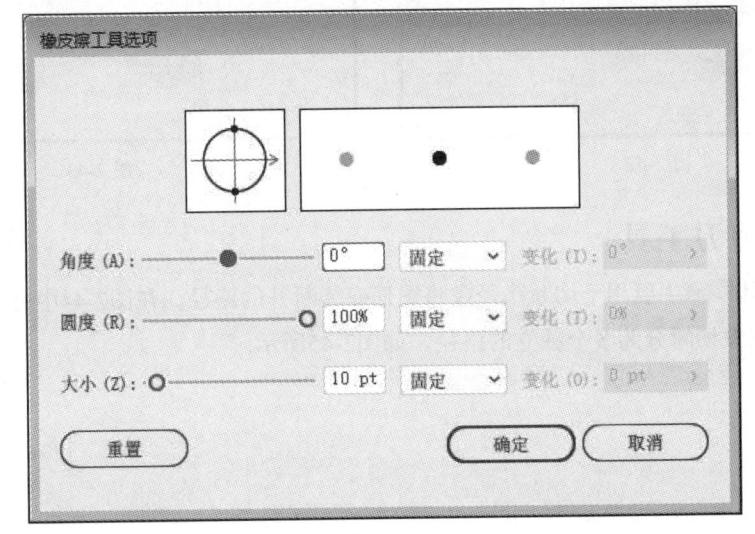

图 2-39

该对话框中各选项的介绍如下：
- **角度**：设置橡皮擦的角度。当圆度为100%时，调整角度没有效果。
- **圆度**：设置橡皮擦笔尖的压扁程度，数值越大，越接近正圆形；数值越小，越接近椭圆形。
- **大小**：设置橡皮擦直径的大小，数值越大擦除范围越大。

未选择任何图形对象时，使用该工具在绘图区拖动鼠标，可擦除鼠标光标移动范围内的所有路径，如图2-40所示；若选择了特定图形对象，则只能擦除选中对象的移动范围内的部分路径，如图2-41所示。

图 2-40　　　　　　　　　　　　　　图 2-41

使用"橡皮擦工具"时按住Shift键可以沿水平、垂直或者倾斜45°角进行擦除，如图2-42所示；按住Alt键可以以矩形的方式进行擦除，如图2-43所示。

图 2-42　　　　　　　　　　　　　　图 2-43

2.3.2　剪刀工具

"剪刀工具" ✂ 主要用于切断路径或将图形变为断开的路径。在图2-44中使用"剪刀工具"，可以将图像切断分为多个独立的路径，如图2-45所示。

图 2-44 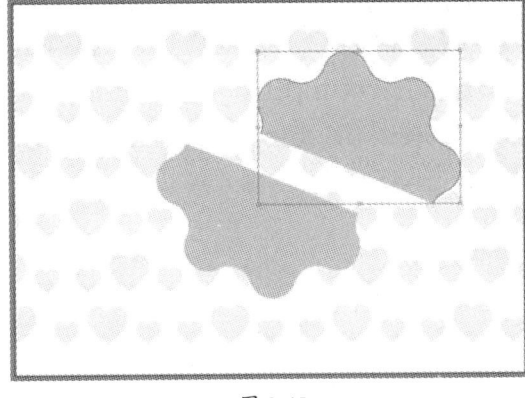　　　　　　　　　　　　　　　　　图 2-45

■ 2.3.3　刻刀

选择"刻刀" ，可以绘制自由路径来剪切对象，可将对象切割成任意形状，如图2-46和图2-47所示。

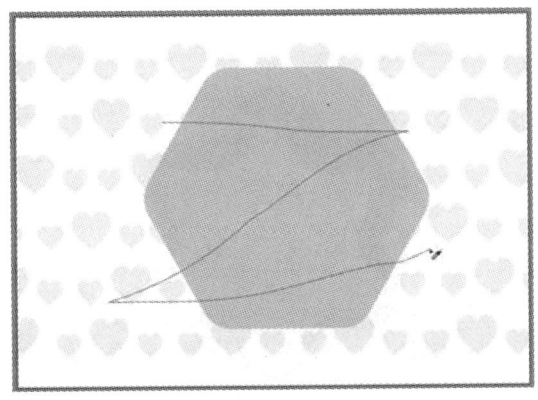

图 2-46 　　　　　　　　　　　　　　　　　图 2-47

使用"刻刀"时按住Alt键可以以直线切割对象，如图2-48所示；按住Shift+Alt组合键可以以水平、垂直或倾斜45°角进行切割，如图2-49所示。

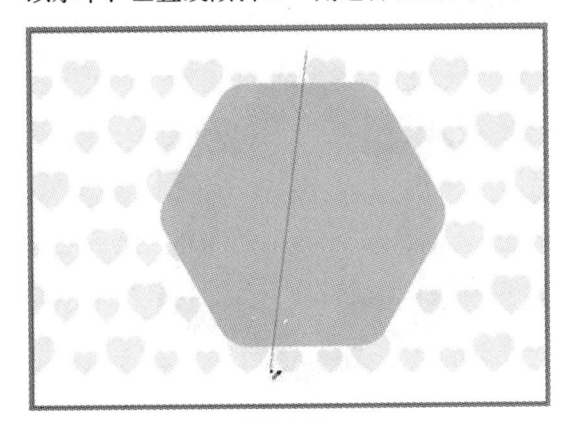

图 2-48 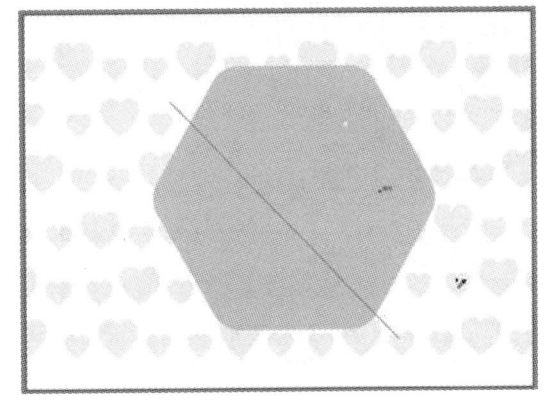　　　　　　　　　　　　　　　　　图 2-49

2.4 宽度工具组

宽度工具组中的工具主要是对路径图形进行变形操作，从而使图形的变化更加多样化。在工具箱中长按或右击宽度工具组 按钮，展开其工具组，如图2-50所示。

- 宽度工具（Shift+W）
- 变形工具（Shift+R）
- 旋转扭曲工具
- 缩拢工具
- 膨胀工具
- 扇贝工具
- 晶格化工具
- 皱褶工具

图 2-50

■ 2.4.1 宽度工具

选择"宽度工具" ，可以在曲线的任意位置添加锚点，单击拖动锚点可更改曲线的宽度，如图2-51和图2-52所示。

图 2-51

图 2-52

在路径上双击，在弹出的"宽度点数编辑"对话框中设置参数，如图2-53和图2-54所示。

图 2-53

图 2-54

2.4.2 变形工具

选择"变形工具" ，在工具箱中双击"变形工具"，会弹出"变形工具选项"对话框，如图2-55所示。设置完成后在图形上按住鼠标左键进行拖动，鼠标光标显示为一个空心圆，其大小即为变形工具作用区域的大小，如图2-56所示。

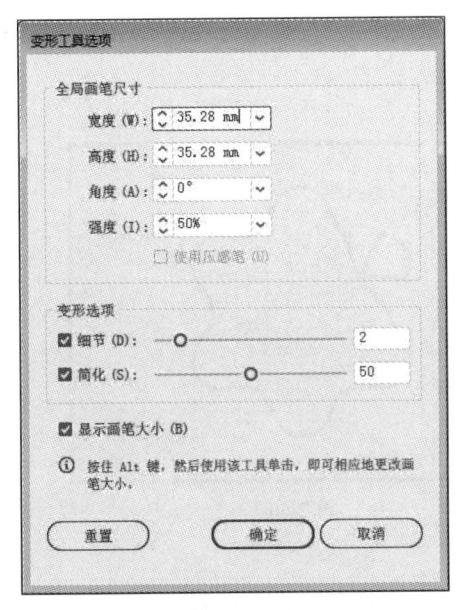

图 2-55

图 2-56

2.4.3 旋转扭曲工具

选择"旋转扭曲工具" ，可以对图形进行旋转扭曲变形，其作用区域范围和力度由预设参数决定。在工具箱中双击"旋转扭曲工具"，会弹出"旋转扭曲工具选项"对话框，如图2-57所示。按住鼠标左键进行旋转扭曲，松开鼠标应用该效果，如图2-58所示。

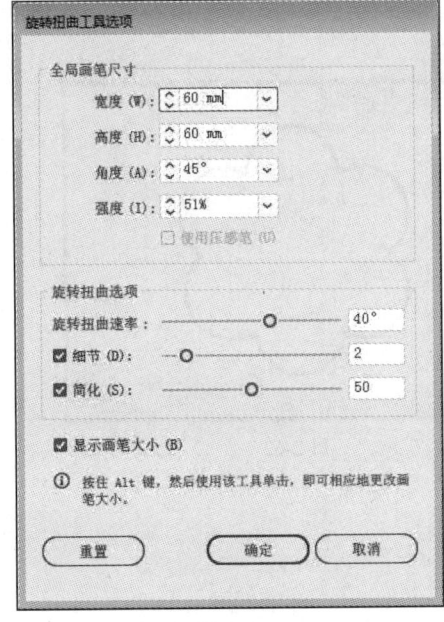

图 2-57

图 2-58

2.4.4 缩拢工具

选择"缩拢工具" ，可以对图形进行挤压收缩变形，其作用区域范围和力度由预设参数决定。在工具箱中双击"缩拢工具"，会弹出"收缩工具选项"对话框，如图2-59所示。在图形对象上按住鼠标左键，即可显示收缩变化，如图2-60所示。

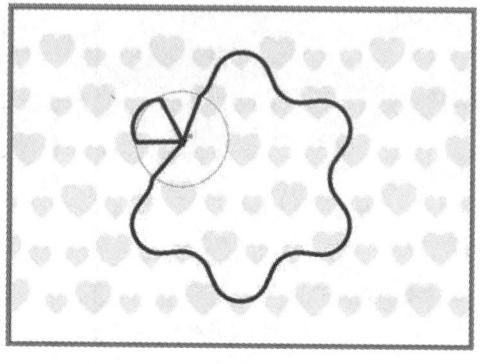

图 2-59

图 2-60

2.4.5 膨胀工具

选择"膨胀工具" ，可以使图形产生膨胀效果，其作用区域范围和力度由预设参数决定。在工具箱中双击"膨胀工具"，会弹出"膨胀工具选项"对话框，如图2-61所示。在图形对象上按住鼠标左键，所选区域便会显示膨胀变化，按住的时间越长，膨胀变形的程度就越强，如图2-62所示。

图 2-61

图 2-62

2.4.6 扇贝工具

选择"扇贝工具" ，可以使图形对象产生锯齿变化效果，其作用区域范围和力度由预设参数决定。在工具箱中双击"扇贝工具"，会弹出"扇贝工具选项"对话框，如图2-63所示。在图形对象上按住鼠标左键，所选区域便会显示"扇贝"变化，按住的时间越长，变形的程度就越强，如图2-64所示。

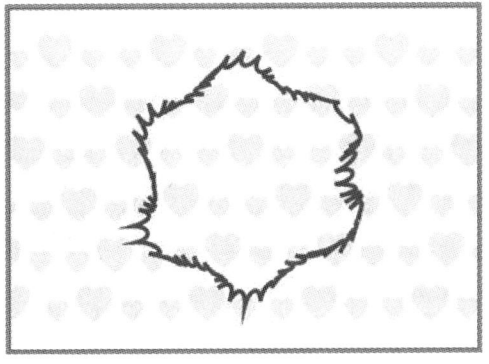

图 2-63

图 2-64

2.4.7 晶格化工具

选择"晶格化工具" ，可以使图形对象产生由内向外的推拉延伸的变形效果，其作用区域范围和力度由预设参数决定。在工具箱中双击"晶格化工具"，会弹出"晶格化工具选项"对话框，如图2-65所示。在图形对象上按住鼠标左键，所选区域便会显示变化，按住的时间越长，变形的程度就越强，如图2-66所示。

图 2-65

图 2-66

2.4.8 皱褶工具

选择"皱褶工具" ，可以在图形对象的边缘处产生皱褶感变形效果，其作用区域范围和力度由预设参数决定。在工具箱中双击"皱褶工具"，会弹出"皱褶工具选项"对话框，如图2-67所示。在图形对象上按住鼠标左键，所选区域便会显示变化，按住的时间越长，变形的程度就越强，如图2-68所示。

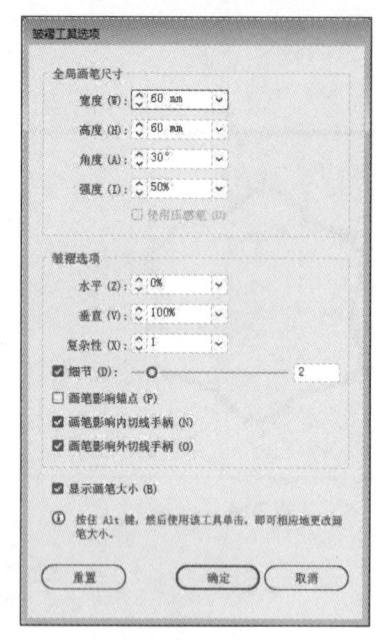

图 2-67　　　　　　　　　　图 2-68

2.5　设计知识：海报招贴设计

招贴又被称为"海报"或"宣传画"，属于户外广告，在街道、影剧院、展览会、商业闹市、车站、码头、公园等公共场所随处可见。在国外，"招贴"也被称为"瞬间的街头艺术"。

2.5.1 海报招贴的起源

海报招贴是以印刷为主，张贴在公共场所传播活动信息或理念的艺术形式。美国《广告设计》一书记载："15世纪时，招贴是除了口头宣传外的唯一广告形式。"

"海报"这一名称最早起源于上海。旧时，上海人通常把职业性的戏剧演出称为"海"，而把从事职业性戏剧表演称为"下海"。作为展示剧目演出信息的具有宣传性的招徕顾客的张贴物，也许是因为这一缘故，人们把它称为"海报"。

海报招贴演变到现在，其使用范围已不仅仅局限于职业性戏剧演出的专用张贴物，而是发展为向广大群众介绍有关戏剧、电影、体育比赛、文艺演出、报告会等信息的张贴物，有的还加以美术设计。海报招贴同广告一样，具有向受众介绍某一对象或事件的特性，因此，海报招贴也是广告的一种。海报招贴可以在放映或演出场所、街头进行张贴，加以美术设计的海报招贴又是电影、戏剧、体育宣传画的一种。相比其他形式的广告，海报招贴具有画面大、内容广泛、艺术表现力丰富、远视效果强烈的特点。图2-69所示为某电影的海报招贴。

图 2-69

2.5.2 海报招贴的分类

海报招贴按其应用范围的不同，大致可以分为商业海报、文化海报、电影/戏剧海报和公益海报等。下面对海报招贴的分类进行大概的介绍。

（1）商业海报：商业海报是指商品或商业服务的宣传海报。商业海报的设计，要恰当地配合商品的格调和受众。图2-70所示为商业海报。

图 2-70

（2）文化海报：文化海报是指各种社会文娱活动及各类展览的宣传海报。活动和展览的种类很多，不同的活动和展览都有其各自的特点。设计师需要了解活动和展览的相关信息，才能运用恰当的方法表现其内容和风格。

（3）电影/戏剧海报：电影/戏剧海报主要是起到吸引观众注意、刺激票房收入的作用，与文化海报有几分类似。

（4）公益海报：公益海报带有一定的思想性。这类海报具有特定的对公众的教育意义，其主题包括各种社会公益、道德或政治思想的宣传，弘扬爱心奉献、共同进步等。

2.5.3　海报招贴设计的要素

不管是哪种类型的海报招贴，在构成要素上都包括图形设计、文字设计和色彩设计等，这些就是针对海报招贴的设计要素。作为视觉传达的设计语言，这些要素有其自身的规律和特点。设计师应对其有深刻的了解和领悟，并在实践中逐步培养真正能驾驭它们的能力。

1. 图形设计

海报招贴的图形设计应遵循"阅读最省力"的原则，形象要高度简洁，富于创意。图形设计的原则有两个：一是把原来的旧要素进行新的组合；二是为旧要素赋予新的表现力。图2-71所示为公益海报，可以从中感受到图形设计的意韵。

图 2-71

要产生卓越的创意，需要设计师积累各方面的知识，要具有一定的创造力和丰富的想象力，具有较高的综合素质，具有敏锐的洞察力，善于从人们司空见惯的事物中发现事物与事物之间的关联性，甚至是风马牛不相及的事物与事物之间或事物与知识、要素等之间的关联性。

具象和抽象是海报招贴设计中最基本的表现形式。具象图像在人们的心目中有一种亲和、有趣、感人的魅力，是人们乐意接受和喜爱的一种视觉语言形式。具象图像能够通过表现客观对象的具体形态来突出海报招贴的主题，同时也能表达一种意境，并具有形象、真实的生活感和强烈的艺术感染力，很容易从心理上取得人们的信任。图2-72所示为海报招贴中的具象图像。

在海报招贴设计中，抽象图像的表现范围是很广泛的。抽象图像既可以表现社会、政治、经济等方面的题材，又可以表现科技、文化、体育等方面的题材。此外，对无法表现具体形象或具体形象不佳的产品，采用抽象图像来表现也许能取得较好的视觉效果，这是因为有些产品容易和抽象表现元素产生有机的联系，如点、线、面、方形、圆形等。在选择与运用抽象图像时，一定要了解和掌握人们的文化心理和欣赏习惯，加强针对性和适应性，以使抽象图像准确地传递信息并发挥其应有的作用。不能单纯地追求形式美和自我意识的表现，要防止出现使人看不懂的抽象图像及因其产生的负面效应。图2-73所示为海报招贴中的抽象图像。

图 2-72 　　　　　　　　　　图 2-73

图像的形象要主次分明，不能喧宾夺主。主要形象与广告诉求的目标一致，否则会使目标消费者的注意力分散或转移，从而导致海报招贴宣传的失败。

图像的形象应以情动人、以理服人，做到情与理的高度统一。情理交融的形象有助于人们情感因素的积极参与，形象的情感色彩越浓重，越能激发起人们的兴趣并使之产生情感上的共鸣。这种双向的沟通与交流有助于人们对所传达的信息注目、理解、记忆并产生强烈的购买欲望。

2. 文字设计

在海报招贴设计中，文字肩负着传递观念与信息的重任，具有举足轻重的作用，如图2-74所示。海报招贴中的文字设计包括文案设计与字体设计两部分。

文字设计是对主题内容的提炼、对产品特征的说明，它侧重于设计的内容。字体设计是在此基础上，运用不同的字体形象和字体之间的相互关系来加强对文字语意的传达，侧重的是字体的表现形式，其表现形式的新颖性和多样性体现了设计师对主题深刻独特的理解和把握。

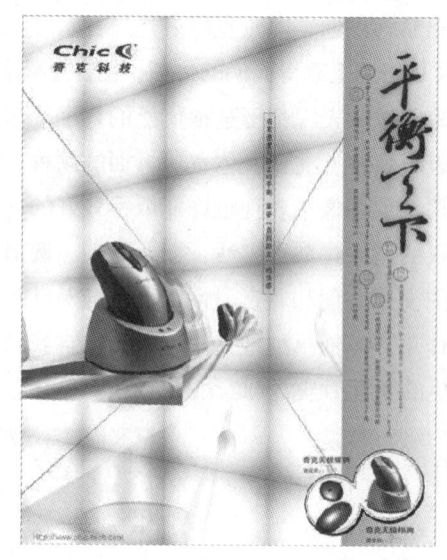

图 2-74

（1）文案设计。

文案设计包括标题、正文、广告语、随文。标题是表现海报招贴主题的短语，标题的写作要符合创意的需求，突出个性，语言简练，引人注目。正文是标题的延伸与发挥，它的主要任务是介绍商品，说服和推动目标消费者购买。广告语是几个特定的宣传语句，是广告在较长时间期内反复使用的口号。广告语应尽量简短、易懂、易记、顺口、有韵律感，含义要明确、完整，文字要形象、生动，富于趣味与情感，具有真正能打动人心的力量。随文是指与产品有关的说明文字，包括品牌名称、企业名称、地址、电话、邮编、经销部门等内容。

（2）字体设计。

字体设计本身具有独特的图形风格。作为海报招贴的字体，一定要有强烈的视觉冲击力和形式美。在设计字体时要遵循下列原则：形式与内容要统一，要简洁、醒目、易读、易识，美观、和谐，风格统一。图2-75所示为海报招贴中的字体设计。

图 2-75

常用的字体表现方式有下列几种。

（1）字体的装饰化设计：字体的装饰化设计通常运用重叠、透叠、折带、连写、共用、空心、断裂、变异、分割等手法，对文字本身或背景进行变化，使字体呈现新颖多变的视觉效果。

（2）字体的形象化设计：字体的形象化设计主要表现为在文字局部添加形象、笔画形象化、整体形象化等方面。例如，将文字的某一部首或笔画设计成具体的形象，以表达某种特殊的意义。在添加形象时，要注意形象在文字中的位置、比例，具体形象要有一定的象征。

（3）字体的意象化设计：字体的意象化设计具有一定的暗示性和象征性，能更好地帮助人们去理解文字的含义，使其感受到字体意象化设计的趣味性。意象化设计可通过两个方面展开，一是对字体结构形态或字体组合形态所要显示出的文字的特定含义进行富有创意的设计；二是为词义或设计需求赋予想象并加以创造性的艺术处理。

（4）字体的立体与阴影设计：字体的立体与阴影设计是将文字设计为立体效果或为其添加阴影效果，使文字具有视觉上的空间感。立体与阴影设计的主要表现方法有平行透视、聚点透视、成角透视、本体立体、阴影、投影、倒影等。

3. 色彩设计

色彩是海报招贴设计的一个重要元素，在很大程度上决定着一件作品的成败。成功的色彩设计能够超越商品本身的性能，并在销售中起到决定性的作用。图2-76所示为海报招贴中的色彩设计。

图 2-76

在海报招贴设计中，应尽可能使用较少的色彩去获得较完美的效果，而不是色彩用得越多，效果就越好。用色要高度概括、简洁、巧妙、恰到好处，要强调色彩的刺激力度，以使对比强烈而又和谐统一的色彩画面更具有视觉冲击力。

色彩设计要从整体出发，注重各构成要素之间色彩关系的整体统一，色彩的对比与调和，色彩引起的心理反应、联想及色彩的象征性，以形成能够充分体现海报招贴主题的色调。对于设计中类似素描的黑、白、灰等关系，应形成一定的层次感，使画面的色彩基调主次分明。

2.5.4 海报招贴设计的要求

海报招贴设计在内容形式上也有所要求，设计师要精益求精，以使设计作品更加全面、完善，富有吸引力。

海报招贴设计的要求有以下5点。

（1）内容健康、积极向上，符合社会主义核心价值观的要求。

（2）表现手法推陈出新，风格标新立异，视觉冲击力要强。

（3）形式美观大方，立意新颖。

（4）色彩在统一中求变化，在和谐中产生对比。

（5）创意是设计水平的主要体现，符合主题内容是海报招贴的基本要求。

2.5.5 海报招贴与其他广告的区别

海报招贴是广告设计形式中主要的一种，但与其他一些广告形式相比，又有明显的区别。

1. 画面大

海报招贴不是捧在手上的设计，而是要张贴在公共场所，它受到周围环境和各种因素的干扰，必须以大画面以及突出的形象和色彩展现在人们的面前。海报招贴的画面有全开、对开、长三开及特大画面（8张全开）等。

2. 远视性强

为了给来去匆忙的人们留下印象，除了画面大之外，海报招贴设计还要充分体现定位设计的原理，以突出的商标、标志、标题、图形，对比强烈的色彩，大面积的空白，以及简练的视觉流程形成视觉焦点。如果仅就形式上区分广告与其他视觉艺术的不同，可以说，海报招贴更具广告的典型性。

3. 艺术性高

对于整体而言，海报招贴包括商业和非商业方面的各类广告。对于每张海报招贴而言，其针对性很强。商业性的海报招贴通常以具有艺术表现力的摄影、造型写实的绘画和漫画形式居多，给消费者留下真实、感人的画面，让消费者产生共鸣。非商业性的海报招贴则内容广泛、形式多样，艺术表现力丰富。特别是文化艺术类的海报招贴，根据主题内容可以充分发挥想象力，尽情施展艺术手段。许多追求形式美的画家纷纷积极投身于海报招贴的设计中，运用自己的绘画语言，设计出风格各异、形式多样的海报招贴。不少现代派画家的作品就是以海报招贴的面貌出现的，美术史上也曾留下诸多精彩、生动的画作。

在进行海报招贴设计时要充分发挥海报招贴面积大、纸张好、印刷精美的特点，通过了解厂家、商品、对象和环境的具体信息，充分发挥想象力，以新颖的构思、简短而生动的标题和广告语，具有个性的表现形式，体现出海报招贴的远视性和艺术性。

实训案例 绘制几何海报

案/例/描/述

本案例设计的是几何海报。在实操中主要用到的知识点有矩形工具、椭圆工具、圆角矩形工具、直线段工具和变形工具等。

案/例/详/解

下面将对案例的制作过程进行详细讲解。

步骤 01 打开Illustrator软件，执行"文件"→"新建"命令，打开"新建文档"对话框，选择"海报"选项，并在右侧区域中设置参数，单击"创建"按钮即可，如图2-77所示。

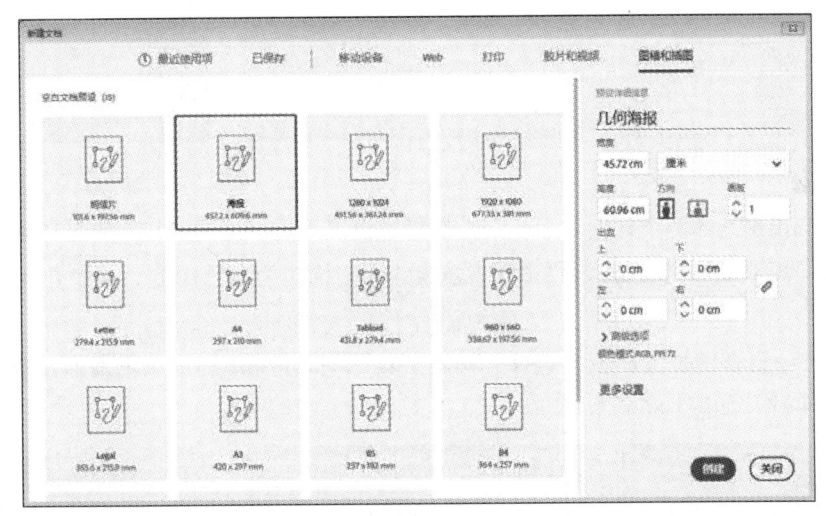

图 2-77

步骤 02 选择"矩形工具"，绘制文档大小的矩形并填充颜色，如图2-78所示。

步骤 03 执行"窗口"→"图层"命令，在弹出的"图层"面板中锁定该图层，如图2-79所示。

步骤 04 选择"矩形工具"，绘制矩形并填充颜色，如图2-80所示。

图 2-78 　　　　　图 2-79 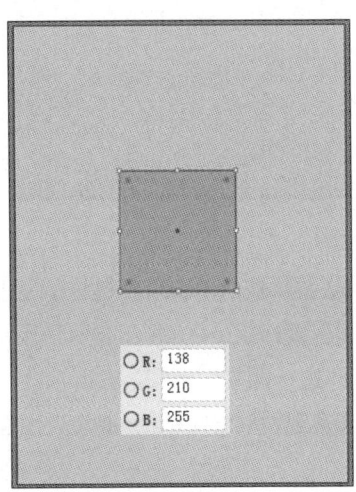　　　　　图 2-80

步骤 05 选择"直接选择工具" ▷，单击矩形的左下角拖至中心点，如图2-81所示。

步骤 06 将得到的三角形移至右上角，如图2-82所示。

步骤 07 选择"椭圆工具"，按住Shift键绘制正圆形并填充颜色，如图2-83所示。

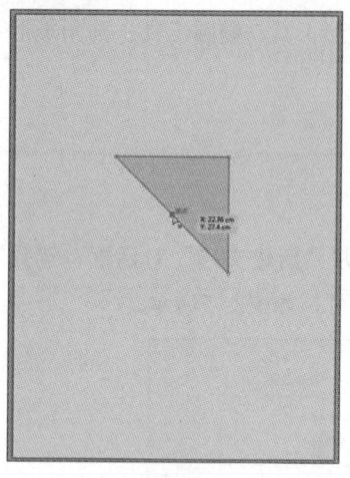

图 2-81　　　　　　　　　图 2-82　　　　　　　　　图 2-83

步骤 08 按住Shift键选择两个几何图形，在控制栏中设置不透明度为60%，如图2-84所示。

步骤 09 选择"矩形工具"，在控制栏中设置填充为无，描边为白色10 pt，绘制并调整位置，如图2-85所示。

步骤 10 按Ctrl++组合键放大面板，选择"椭圆工具"，按住Shift键绘制正圆形并填充白色，按住Alt键向右平移，如图2-86所示。

图 2-84　　　　　　　　　图 2-85　　　　　　　　　图 2-86

步骤 11 按Ctrl+D组合键连续复制，框选白色小圆形，按Ctrl+G组合键创建组，如图2-87所示。

步骤 12 按Ctrl+0组合键调整显示区域，使用同样的方法，移动复制建组，将圆点组移至左下角并进行调整，如图2-88所示。

步骤 13 按Ctrl++组合键放大图像，选择"直线段工具"，绘制直线，如图2-89所示。

| 图 2-87 | 图 2-88 | 图 2-89 |

步骤 14 选择"变形工具",拖动使其变形,如图2-90和图2-91所示。

步骤 15 使用同样的方法,绘制一个短的曲线,按Ctrl+0组合键调整显示区域,如图2-92所示。

| 图 2-90 | 图 2-91 | 图 2-92 |

步骤 16 按住Shift键选中两个曲线,按住Shift键等比例缩小并旋转,移动至合适位置,如图2-93所示。

步骤 17 选择"圆角矩形工具",设置填充颜色,并按住Alt键复制,如图2-94所示。

步骤 18 右击鼠标,在弹出的快捷菜单中选择"变换"→"旋转"选项,在弹出的"旋转"对话框中设置参数,单击"确定"按钮,如图2-95所示。

| 图 2-93 | 图 2-94 | 图 2-95 |

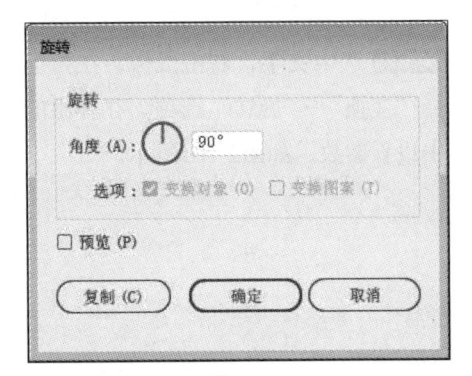

步骤19 按住Shift键选中两个圆角矩形，在控制栏中单击"对齐"按钮，在弹出的下拉框中选择"垂直居中对齐"按钮，按Ctrl+G组合键创建组，如图2-96所示。

步骤20 按住Shift键等比缩小并旋转圆角矩形组，将其移动至合适位置，如图2-97所示。

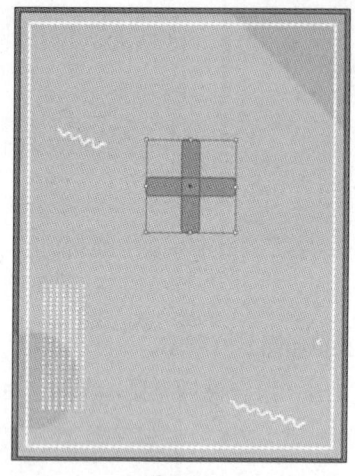

图 2-96 　　　　　　　　图 2-97

步骤21 选择"圆角矩形工具"，绘制矩形，在控制栏中设置不透明度为50%，如图2-98所示。

步骤22 选择"文字工具"，输入文字，执行"窗口"→"文字"→"字符"命令，在弹出的"字符"面板中设置参数，如图2-99和图2-100所示。

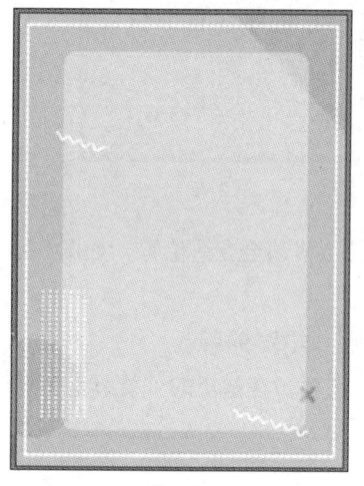

图 2-98 　　　　图 2-99 　　　　图 2-100

步骤23 选中文字，右击鼠标，在弹出的快捷菜单中选择"变换"→"旋转"选项，在弹出的"旋转"对话框中设置参数，如图2-101所示。

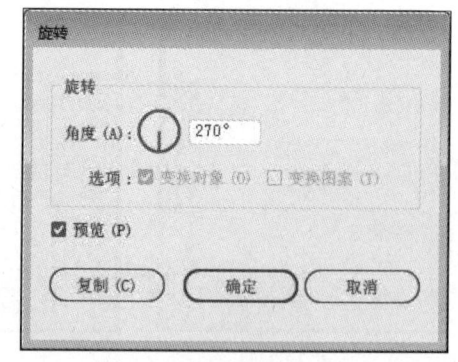

图 2-101

步骤 24 选择"直排文字工具",输入文字,如图2-102所示。

步骤 25 选中十字圆角矩形组,按Ctrl+Shift+]组合键将其置于顶层,按住Alt键复制并移动至合适位置,如图2-103所示。

步骤 26 按住Alt键复制右上角三角形,按住Shift键向右旋转45°,按住Alt键复制,按Ctrl+D组合键连续复制,选择"吸管工具",吸取文字组颜色并移动至合适位置,最终效果如图2-104所示。

图 2-102　　　　　　　　图 2-103　　　　　　　　图 2-104

至此,完成几何海报的绘制。

第 3 章
复杂图形的绘制与编辑

内容概要

本章主要讲解复杂图形的绘制与编辑，重点介绍使用"钢笔工具""曲率工具""画笔工具""铅笔工具"等绘制复杂的不规则图形，其中，"钢笔工具"最为常用，可以绘制大部分图形。

知识要点

- 认识路径与锚点。
- 了解钢笔工具组。
- 了解画笔工具组。
- 了解铅笔工具组。

数字资源

【本章案例素材来源】："素材文件\第3章"目录下
【本章案例最终文件】："素材文件\第3章\实训案例\绘制扁平风人物.ai"

3.1 认识路径和锚点

路径是构成图形的基础,任何复杂的图形都是由路径绘制而成的。在改变路径形状或编辑路径之前,必须选择路径的锚点或线段。

3.1.1 路径的组成

路径是由锚点以及锚点之间的连线组成的,可通过调整一个路径上的锚点和线段来改变其形状,如图3-1所示。

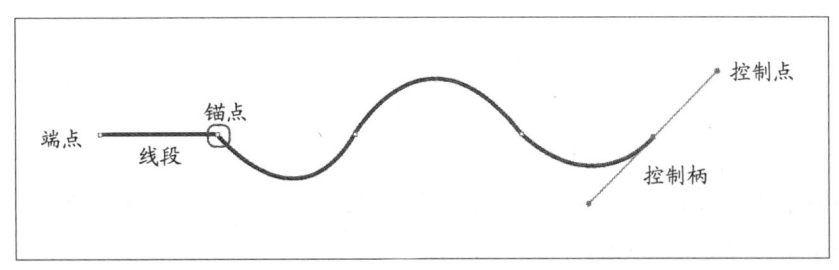

图 3-1

- **锚点**:指路径上的某一个点,它用来标记路径段的端点,通过对锚点的调节,可以改变路径段的方向。锚点又分为"平滑锚点"和"尖角锚点"。其中"平滑锚点"上带有方向线,方向线决定锚点的弧度。
- **线段**:指一个路径上两锚点之间的部分。
- **端点**:所有的路径段都以锚点开始和结束,整个路径开始和结束的锚点,叫做路径的端点。
- **控制柄**:在一个曲线路径上,每个选中的锚点显示一个或两个控制柄,控制柄总是与曲线上锚点所在的圆相切,每个控制柄的角度决定了曲线的曲率,而每一个控制柄的长度将决定曲线弯曲的高度和深度。
- **控制点**:控制柄的端点称为控制点,处于曲线段中间的锚点将有两个控制点,而路径的末端点只有一个控制点,控制点可以确定线段在经过锚点时的曲率。

3.1.2 开放路径和闭合路径

Illustrator中的路径有两种类型:一种是开放路径,它们的端点没有连接在一起,在对这种路径进行填充时,可在该路径的两个端点假定一条连线,从而形成闭合的区域,比如圆弧和一些自由形状的路径,如图3-2所示;另一种是闭合路径,没有起点或终点,能够对其进行填充和轮廓线填充,如矩形、圆形或多边形等,如图3-3所示。

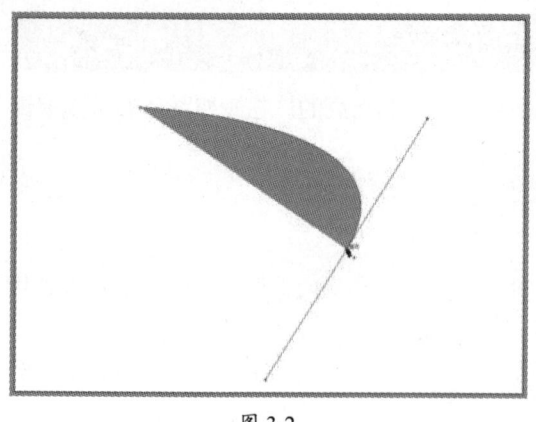

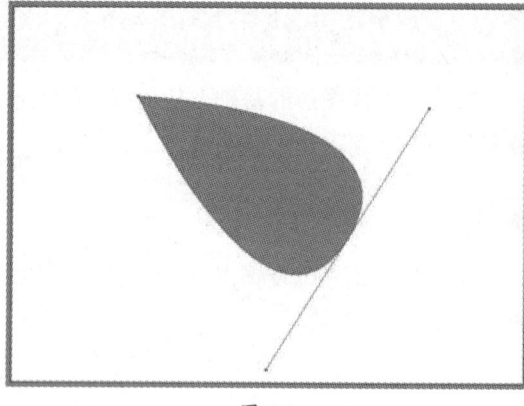

图 3-2　　　　　　　　　　　　　　　　　图 3-3

3.1.3 复合路径

将两个或多个开放或者闭合路径进行组合后，就会形成复合路径。在设计中，经常要用到复合路径来绘制比较复杂的图形，如图3-4所示。

图 3-4

将对象定义为复合路径后，复合路径中的所有对象都将应用堆叠顺序中最后的对象的颜色和样式属性。选中两个以上的对象，右击鼠标，在弹出的快捷菜单中选择"建立复合路径"选项，即可创建出复合路径。复合路径包含两个或多个已填充颜色的路径，因此在路径重叠处将呈现镂空透明状态，如图3-5和图3-6所示。

图 3-5　　　　　　　　　　　　　　　　　图 3-6

3.2 钢笔工具组

在Illustrator中，钢笔工具组是最常用的一组工具，它可以绘制各种直线或曲线路径。在工具箱中长按或右击"钢笔工具"，展开其工具组，如图3-7所示。

图 3-7

■ 3.2.1 钢笔工具

选择"钢笔工具" ，在绘图区单击，可以绘制直线和曲线，按住Shift键可以绘制水平、垂直或以45°角倍增的直线路径，如图3-8所示；绘制曲线时，在绘图区单击，同时创建出尖角锚点，按住鼠标左键拖动光标生成锚点，在锚点周围显示出方向线，并对其进行不同角度的拖动，可以绘制出不同方向的曲线路径，如图3-9所示。

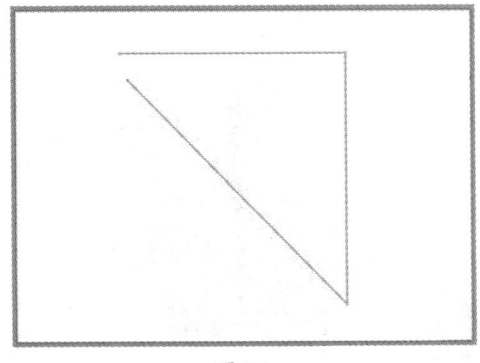

图 3-8 　　　　　　　　　　图 3-9

■ 3.2.2 添加锚点工具和删除锚点工具

要添加锚点，可以选择"添加锚点工具" 或"钢笔工具" ，单击任意路径段，即可添加锚点，如图3-10和图3-11所示。

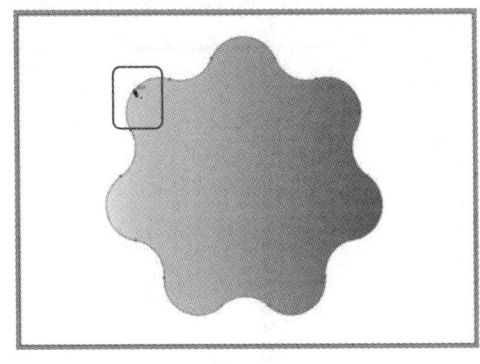

图 3-10 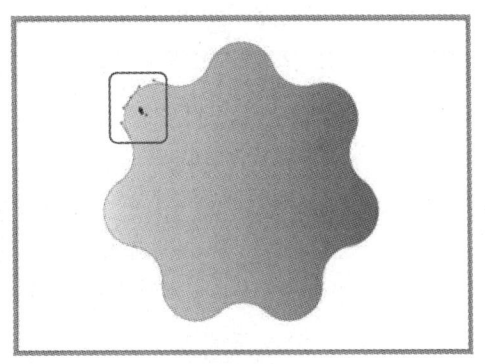　　　　　　　　　　图 3-11

要删除锚点，可以选择"删除锚点工具" 或"钢笔工具" ，单击锚点，即可删除锚点，如图3-12和图3-13所示。

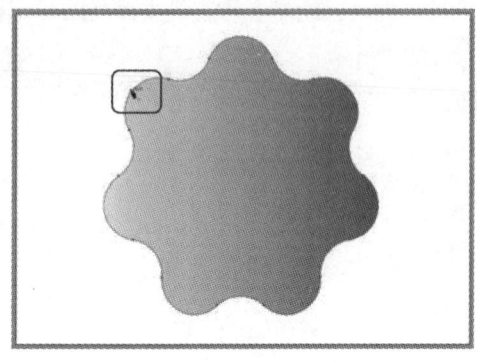

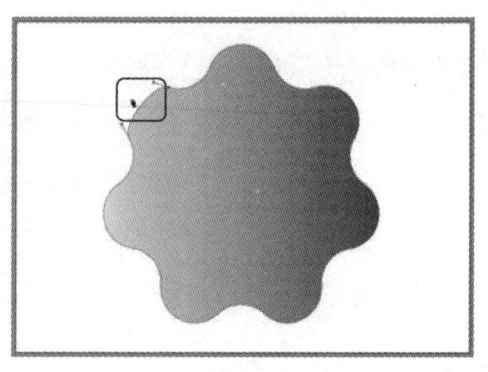

图 3-12

图 3-13

■ 3.2.3 锚点工具

选择"锚点工具" ，可以改变路径中锚点的性质。在路径的平滑点上单击，可以将平滑锚点变为尖角锚点；在尖角锚点上按住鼠标左键同时拖动，可以将尖角锚点转化为平滑锚点，如图3-14和图3-15所示。

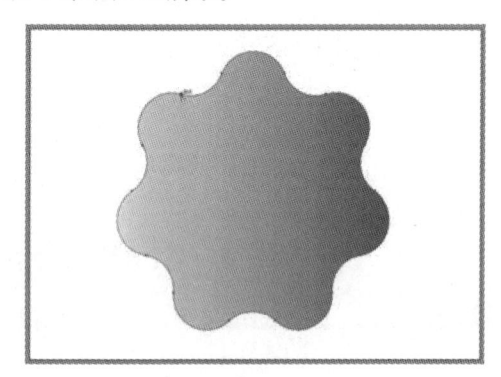

图 3-14

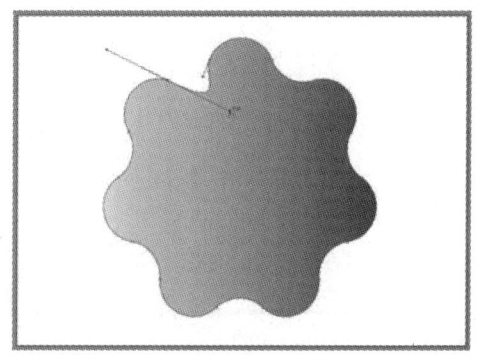

图 3-15

■ 3.2.4 曲率工具

使用"曲率工具" 可以简化路径创建，轻松绘制出光滑、精确的曲线。选择"曲率工具"，在绘图区单击两点，如图3-16所示；移动光标位置，此时转变为曲线，如图3-17所示。

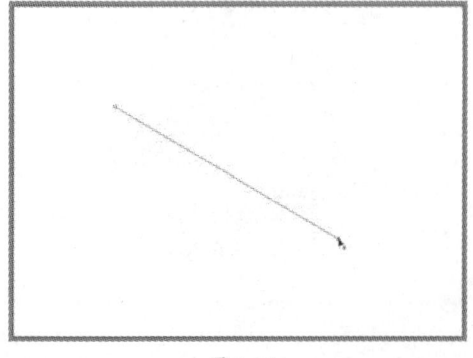

图 3-16

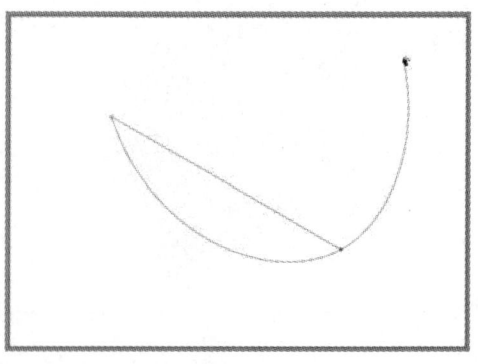

图 3-17

单击鼠标左键，继续移动光标绘制曲线，若闭合路径，将光标放置锚点或路径的任意位置处，按住鼠标左键同时拖动可以调整图形的形态和位置，如图3-18和图3-19所示。

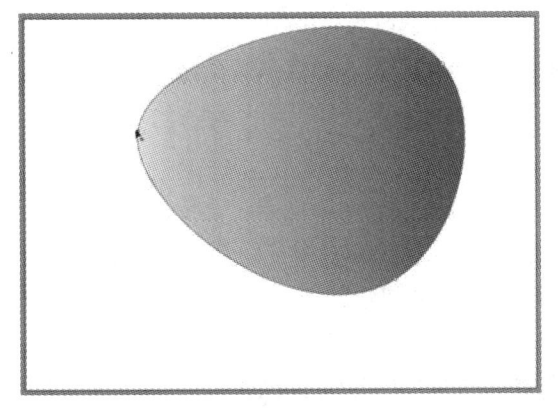

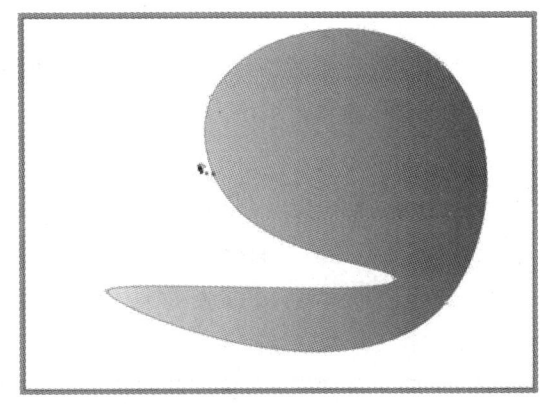

图 3-18

图 3-19

使用"曲率工具"还可以进行的操作如下：
- 按Esc键可停止绘制。
- 按Delete键可删除锚点。
- 双击或连续两次点击一个点可以在平滑锚点或尖角锚点之间切换。

3.3 画笔工具

选择"画笔工具" ，可以绘制自由路径，并可以为其添加笔刷，丰富画面效果。在工具箱中双击"画笔工具"，在弹出的"画笔工具选项"对话框中设置参数，如图3-20所示。

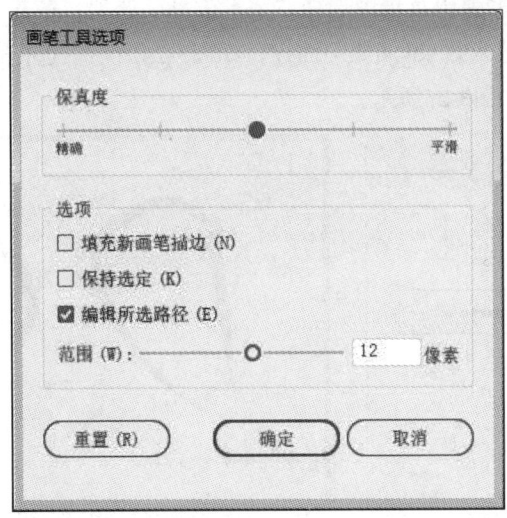

图 3-20

该对话框中各选项的介绍如下：
- **保真度**：用于控制必须将鼠标移动多少距离，Illustrator才会向路径添加新锚点。最左侧的滑块预设（精确）用于绘制最精确的路径，最右侧的滑块预设（平滑）用于创建最平滑的路径。

· 63 ·

- **填充新画笔描边**：将填色应用于路径，该选项在绘制封闭路径时最有用。
- **保持选定**：确定在绘制路径之后是否让 Illustrator 保持路径的选中状态。
- **编辑所选路径**：确定是否可以使用"画笔工具"编辑修改现有路径。
- **范围**：用于设置使用"画笔工具"编辑路径间距离的范围，此选项仅在选择了"编辑所选路径"选项时可用。

■ 3.3.1 "画笔"面板和画笔库

创建画笔路径的方法很简单，选择"画笔工具" ，在控制栏中"画笔定义"下拉列表中框中选择一种画笔，将光标移动至绘图区拖动鼠标即可创建指定的画笔路径。执行"窗口"→"画笔"命令或按F5键，弹出"画笔"面板，如图3-21所示。在"画笔"面板底部单击"画笔库菜单" 按钮，在弹出的快捷菜单中选择相应画笔，如图3-22和图3-23所示。

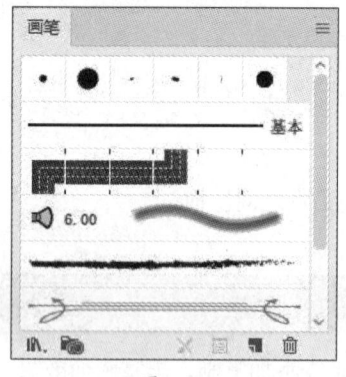

图 3-21 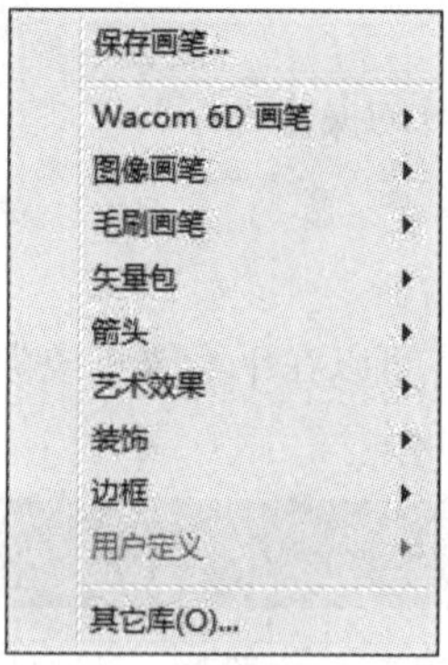　　　　图 3-22 　　　　图 3-23

例如，在图3-22所示的弹出菜单中选择"艺术效果"选项，在其子菜单中选择"艺术效果_油墨"选项，会弹出"艺术效果_油墨"面板，如图3-24所示；选择其中任意笔尖，然后使用"画笔工具"进行绘制，如图3-25所示。

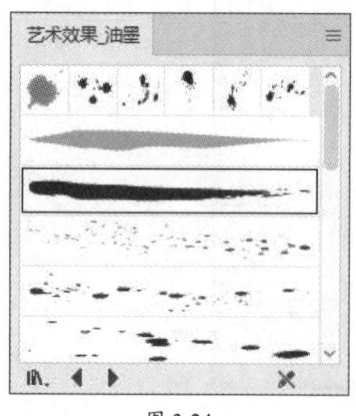

图 3-24 　　　　图 3-25

■ 3.3.2 画笔类型

使用不同的画笔可使路径的外观具有不同的风格。在Illustrator中，画笔主要有5种类型：书法、散点、艺术、图案和毛刷。使用这些画笔可以达到下列效果，如图3-26所示。

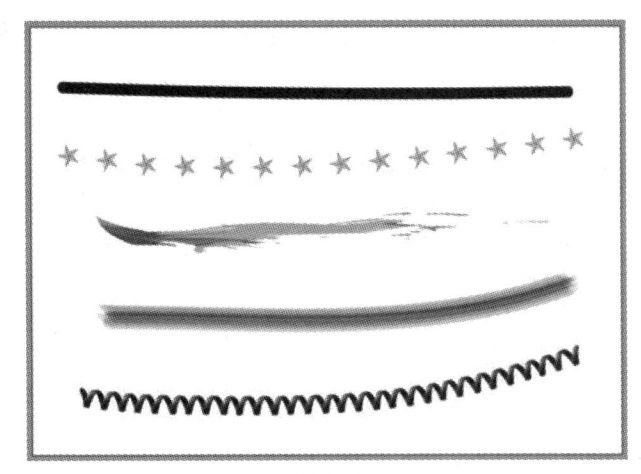

图 3-26

- **书法画笔**：创建的描边类似于使用书法钢笔绘制的效果。
- **散点画笔**：将一个对象（如一只瓢虫或一片树叶）的许多副本沿着路径分布。
- **艺术画笔**：沿路径长度均匀拉伸画笔形状（如粗炭笔）或对象形状。
- **毛刷画笔**：使用毛刷创建具有自然画笔外观的画笔描边。
- **图案画笔**：绘制一种图案，该图案由沿路径重复的各个拼贴组成。

在"画笔"面板中双击需要设置的画笔，即可弹出该画笔的画笔选项对话框。在其对话框中可以重新设置画笔选项的各项参数，从而绘制出更理想的画笔效果。

1. 书法画笔

双击"书法画笔"，在弹出的"书法画笔选项"对话框中设置参数，如图3-27所示。设置完成后弹出提示对话框，若想在当前的工作页面中，将已使用过此类型画笔的路径更改为调整以后的效果，单击"应用于描边"按钮；若只是想将更改的笔触效果应用到以后的绘制路径中，则单击"保留描边"按钮，如图3-28所示。

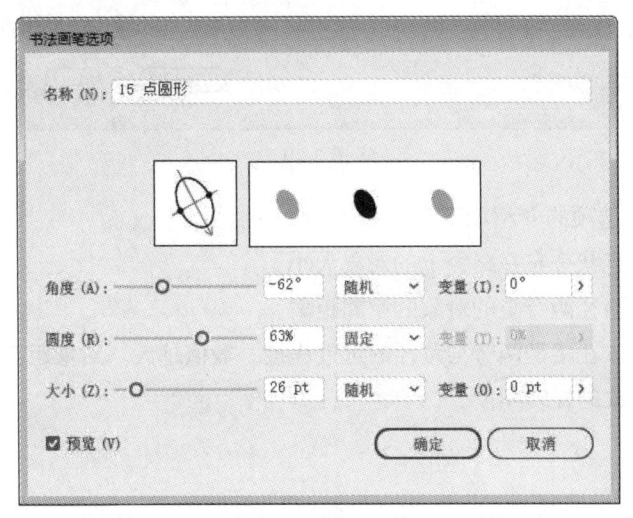

图 3-27

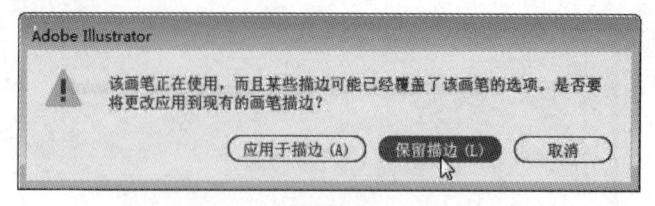

图 3-28

该对话框中各选项的介绍如下：
- **名称**：画笔的名称。
- **角度**：设置画笔旋转的角度。
- **圆度**：设置画笔的圆滑程度。
- **大小**：设置画笔的直径。
- **固定**：表示输出的点状图形大小、间距、点状或旋转角度为一个固定的值。
- **随机**：表示在两个值的中间取值，使图形呈现大小不一、距离不等的效果。

2. 散点画笔

双击"散点画笔"，在弹出的"散点画笔选项"对话框中设置参数，如图3-29所示。

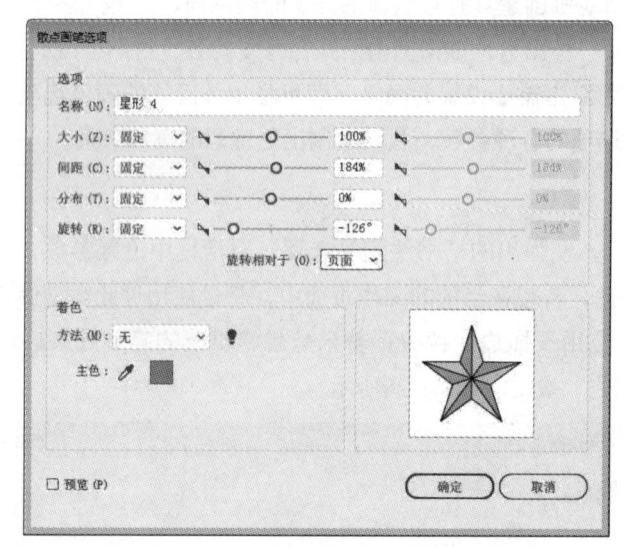

图 3-29

该对话框中主要选项的介绍如下：
- **大小**：设置呈点状分布在路径上的对象大小。
- **间距**：设置在路径两旁上的对象的空间距离。
- **分布**：设置对象在路径两旁与路径的远近程度。数值越大，对象距离路径越远。
- **旋转**：设置对象的旋转角度。

3. 艺术画笔

双击"艺术画笔"，在弹出的"艺术画笔选项"对话框中设置参数，如图3-30所示。

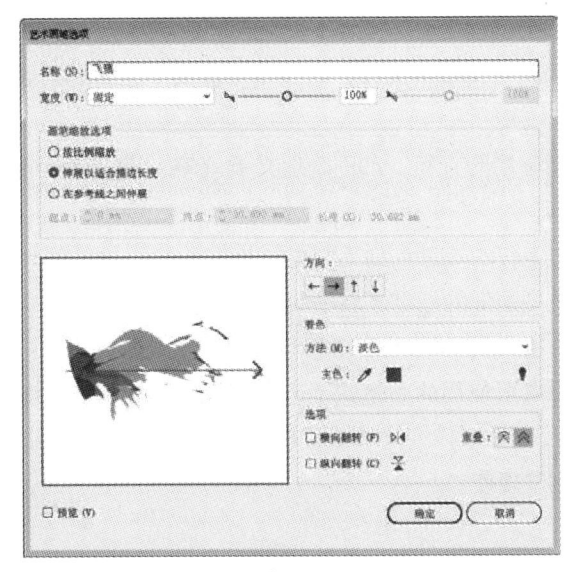

图 3-30

该对话框中主要选项的介绍如下：
- **宽度**：设置画笔的宽度比例。
- **画笔缩放选项**：设置画笔缩放的方式。
- **方向**：决定画笔的终点方向，共有4种方向。
- **翻转**：改变画笔路径中对象的方向。
- **重叠**：避免对象边缘的连接和皱褶重叠。

4. 毛刷画笔

双击"毛刷画笔"，在弹出的"毛刷画笔选项"对话框中设置参数，如图3-31所示。可以设置毛刷的特征，如大小、长度、粗细和硬度，还可设置形状、毛刷密度和上色不透明度等。

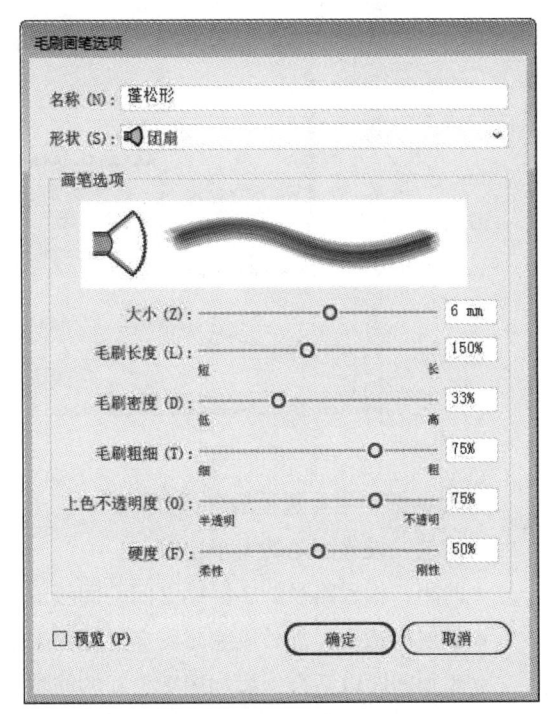

图 3-31

该对话框中各选项的介绍如下：

- **形状**：从10个不同画笔模型中选择，这些模型提供了不同的绘制体验和毛刷画笔路径的外观。
- **大小**：画笔大小指画笔的直径。如同物理介质画笔，毛刷画笔直径从毛刷的笔端（金属裹边处）开始计算。
- **毛刷长度**：画笔与笔杆的接触点到毛刷尖的长度。
- **毛刷密度**：是指毛刷颈部的指定区域中的毛刷数。
- **毛刷粗细**：可以从精细到粗糙（1%~100%）。
- **上色不透明度**：设置所使用的画笔的不透明度。画笔的不透明度可以从1%（半透明）到100%（不透明）。
- **硬度**：表示毛刷的坚硬度。

5. 图案画笔

双击"图案画笔"，在弹出的"图案画笔选项"对话框中设置参数，如图3-32所示。

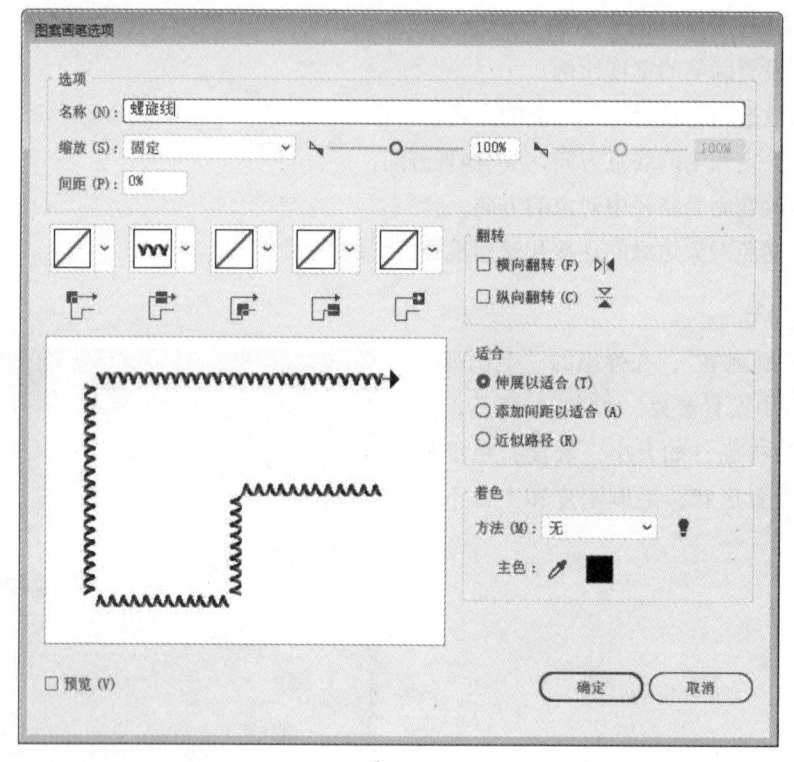

图 3-32

该对话框中主要选项的介绍如下：

- **缩放**：设置画笔的大小比例。
- **间距**：设置路径的各拼贴之间的间隔值。
- **伸展以适合**：加长或缩减图案拼贴图来适应对象，但有可能导致拼贴不平整。
- **添加间距以适合**：添加图案之间的间隙，使图案适合路径。
- **近似路径**：在不改变拼贴图案的情况下，将拼贴图案装配到最接近路径。

3.4 铅笔工具组

铅笔工具组主要用于绘制、擦除、连接、平滑路径等。在工具箱中长按或右击"Shaper工具"，展开其工具组，如图3-33所示。

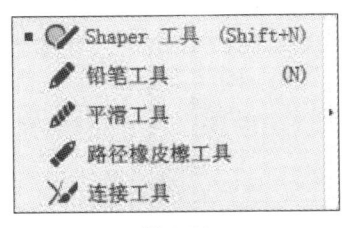

图 3-33

■ 3.4.1 Shaper 工具

使用"Shaper工具"可以绘制精确的曲线路径，也可以对图形进行造型调整。选择"Shaper工具"，按住鼠标左键粗略地绘制出几何图形的基本轮廓，松开鼠标，系统会生成精确的几何图形，如图3-34和图3-35所示。

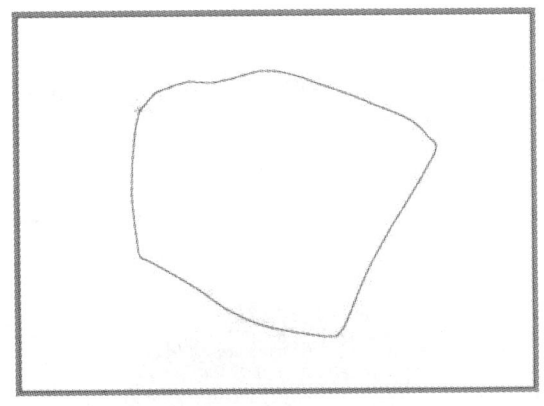

图 3-34 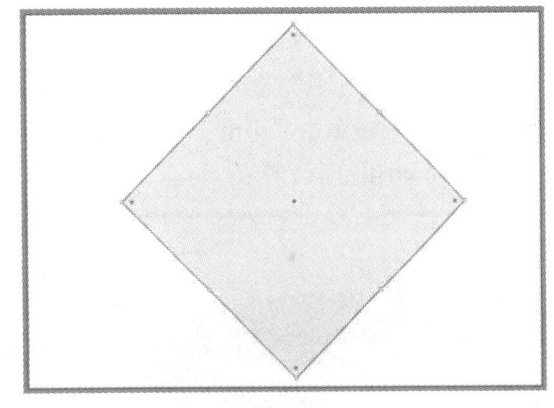　　　　　　　　　　　　　　图 3-35

使用"Shaper工具"可以对形状重叠的位置进行涂抹，得到复合图形。绘制两个图形并重叠摆放，选择"Shaper工具"，将光标放置重叠区域，按住鼠标绘制，松开鼠标，该区域被删除，如图3-36和图3-37所示。

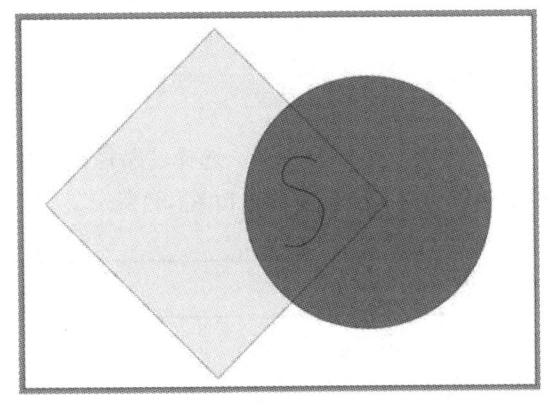

图 3-36 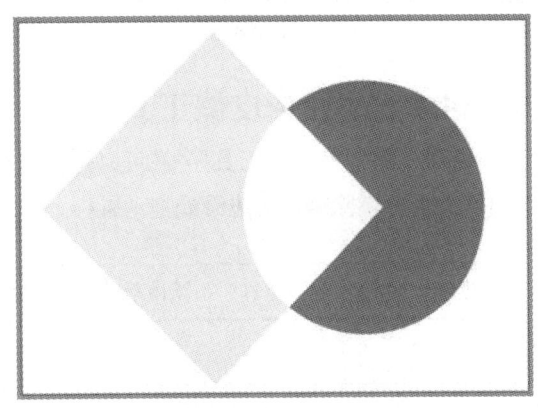　　　　　　　　　　　　　　图 3-37

3.4.2 铅笔工具

使用"铅笔工具" ✏️ 可以绘制开放路径和闭合路径，也可以对绘制好的图像进行调整。选择"铅笔工具"，按住鼠标可自由绘制路径图形，如图3-38所示；按住Shift键可以绘制水平、垂直、倾斜45°角的线，如图3-39所示。

图 3-38

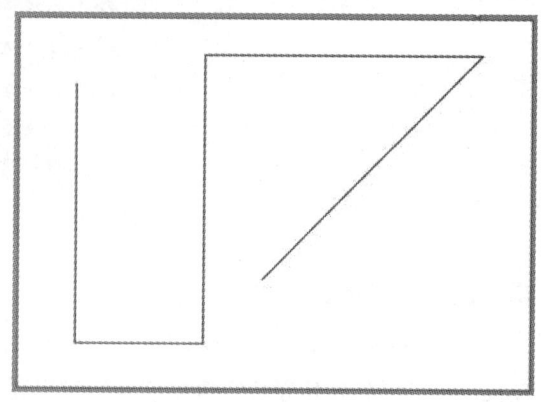

图 3-39

3.4.3 平滑工具

使用"平滑工具" ✏️ 可以快速平滑所选路径，并尽可能地保持原路径。选中需要平滑的路径形状，右键单击"平滑工具"，在路径边缘处进行反复涂抹，被涂抹的区域逐渐变得光滑，如图3-40和图3-41所示。

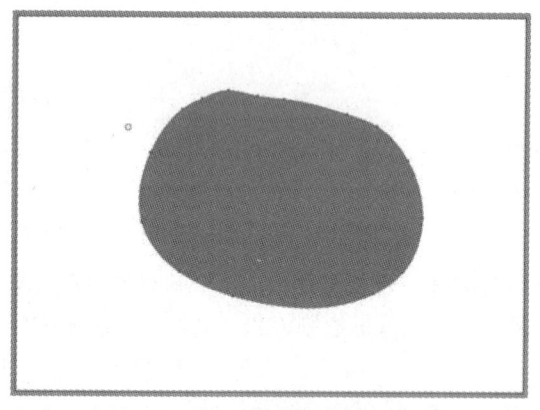

图 3-40

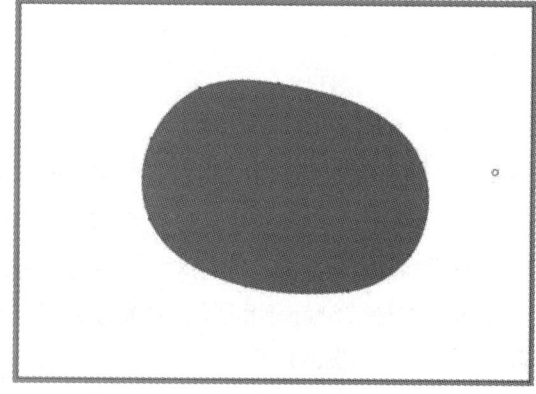

图 3-41

3.4.4 路径橡皮擦工具

使用"路径橡皮擦工具" ✏️ 可以擦除路径上部分区域，使路径断开。选择"路径橡皮擦工具"，沿要擦除路径的边缘处拖动鼠标，即可擦除该部分路径，如图3-42和图3-43所示。

> ❗ 提示："路径橡皮擦工具"不能用于"文本对象"和"网格对象"的擦除。

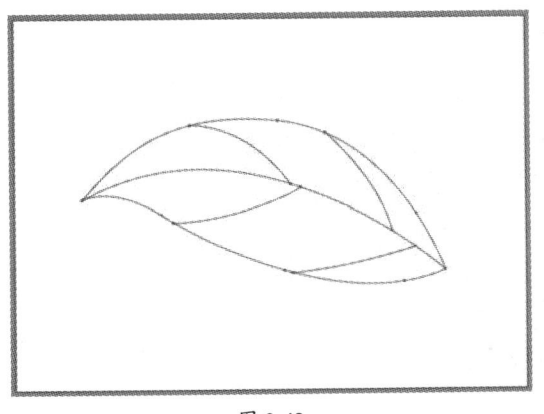

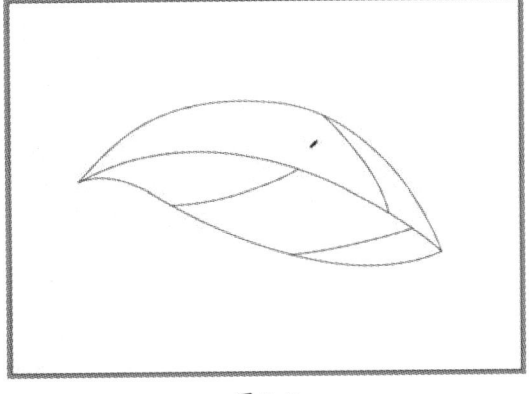

图 3-42

图 3-43

■ 3.4.5 连接工具

使用"连接工具" 能够将两条开放的路径连接起来，还能够将多余的路径删除，并保留路径原有的形状。选择"连接工具"，在两条开放路径上按住鼠标拖动，即可连接两段路径，如图3-44和图3-45所示。

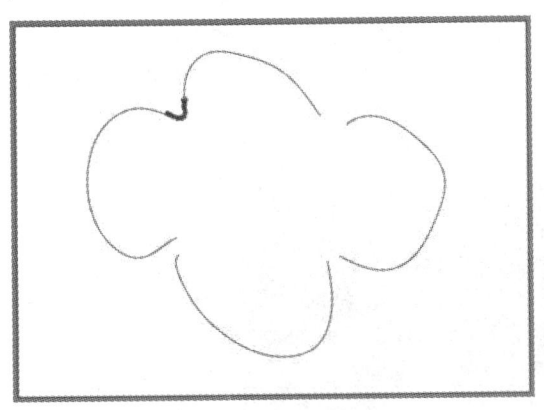

图 3-44

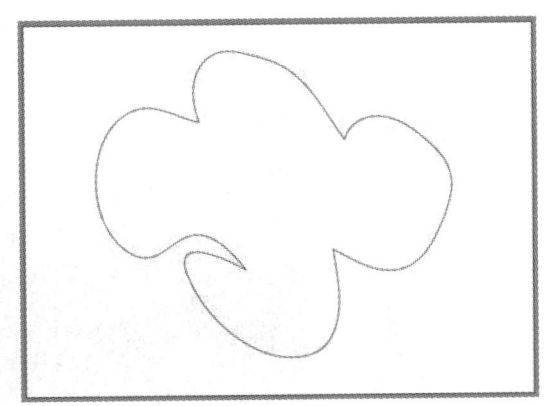

图 3-45

3.5 设计知识：卡通漫画设计

漫画设计已成为平面设计中的一个重要应用领域，漫画家也如雨后春笋般越来越多地涌现，以各种风格、各种流派创作出来的漫画精品层出不穷。卡通漫画有其独特的表现手法，以幽默的情节激发人们无穷的想象力并给人们带来欢笑，其亮丽的色彩、精美的画面让人感到美不胜收。

■ 3.5.1 卡通漫画的概念

卡通漫画在商业广告中的应用越来越广泛，其形象的设计配合贴切的广告语，在商业广告设计中大放异彩，尤其深受青少年的喜爱。在带给人们美的享受的同时，也成功地使商业广告宣传深入人心。图3-46所示为大象形象的卡通漫画。

图 3-46

3.5.2 卡通漫画人物的造型特点

卡通漫画是一种活泼、可爱的生活艺术表现形式,对于广大的青少年具有很强的吸引力。绘制卡通漫画不需要太复杂的操作,所需要的仅仅是一定的空间透视能力和良好的耐心。卡通漫画的绘制不必在形态上进行过分的追求,只要通过画面能表现出一定的意思就可以了。图3-47所示为美少女的卡通漫画。

图 3-47

卡通漫画人物的造型特点主要有以下几点。

(1)角色造型的非现实性:事实上,所有卡通漫画人物的绘制基本上都属于架空概念的造型艺术,卡通漫画人物的整体特性是由其所属的故事内容决定的。在文化艺术创作领域中,卡通漫画人物是构筑一个全虚拟艺术造型世界的基本元素。因此,卡通漫画人物具有很强的非现实性,在设计时允许对现实人物造型进行一定程度的艺术改造、加工和夸张。

(2)角色造型的艺术夸张度:基于卡通漫画人物造型的非现实性,对其进行艺术夸张的程度并不设限,可以很写实,也可以很夸张。即使基于现实创作的人物角色,也依然会给予一定的夸张,这可以从写实派卡通漫画作品中看出来。例如,欧美卡通漫画中的超人、蝙蝠侠等均是基于写实人物的造型，只在面部和身体的结构方面进行适当夸张，在发型方面略有夸张；在部分卡通漫画影视作品或游戏作品中，其人物造型是根据故事内容整体进行相应的夸张设定，在五官的结构方面有所夸张，而在造型方面基本无夸张的成分。

（3）角色造型的整体性：针对卡通漫画人物的整体造型进行设计，这是人物角色面部与发型是否协调的关键所在。一个写实的人物造型，必须配以相对写实的发型；而一个夸张的人物造型却可以有写实和夸张的两种发型选择，其夸张程度必须以角色自身的夸张程度为标准。

3.5.3 卡通漫画形象的造型方法

卡通漫画对于广大的青少年具有极强的吸引力。图3-48所示为动物的卡通漫画。

图 3-48

下面介绍卡通漫画形象的3种造型方法。

（1）几何形组合：这与作为绘画基础的素描造型的基本原理相同。人们所观察到的任何一个自然形态都是由几何形构成的，这些几何形组成了自然形态的基本骨架。在绘制卡通漫画形象时，应从大处着眼，将自然形态的物体加以划分，以几何形化的思维方法来观察、分析它们，从而绘制出它们的基本形态。

（2）夸张变形：夸张变形是卡通漫画形象设计中最常用的方法。夸张变形不是随意地扩大或缩小，而是在了解自然形态的基础上，根据自然形态的内在骨骼结构、肌肉和皮毛的走向变化来进行的。

（3）拟人化处理：拟人化处理是卡通漫画形象设计中一个重要的创作方法。在卡通漫画形象的设计中，对于动物、植物、道具等的表现往往采用拟人化的手法。对于动物类角色的拟人化处理就是让其直立，像人类一样奔跑、跳跃，完全模拟人类的动作，再将人类的语言、性格、服饰等赋予这些角色。在这里需要注意的是，动物类角色的拟人化并非只是让动物直立行走或绘制动物的头部再加上人类的身体那么简单，在处理动物的身体部位时，还应对照动物原来的体貌特征，尽量再现动物原本的特点，这样设计出的拟人化形象才会活灵活现、生动有趣。对于植物、道具等角色的拟人化处理，通常会采用"添加"的手法，这是因为它们不像动物那样本身就有五官和四肢，需要设计师来酌情添加。通过为一棵参天大树添加五官和胡子，再把树干变形成手臂，会使其成为智慧、慈祥的老树精；通过为一个路边的消防栓添加五官和四肢，可以将其变成生龙活虎的救火战士。总之，设计师应在将变形角色的原本形态与人类的外部特征有机结合的基础上，最大限度地发挥个人的想象力，完成角色的拟人化处理。

Illustrator图形制作

实训案例 绘制扁平风人物

案/例/描/述

本案例绘制的是扁平风夸张人物。在实操中主要用到的知识点有新建文档、钢笔工具、铅笔工具、填充颜色和编组等。

案/例/详/解

下面将对案例的制作过程进行详细讲解。

步骤 01 打开Illustrator软件，执行"文件"→"新建"命令，打开"新建文档"对话框，设置参数，单击"创建"按钮即可，如图3-49所示。

步骤 02 选择"钢笔工具"，在工作区绘制头发部分，如图3-50所示。

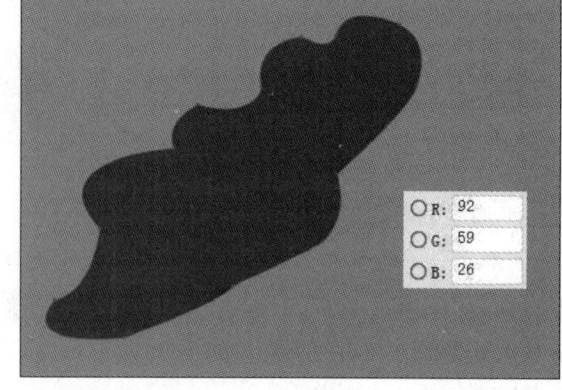

图 3-49

图 3-50

步骤 03 绘制脸部和颈部的轮廓并填充颜色，在"图层"面板中调整顺序，如图3-51和图3-52所示。

图 3-51

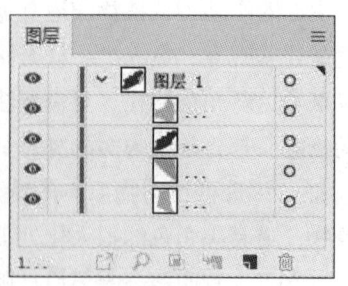

图 3-52

步骤 04 选中全部图层，按Ctrl+G组合键创建编组，在"图层"面板中锁定该图层，如图3-53所示。

第3章 复杂图形的绘制与编辑

步骤 05 绘制衣服和鞋部分，在"图层"面板中调整图层顺序，如图3-54所示。

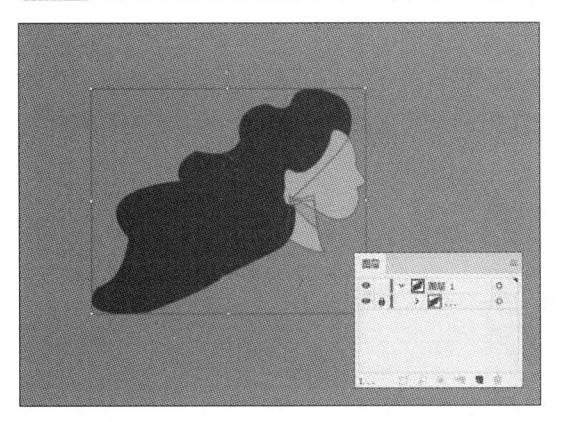

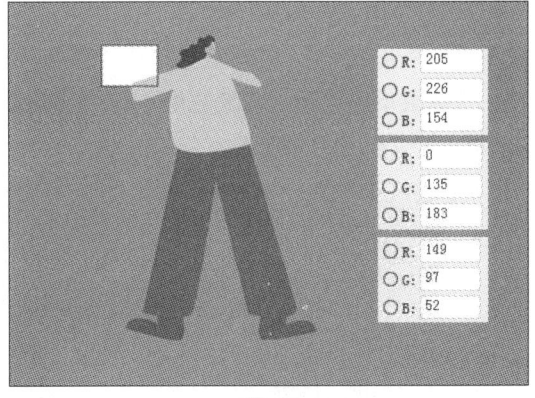

图 3-53

图 3-54

步骤 06 选择"铅笔工具"，绘制围裙，在"图层"面板中调整顺序，如图3-55所示。

步骤 07 绘制胳膊和手部分，调整图层顺序，如图3-56所示。

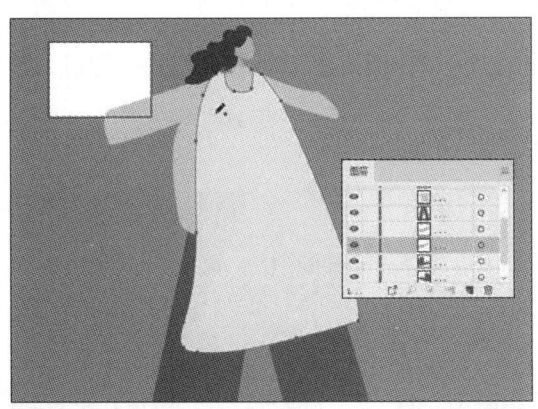

图 3-55

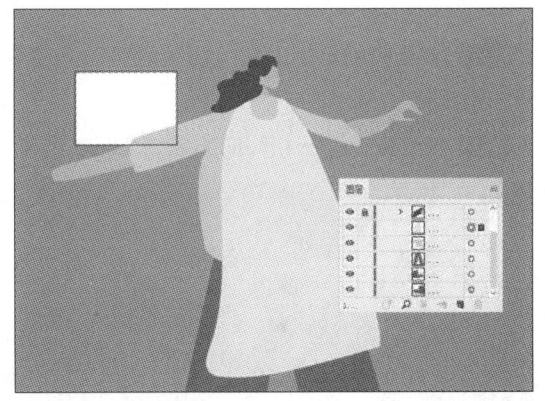

图 3-56

步骤 08 选择"钢笔工具"，绘制画板；选择"椭圆工具"，绘制椭圆；选中两个路径图层，如图3-57所示。

步骤 09 执行"窗口"→"路径查找器"命令，在弹出的"路径查找器"面板中单击"差集"按钮，如图3-58所示。

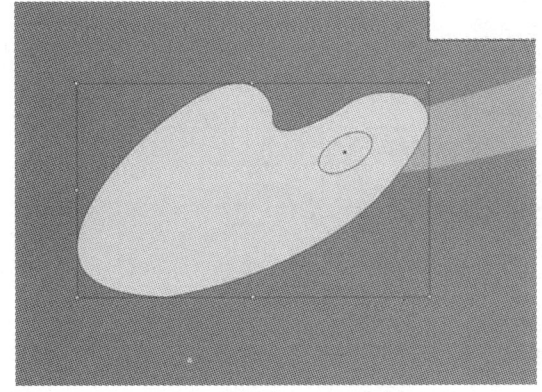

图 3-57

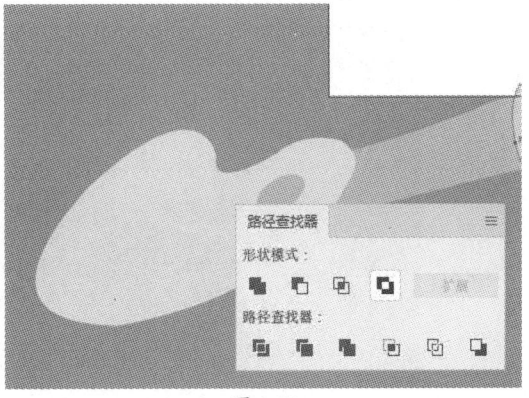

图 3-58

· 75 ·

步骤10 选择"钢笔工具",绘制画笔,按Ctrl+G组合键创建编组,在"图层"面板中移动至"手"图层下方,如图3-59所示。

步骤11 执行"窗口"→"画笔"命令,弹出"画笔"面板,单击"画笔库菜单" 按钮,在弹出的快捷菜单中选择"艺术效果_水彩"选项,在弹出的"艺术效果_水彩"对话框中单击选择"水彩_湿",如图3-60所示。

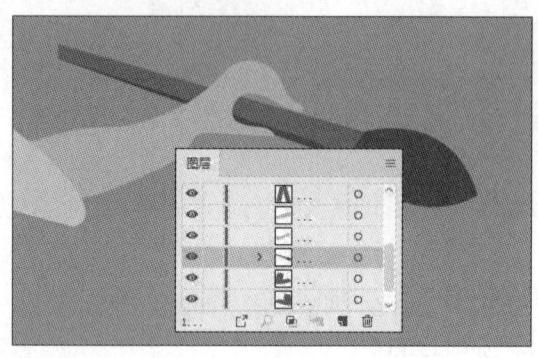

图 3-59 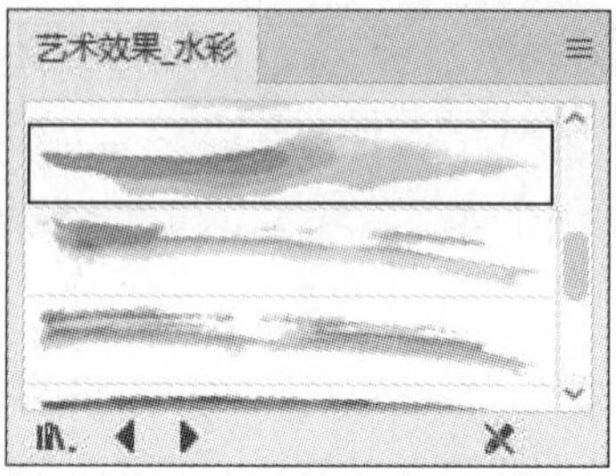　　　　　　　　　　　图 3-60

步骤12 选择"画笔工具",绘制画笔,设置描边为3 pt,分别使用不同的颜色进行绘制,如图3-61所示。

步骤13 在围裙上进行相同的绘制,如图3-62所示。

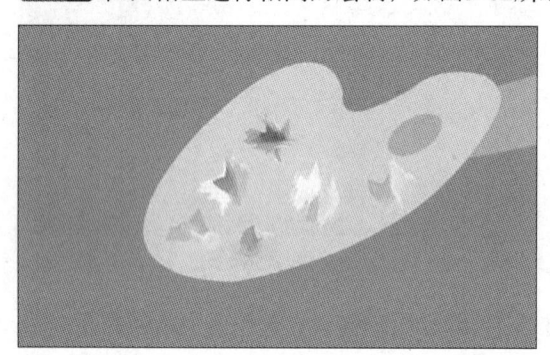

图 3-61 　　　　　　　　　　　图 3-62

步骤14 选择"钢笔工具",绘制阴影部分,在"图层"面板中调整图层顺序,如图3-63所示。

步骤15 解锁头发部分图层组,选中全部图层,按Ctrl+G组合键创建编组,如图3-64所示。

图 3-63 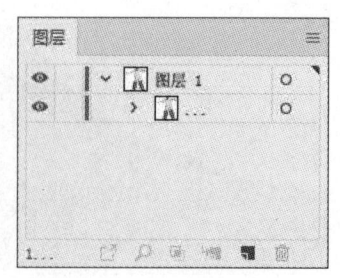　　　　　　　　　　　图 3-64

步骤16 按住Shift键等比例缩小。

步骤17 执行"对象"→"扩展"命令，会打开"扩展"对话框，如图3-65所示，设置后单击"确认"按钮，如图3-66所示。

图 3-65

图 3-66

至此，完成扁平人物的绘制。

第4章
图形的填充和描边

内容概要

Illustrator 作为矢量绘图软件，主要绘制的就是矢量图，它是由路径、路径之上的描边以及路径内部的颜色构成。本章将介绍颜色和描边的设置方法、吸管工具、实时上色工具、网格工具的设置与编辑方法。

知识要点

- 填充和描边用到的面板。
- 实时上色工具。
- 网格工具。

数字资源

【本章案例素材来源】："素材文件\第4章"目录下
【本章案例最终文件】："素材文件\第4章\实训案例\恋心首饰宣传画册.ai"

4.1 设置填充与描边

"填充"指的是图形内部颜色,不仅可以填充单一颜色,还可以填充渐变和图案。在Illustrator中可以使用"颜色"面板、"色板"面板、"渐变"面板进行填充。

4.1.1 "颜色"面板

"颜色"面板可以设置填充颜色和描边颜色。从"颜色"面板菜单中可以创建当前填充颜色或描边颜色的反色和补色,还可以为选定颜色创建一个色板。选择"窗口"→"颜色"命令,弹出"颜色"面板,单击"颜色"面板右上角的 按钮,可在弹出的快捷菜单中选择当前取色时使用的颜色模式,可使用不同颜色模式显示颜色值,如图4-1所示。

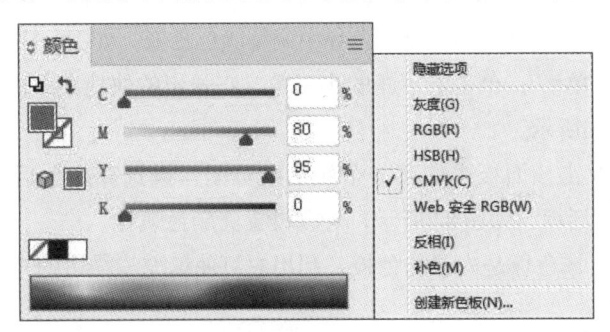

图 4-1

此面板中各按钮的含义介绍如下:

- **默认填色和描边** :单击此按钮可恢复默认的填色和描边(白色填充和黑色描边)。
- **互换填色和描边** :单击此按钮可互换填充和描边颜色。
- **填充颜色和描边颜色** :双击此按钮可在"拾色器"对话框中设置填充颜色和描边颜色。当填充颜色 在前时,可用右边的滑块进行填充参数调整;相反,当描边颜色 在前时,可用右边的滑块调整描边参数。
- **超出web颜色警告(单击以校正)** :单击校正web颜色。
- **"无"填充或描边** :通过单击此按钮,可以删除选定对象的填充或描边。
- **色谱条** :鼠标光标移动到该区域,会变为吸管形状,单击可以选取颜色。

4.1.2 "色板"面板

执行"窗口"→"色板"命令,弹出"色板"面板。"色板"面板提供了多种颜色、渐变和图案,并且可以添加并存储自定义的颜色、渐变和图案,图4-2和图4-3所示为缩览图视图和列表视图。执行"窗口"→"色板库"→"其他库"命令,在弹出的对话框中可以将其他文件中的色板样本、渐变样本和图案样本导入"色板"面板中。

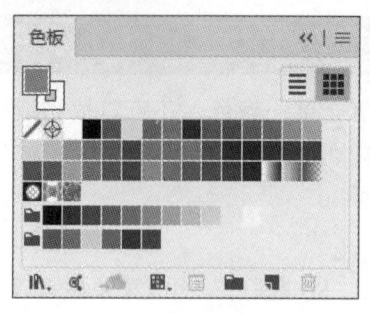

图 4-2　　　　　　　　　　　　图 4-3

此面板中主要按钮的含义介绍如下：

- **打开颜色主题面板**：单击此按钮打开"颜色主题"面板。在"Explore"选项中可选择颜色主题，在"Create"选项中可以在色环中调整颜色色值，如图4-4和图4-5所示。
- **显示色板类型菜单**：单击右下角的小三角，在弹出的快捷菜单中，可以对色板类型进行选择，如图4-6所示。
- **色板选项**：双击该面板中的某一个颜色缩览图，或选择颜色后单击此按钮，会弹出"色板选项"对话框，如图4-7所示，可以设置其颜色属性。
- **套版色色板**：该色板是内置的色板，利用它可使填充或描边的对象从PostScript打印机进行分色打印。

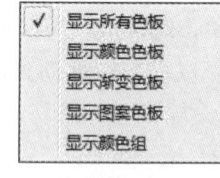

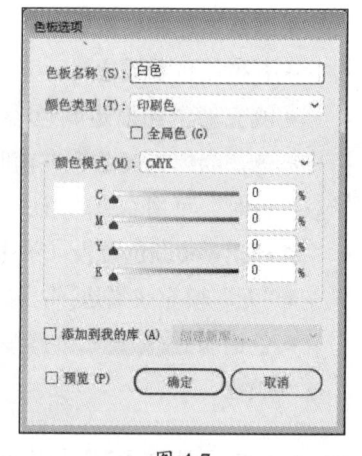

图 4-4　　　图 4-5　　　图 4-6　　　图 4-7

提示：要使"颜色主题"面板运行，在启动Illustrator软件时必须具有Internet连接。

4.1.3 "渐变"面板

渐变填充是在同一个对象中，产生一种或多种颜色向另一种或多种颜色之间逐渐过渡的特殊效果。在Illustrator中，创建渐变效果有两种方法：一种是使用工具箱中的"渐变"工具；另一种是使用"渐变"面板，并结合"颜色"面板，设置选定对象的渐变颜色，如图4-8所示。

第4章 图形的填充和描边

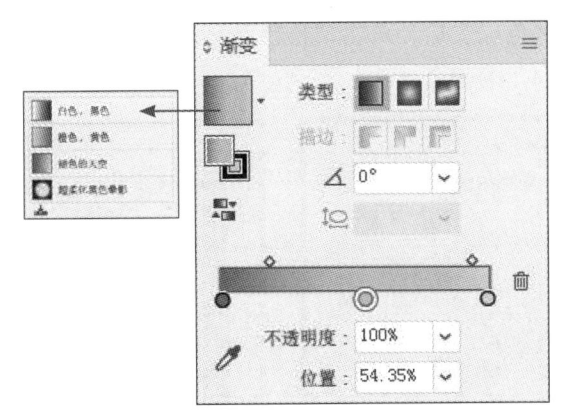

图 4-8

此面板中各按钮的含义介绍如下：

- **预设渐变** ：单击此按钮，显示预设渐变下拉列表框。在列表框底部单击"添加到色板" 按钮，可将当前的渐变设置存储到色板。
- **类型** ：渐变类型包括 "线性""径向"和"任意形状渐变"。图4-9和图4-10所示为"径向"和"任意形状渐变"。

图 4-9　　　　　　　　　图 4-10

- **角度**：设置渐变的角度，当渐变类型为"径向"时，通过"长宽比" 选项更改渐变角度。
- **反向渐变** ：单击此按钮，可使当前渐变的方向水平旋转，如图4-11和图4-12所示。

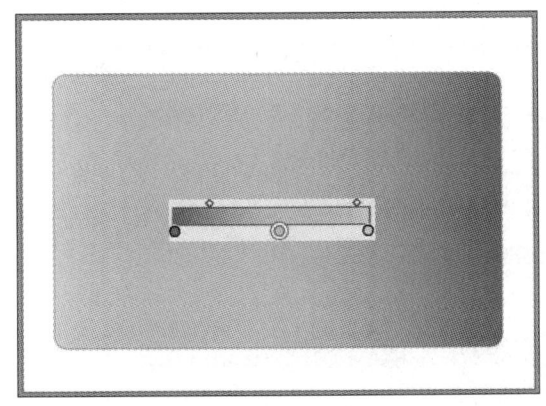

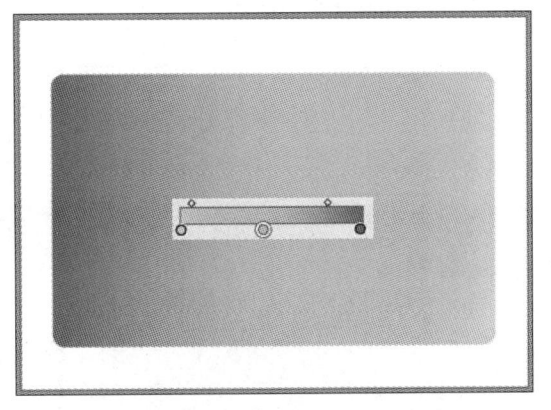

图 4-11　　　　　　　　　图 4-12

- **拾色器** ✎：选择"色标"后，单击"拾色器"按钮，可吸取并更改所在"色标"的颜色，如图4-13和图4-14所示。

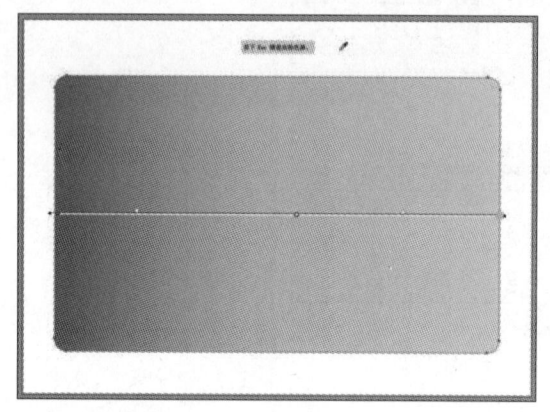

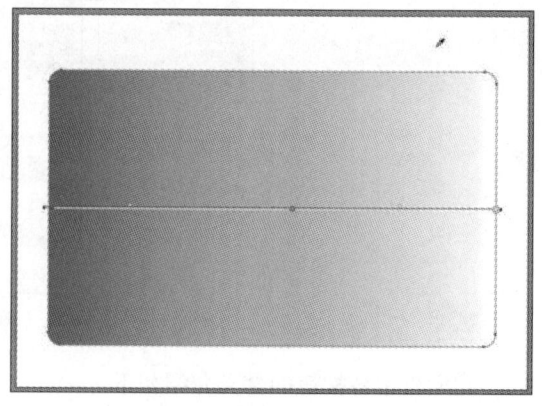

图 4-13

图 4-14

4.1.4 图案填充

图案填充可以使绘制的图形更加生动、形象。"色板"面板中提供了一些预设图案，选中对象后，在"色板"面板底部单击"色板库菜单"按钮，在其子菜单中选择其中一个"图案"命令，弹出该图案面板，如图4-15所示。

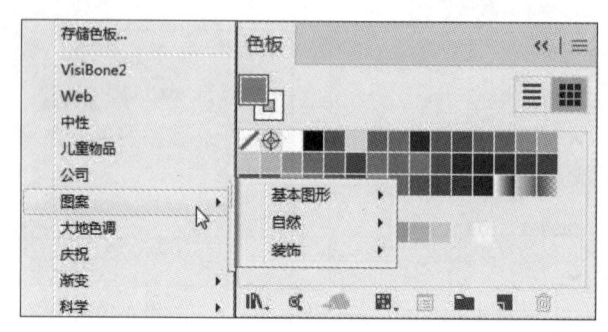

图 4-15

例如，选中图形对象后，单击"色板库菜单"按钮，在弹出的快捷菜单中选择"图案"→"自然"→"自然_叶子"选项，在弹出的"自然_叶子"面板中任意选择一个图案进行填充，如图4-16和图4-17所示。

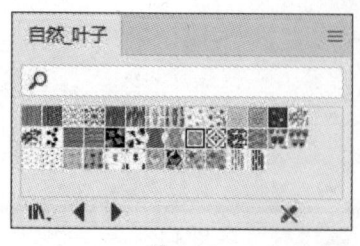

图 4-16

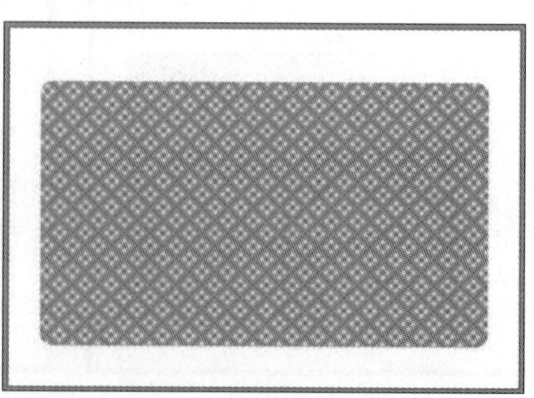

图 4-17

■ 4.1.5 "描边"面板

在Illustrator中，不仅可以对描边的颜色进行设置，还可以对其描边的粗细、实虚线、对齐方式、斜接限制、宽度配置等进行参数设置。

在绘图前可以在控制栏中先设置描边属性，也可以在绘制完成后，选中该图形对象，在控制栏中再更改设置；也可执行"窗口"→"描边"命令，弹出"描边"面板，可在此面板中进行设置并应用于整个图形对象；也可以使用实时上色组，为对象内的不同边缘设置不同描边，如图4-18所示。

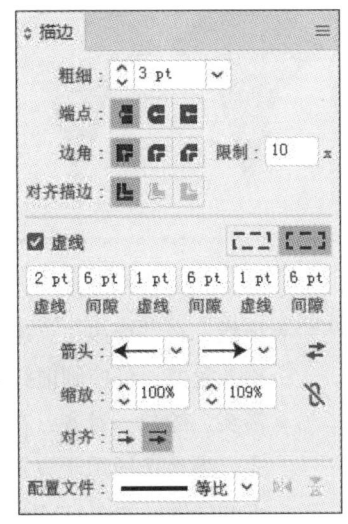

图 4-18

此面板中各按钮的含义介绍如下：

- **粗细**：设置描边的粗细，数值越小，描边越细；数值越大，描边越粗，如图4-19所示。
- **端点**：设置一条开放线段的两端端点的形状，"平头端点" 创建具有方形端点的描边线，"圆头端点" 创建具有圆形端点的描边线，"方头端点" 创建具有方形端点且在线段之外延伸出线条宽度一半的描边线，如图4-20所示。

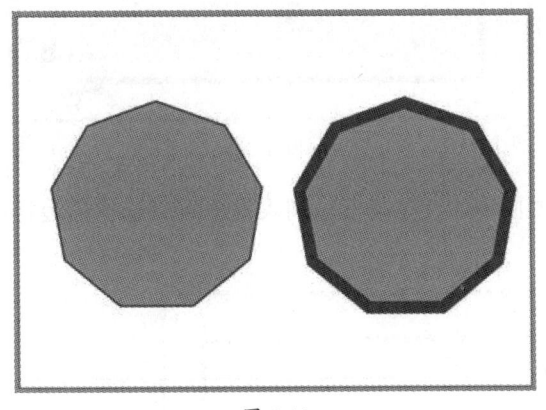

图 4-19 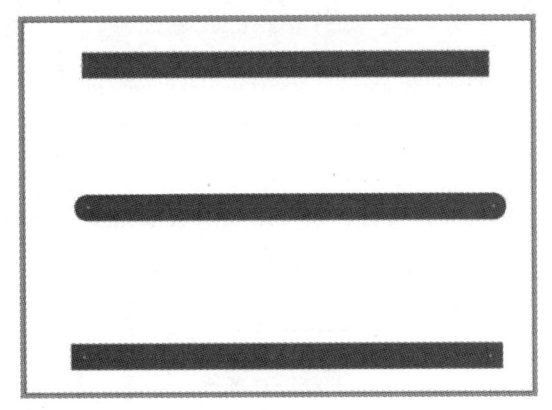   图 4-20

- **边角**：设置指定路径拐角部分的样式。"斜接连接" 创建具有点式拐角的描边线，"圆角连接" 创建具有圆角的描边线，"斜角连接" 创建具有方形拐角的描边线，如图4-21所示。
- **对齐描边**：设置描边相对于路径的位置。单击"使描边居中对齐"按钮 ，路径两侧具有相同宽度的描边；单击"使描边内侧对齐"按钮 ，描边在路径内部；单击"使描边外侧对齐"按钮 ，描边在路径外侧；如图4-22所示。

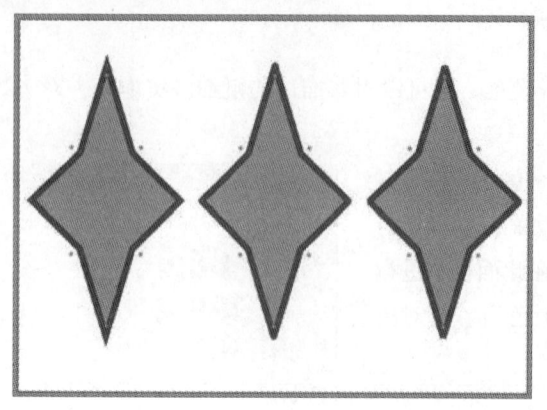

图 4-21 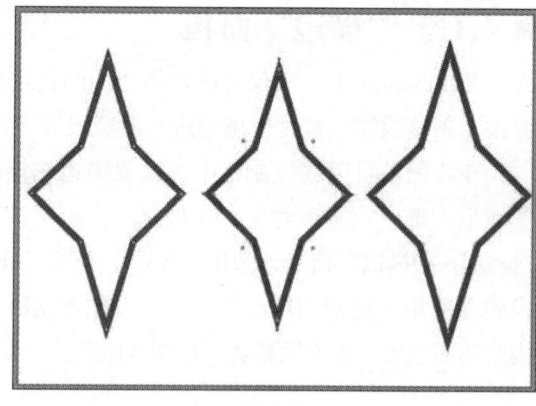　　　　　　　　　　　　　　　　图 4-22

- **虚线**：在"虚线"文本框中输入数值，可定义虚线中线段的长度；在"间隙"文本框中输入数值，可控制虚线的间隙效果；如图4-23所示。
- **箭头、缩放、对齐**：在路径起点或重点位置添加箭头，在其下拉列表中可以选择箭头样式；缩放选项用于设置路径两端箭头的百分比大小；对齐选项用于设置箭头位于路径终点的位置；如图4-24所示。

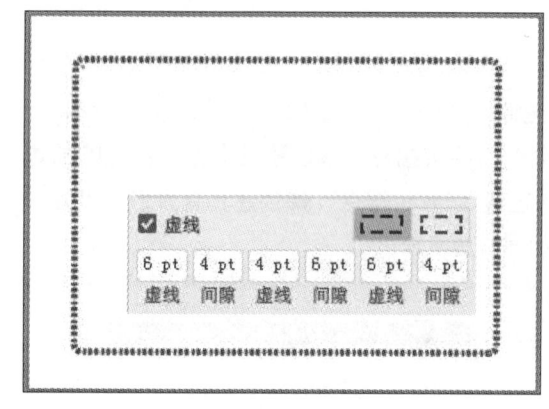

图 4-23 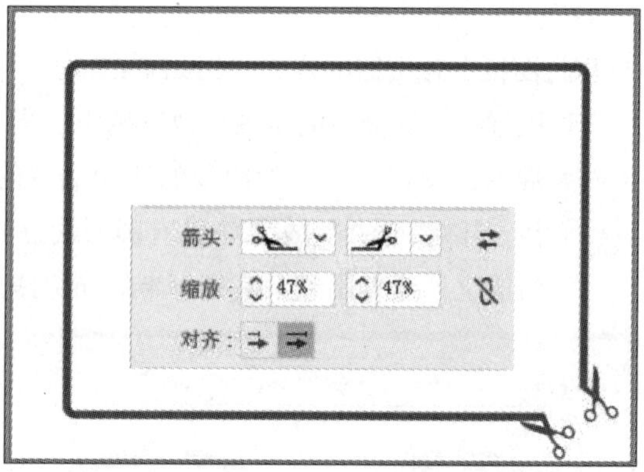　　　　　　　　　　　　　　　　图 4-24

- **配置文件**：设置路径的变量宽度和翻转方向，在其下拉列表框中可以选择描边样式，如图4-25和图4-26所示。

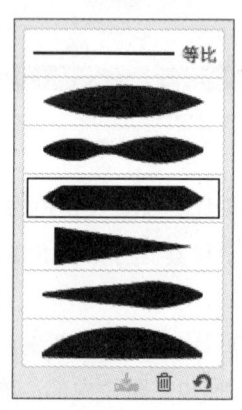

图 4-25 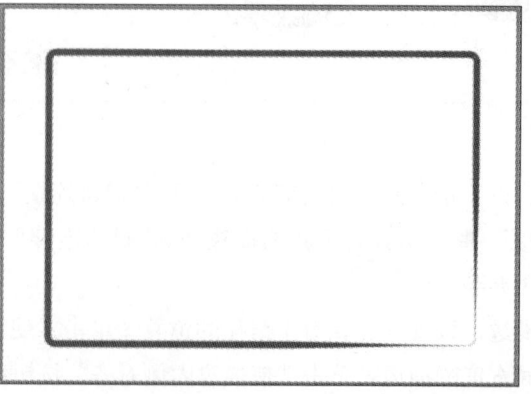　　　　　　　　　　　　　　　　图 4-26

4.2 实时上色工具组

"实时上色"是一种智能填充方式,可以为目标图形对象着色,就像对画布或纸上的画面进行着色一样。可以使用不同颜色为每个路径段描边,也可使用不同的颜色、图案或渐变填充每个路径。

■ 4.2.1 创建实时上色组

选择一条或多条路径或复合路径,或者是既选择路径又选择复合路径。执行"对象"→"实时上色"→"建立"命令,选择"实时上色工具" ,然后单击所选对象,如图4-27和图4-28所示。

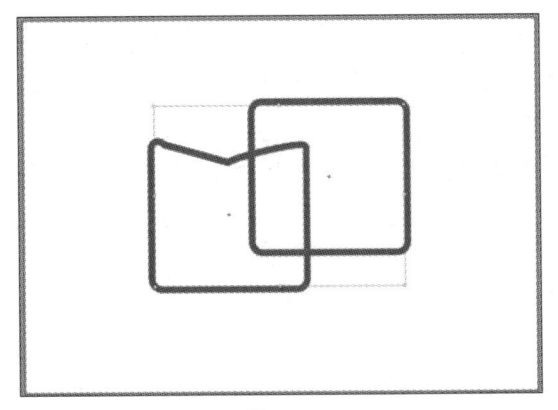

图 4-27 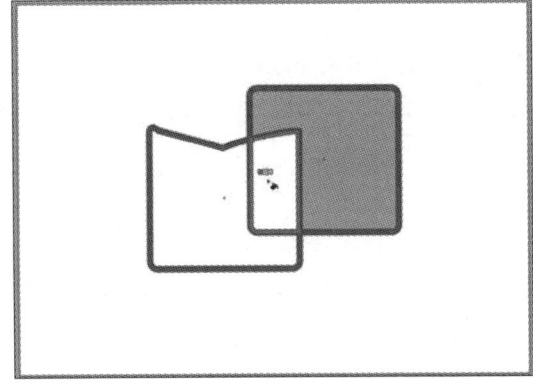　　　　　　　　　　　图 4-28

在工具箱中双击"实时上色工具"按钮,在弹出的"实时上色工具选项"对话框中设置参数,选中"描边上色"复选框,可以对描边进行上色,如图4-29和图4-30所示。

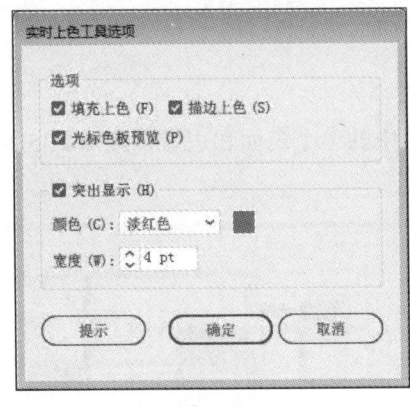

图 4-29 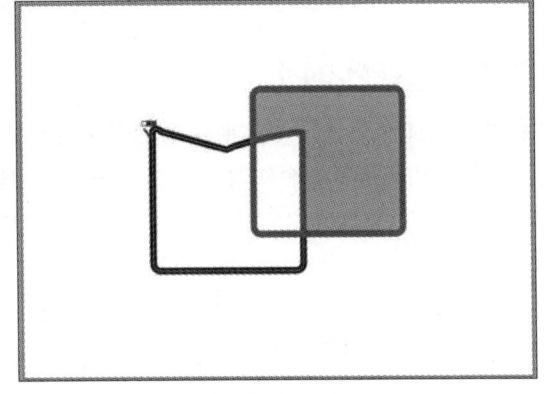　　　　　　　　　　　图 4-30

■ 4.2.2 扩展和释放实时上色组

选中目标图形对象,执行"对象"→"实时上色"→"扩展"命令,选择图形,右击鼠标,在弹出的快捷菜单中选择"取消编组"选项,该图形将会变成由单独的填充和描边路径所组成的对象,如图4-31和图4-32所示。

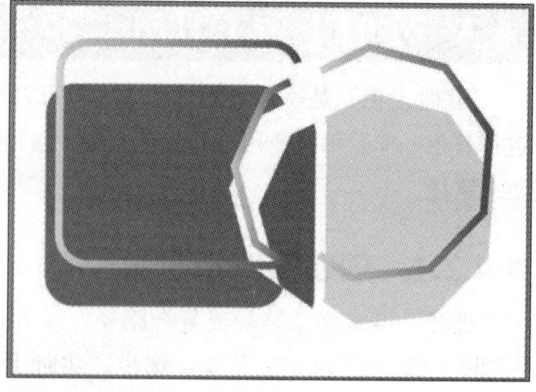

图 4-31

图 4-32

选中目标图形对象，执行"对象"→"实时上色"→"释放"命令释放实时上色组，可以将其变为一条或多条普通路径，它们没有进行填充且具有0.5 pt宽的黑色描边。可以使用编组选择工具来分别选择和修改这些路径，如图4-33和图4-34所示。

图 4-33

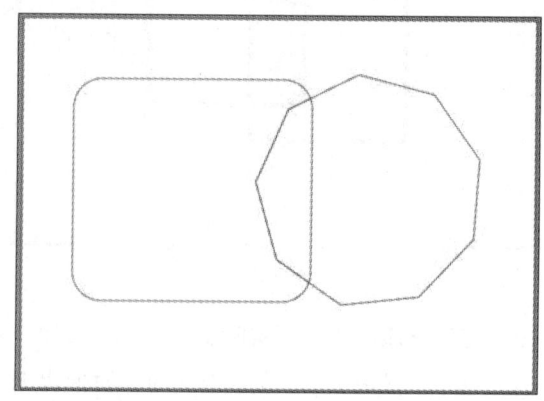

图 4-34

4.2.3 选择实时上色组

"实时上色选择工具" 主要用于选择实时上色组中的各个表面和边缘，如图4-35所示；"选择工具" 用于选择整个实时上色组，如图4-36所示。

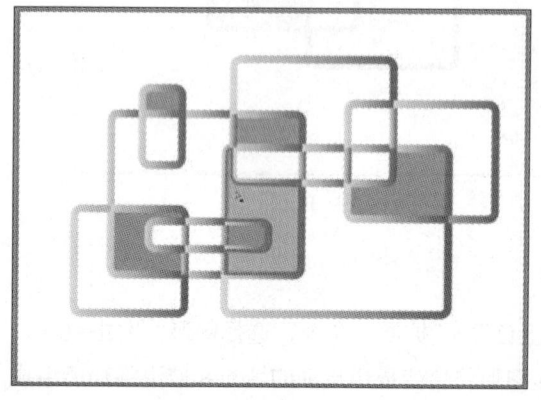

图 4-35

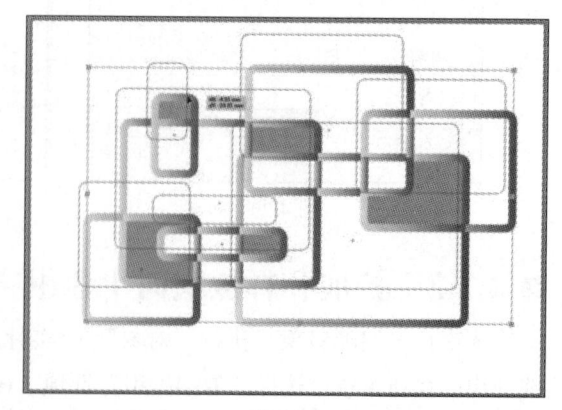

图 4-36

"直接选择工具" ▷用于选择实时上色组内的路径，如图4-37所示。处理复杂文档时，可以使用"选择工具"双击图形路径隔离实时上色组，以便轻松地选择所需的确切表面或边缘，如图4-38所示，在空白处双击，退出隔离模式。

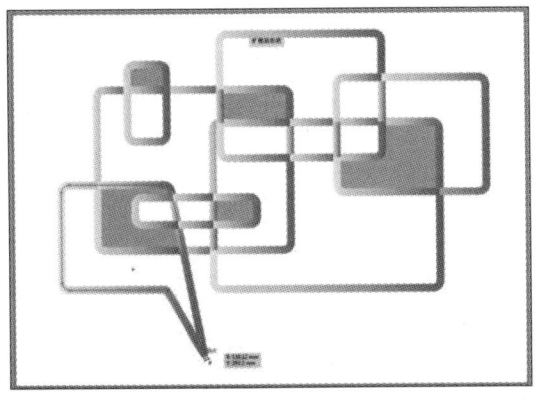

图 4-37 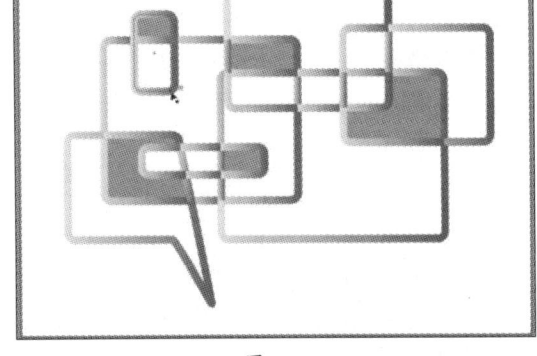　　　　　　　　　　　　　　　图 4-38

4.3　网格工具

"网格工具"▦可以进行复杂的颜色设置，也可以更改图形的轮廓状态。"网格工具"主要通过在图像上创建网格，设置网格点上的颜色，即可使网格点沿不同方向顺畅分布，且从一点平滑过渡到另一点。通过移动和编辑网格线上的点，可以更改颜色的变化强度，或者更改对象上的着色区域范围。

选中目标图形，选择"网格工具"▦，当光标变为 形状时，在图形中单击即可增加网格点，如图4-39和图4-40所示。在矢量图形上应用"网格工具"，该图形将变为"网格对象"。

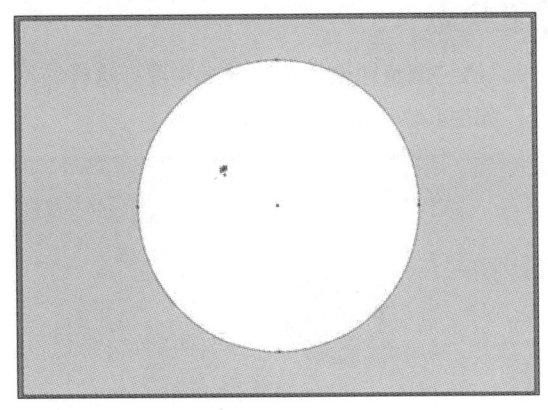

图 4-39 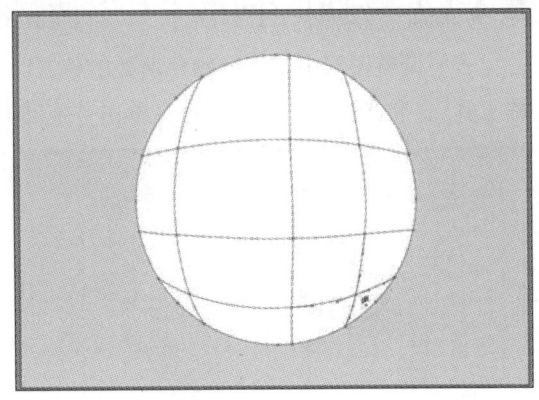　　　　　　　　　　　　　　　图 4-40

"网格工具"相关知识介绍如下：

- **网格线**：将图形建立为网格对象，在图形中增加了横竖两条线交叉形成的网格，继续在图形中单击，可以增加新的网格。在网格中横竖两条线交叉形成的点就是网格点，而横、竖线就是网格线。
- **网格点**：在两网格线相交处有一种特殊的锚点。网格点以菱形显示，且具有锚点的所有属性，只是增加了接受颜色的功能。可以添加和删除网格点、编辑网格点，或更改与每个网格点相关联的颜色。

- **锚点**：网格中也同样会出现锚点（区别在于其形状为正方形而非菱形），这些锚点与Illustrator中的任何锚点一样，可以添加、删除、编辑和移动。锚点可以放在任何网格线上，用户可以通过单击一个锚点，然后拖动其方向控制手柄来修改该锚点。
- **网格面片**：任意4个网格点之间的区域称为网格面片。可以通过更改网格点颜色的方法来更改网格面片的颜色。

■ 4.3.1 使用"网格工具"改变对象颜色

添加网格点后，网格点处于选中状态，可以通过"颜色"面板、"色板"面板或拾色器填充颜色，如图4-41所示。除了设置颜色，还可以在控制栏调整其不透明度，如图4-42所示。

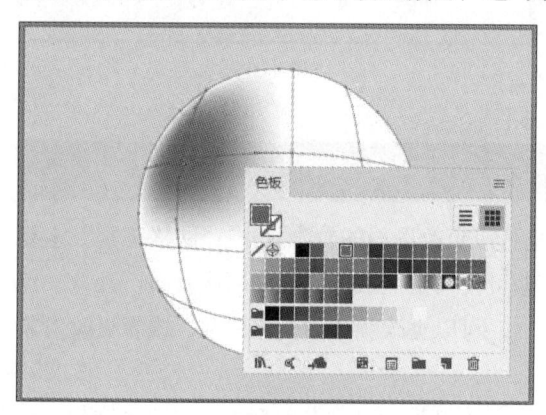

图 4-41 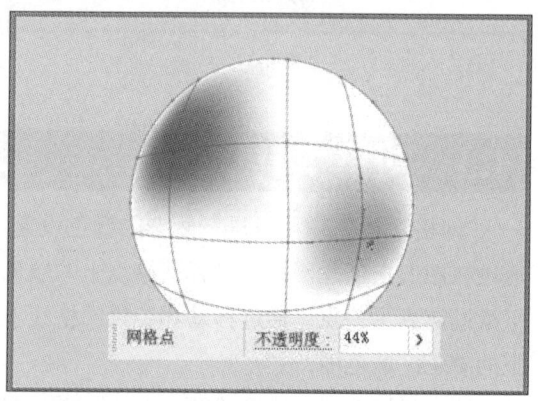   图 4-42

■ 4.3.2 使用"网格工具"调整对象状态

若要调整图形中某部分颜色所处的位置时，可以通过调整网格点的位置来实现。选择"网格工具"，将光标移动至网格点，单击并拖动即可，如图4-43和图4-44所示。

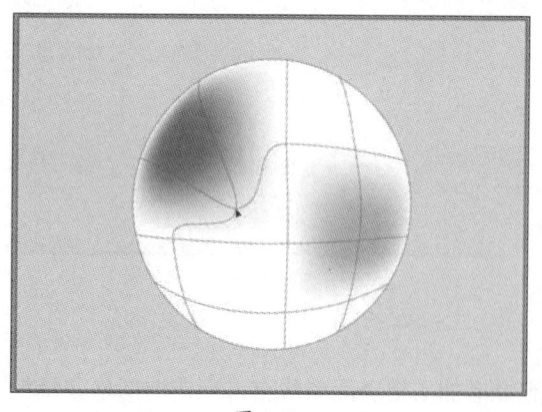

图 4-43 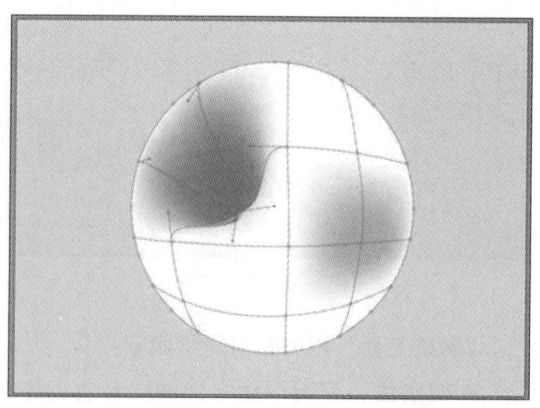   图 4-44

4.4 设计知识：宣传画册设计

宣传画册是企业在商业贸易活动中的重要媒介，特点是自成一体，无须借助其他媒体，不受其他媒体的宣传环境、公众特点、信息安排、版面、印刷、纸张等各种限制，因此又被称为"非媒介性广告"。

4.4.1 宣传画册的种类

宣传画册是以一个完整的宣传形式，针对销售季节或流行期，针对有关企业和人员，针对展销会、洽谈会，针对购买货物的消费者，进行邮寄、分发、赠送，以扩大企业、产品的知名度，推售产品和加强消费者对产品的了解，强化广告的效用。图4-45所示为宣传画册。

图 4-45

宣传画册按应用领域划分，常见的有以下几类。

（1）医院画册：医院画册的设计要求稳重、大方，给人以安全、健康、和谐、值得信赖的印象，设计风格要求大众生活化。

（2）药品画册：药品画册的设计比较独特，根据目标对象可被分为医院用（目标对象为院长、医师、护士等）、药店用（目标对象为店长、导购、在店医生等），用途不同，设计风格也要做相应的调整。

（3）医疗器械画册：医疗器械画册的设计一般从产品本身的性能出发，体现产品的功能和优点，进而向目标对象传达产品的信息。

（4）食品画册：食品画册的设计要从食品的特点出发，体现视觉、味觉等特点，激发消费者的食欲，以提升购买的欲望。

（5）IT企业画册：IT企业画册的设计要求简洁、明快，融入高科技信息，以体现IT企业的行业特点。

（6）房地产宣传画册：房地产宣传画册一般是根据房地产的楼盘销售情况做相应的设计，如开盘、宣传形象、介绍楼盘特点等。此类画册的设计要求时尚、前卫、和谐，凸显人文环境。图4-46所示为房地产宣传画册。

图 4-46

（7）酒店画册：酒店画册的设计要求体现品质高档、注重享受等特点，在设计时使用一些独特的元素来体现。

（8）学校宣传画册：根据用途的不同，学校宣传画册的设计大致可分为形象宣传、招生、毕业留念册等。

（9）服装画册：服装画册的设计更注重消费者的档次，要满足视觉、触觉的需要。根据服装类型、风格的不同，服装画册的设计也不尽相同，如休闲类、工装类等。

（10）招商画册：招商画册的设计主要体现"招商"的概念，要展现自身的优势，引起投资者的兴趣。

（11）公司画册：公司画册的设计一般被用来体现公司的内部状况，风格比较沉稳。

（12）旅游画册：旅游画册的设计主要展现景区的美感、设施的优越、配套的服务等，以吸引游客来观光。

4.4.2 企业宣传画册的设计原则

企业形象宣传画册的设计，主要从企业文化、经营理念、企业背景等角度出发，力求凸显企业的特质。企业产品宣传画册的设计主要以产品特点和企业性质为出发点，应用图形创意和设计元素，着重体现产品的性能。

建议设计师在进行设计时，考虑以下4点原则。

（1）要具有针对性强和独立的特点，充分使其为企业形象或产品宣传服务。

（2）抓住企业形象或产品的特点，运用摄影图片或其他形式，结合品牌、商标、企业名称及联系地址等，以定位的方式、艺术的表现吸引消费者。

（3）画册内页的设计要详细地反映企业形象或产品的内容，做到图文并茂。

（4）从构思到形象表现，从开本到印刷纸张，对画册的设计都提出了高要求。要设计出精美的宣传画册，让消费者爱不释手，就像得到一张卡片或一本书籍般妥善收藏，而不会随手丢弃。

实训案例 制作"恋心首饰"宣传画册

案/例/描/述

本案例设计的是一本恋心首饰的宣传画册。在实操中主要用到的知识点有新建文档、渐变工具、网格工具、吸管工具、文字工具和高斯模糊等。

案/例/详/解

下面将对案例的制作过程进行详细讲解。

1. 绘制折页A

步骤01 打开Illustrator软件,按Ctrl+N组合键,新建一个名为"恋心首饰宣传画册"的CMYK模式的文件,设置"宽度"为22 cm、"高度"为7.5 cm,如图4-47所示,单击"确定"按钮。

步骤02 选择"矩形工具",单击工具属性栏中的"填色"图标,在"色板"面板中单击"白色"色块,如图4-48所示。

图 4-47

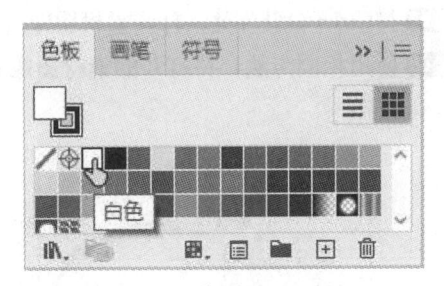

图 4-48

步骤03 移动鼠标指针至当前工作窗口,单击鼠标左键并进行拖动,绘制一个与页面大小相同的矩形。选择工具箱中的"钢笔工具",调出"渐变"面板,在"渐变"面板中设置"类型"为"线性"、"角度"为0°,如图4-49所示。

步骤04 移动鼠标指针至当前工作窗口,在窗口左侧单击鼠标左键,绘制一个闭合图形,效果如图4-50所示。

步骤05 按Ctrl+O组合键,打开素材图像"玫瑰.ai",如图4-51所示。

步骤06 选择"选择工具",在当前工作窗口中选择打开的素材图像,按Ctrl+C组合键复制选择的图像,确认"恋心首饰宣传画册"文件为当前工作文件,按Ctrl+V组合键粘贴复制的图像,调整图像的大小及位置,效果如图4-52所示。

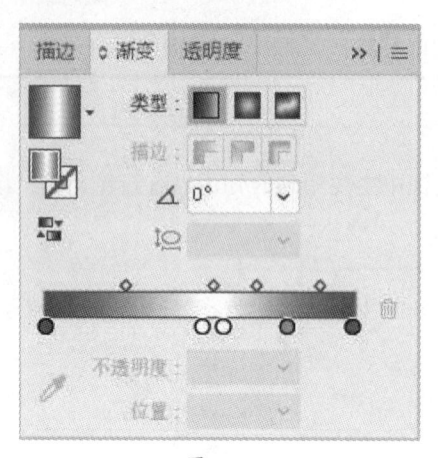

图 4-49

图 4-50

图 4-51

图 4-52

步骤 07 按Ctrl＋O组合键，打开素材图像"钻戒1.ai"，如图4-53所示。

步骤 08 使用相同方法，将打开的素材图像复制、粘贴至"恋心首饰宣传画册"文件中，效果如图4-54所示。

图 4-53

图 4-54

步骤 09 按Ctrl＋O组合键，打开素材图像"钻戒2.psd"，如图4-55所示。

步骤 10 使用相同方法，将打开的素材图像复制、粘贴至"恋心首饰宣传画册"文件中，效果如图4-56所示。

图 4-55 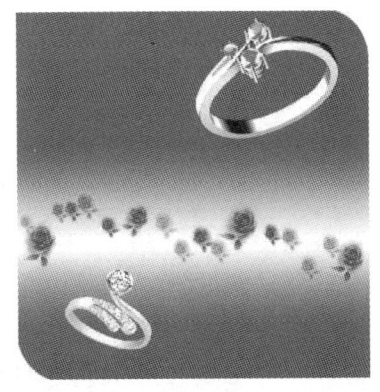　　　　　　　　　　　　　图 4-56

步骤 11 选择"镜像工具",在当前工作窗口中按住Ctrl键的同时,选择复制、粘贴的素材图像"钻戒2.psd",并在其合适位置处单击鼠标左键,确认镜像的中心点,如图4-57所示。

步骤 12 按住Alt键单击鼠标左键并进行拖动,以复制并镜像选择的图像,效果如图4-58所示。

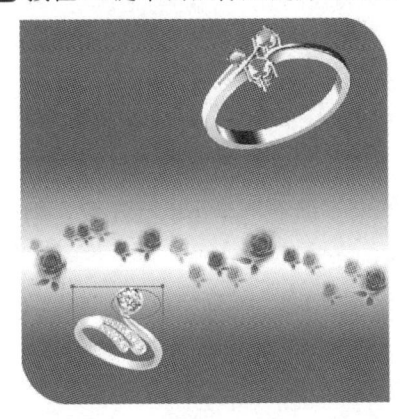

图 4-57 　　　　　　　　　　　　　图 4-58

步骤 13 按Ctrl+O组合键,打开素材图像"音符A.ai",使用与上面同样的方法,将打开的素材图像复制、粘贴至"恋心首饰宣传画册"文件中,效果如图4-59所示。

步骤 14 选择"垂直文字工具",在工具属性栏中设置"填色"为白色,在"字符"面板中设置"字体"为"黑体"、"字体大小"为6 pt,如图4-60所示。

图 4-59 　　　　　　　　　　　　　图 4-60

步骤15 移动鼠标指针至当前工作窗口，在窗口左上角处单击鼠标左键，确认插入点，输入文字"恋心首饰"，效果如图4-61所示。

步骤16 选择"文字工具"，在"字符"面板中设置"字体"为"方正姚体"、"字体大小"为8 pt，如图4-62所示。

图 4-61

图 4-62

步骤17 移动鼠标指针至当前工作窗口，在窗口中输入的文字的右侧单击鼠标左键，确认插入点，输入文字"爱你——牵手一生"，效果如图4-63所示。

步骤18 选择"直线段工具"，在工具属性栏中设置"描边"为白色、"描边粗细"为0.176 mm，如图4-64所示。

图 4-63

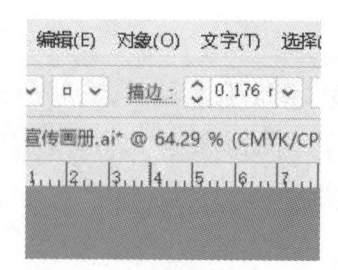

图 4-64

步骤19 移动鼠标指针至当前工作窗口，在窗口左上角处单击鼠标左键并进行拖动，绘制一条直线段，效果如图4-65所示。

步骤20 选择"文字工具"，在当前工作窗口中输入其他文字，设置文字的字体及大小，调整文字的位置，效果如图4-66所示。

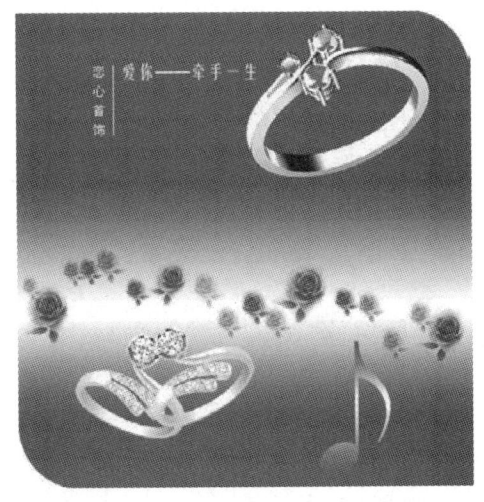

图 4-65 　　　　　　　　　　　　　　　图 4-66

2. 绘制折页B

步骤 01 选择"选择工具",在当前工作窗口中按住Shift键依次选择玫瑰图像和渐变背景,如图4-67所示。

步骤 02 按Ctrl+C组合键复制选择的图像,执行"编辑"→"贴在前面"命令,将选择的图像粘贴在原图像的前面。

步骤 03 选择"镜像工具",移动鼠标指针至当前工作窗口,在窗口中复制、粘贴的图像的右侧中间位置处单击鼠标左键,确认镜像的中心点,然后单击鼠标左键并进行拖动,以镜像复制的图像,效果如图4-68所示。

图 4-67 　　　　　　　　　　　　　　　图 4-68

步骤 04 按Ctrl+O组合键,打开素材图像"钻戒3.psd",如图4-69所示。

步骤 05 选择"选择工具",在当前工作窗口中选择打开的素材图像,按Ctrl+C组合键复制选择的图像,确认"恋心首饰宣传画册"文件为当前工作文件,执行"编辑"→"粘贴"命令粘贴复制的图像,调整图像的大小及位置,效果如图4-70所示。

图 4-69 　　　　　　　　　　　　　　　图 4-70

步骤 06 按Ctrl＋O组合键，打开素材图像"钻戒4.psd"，如图4-71所示。

步骤 07 使用相同方法，将打开的素材图像复制、粘贴至"恋心首饰宣传画册"文件中，效果如图4-72所示。

图 4-71 　　　　　　　　　　　　　　　图 4-72

步骤 08 在当前工作窗口中选择上一步骤复制、粘贴的图像，执行"编辑"→"复制"命令，复制选择的图像，然后按Ctrl＋F组合键将复制的图像粘贴至原图像的前面。选择"镜像工具"，在当前工作窗口中复制、粘贴的图像的右侧合适位置处单击鼠标左键，确定镜像的中心点，如图4-73所示。

步骤 09 单击鼠标左键并进行拖动，以镜像复制的图像，效果如图4-74所示。

步骤 10 按Ctrl＋O组合键，打开素材图像"音符B.ai"，将打开的素材图像复制、粘贴至"恋心首饰宣传画册"文件中，效果如图4-75所示。

步骤 11 在当前工作窗口中使用"文字工具"输入所需的文字，使用"直线段工具"绘制一条直线段，效果如图4-76所示。

图 4-73

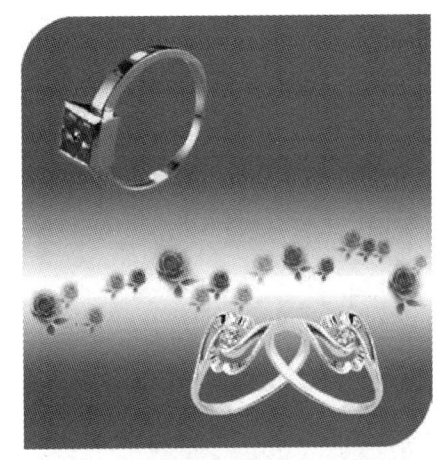

图 4-74

图 4-75

图 4-76

3. 绘制折页C

步骤 01 选择"选择工具",在当前工作窗口中按住Shift键依次选择如图4-77所示的图像。

步骤 02 按住Alt键单击鼠标左键并向右拖动鼠标指针,复制选择的图像,效果如图4-78所示。

图 4-77

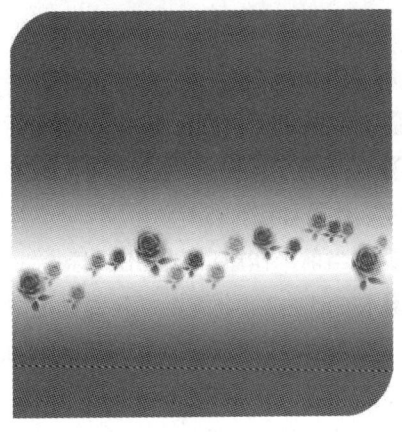

图 4-78

步骤 03 选择"镜像工具",在当前工作窗口中复制的图像的居中位置处单击鼠标左键,确定镜像的中心点,如图4-79所示。

步骤 04 单击鼠标左键并进行拖动,以镜像复制的图像,效果如图4-80所示。

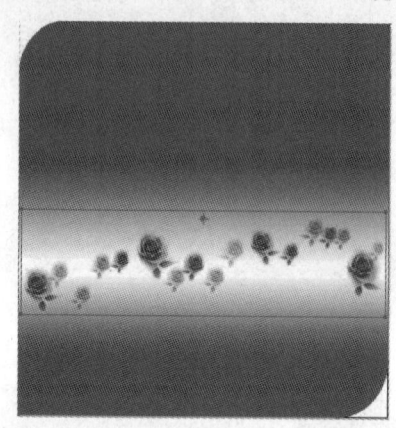

图 4-79 　　　　　　　　　　　　　图 4-80

步骤 05 按Ctrl+O组合键,打开素材图像"钻戒5.psd",如图4-81所示。

步骤 06 选择"选择工具",在当前工作窗口中选择打开的素材图像,将其拖动至"恋心首饰宣传画册"文件中,调整图像的大小及位置,效果如图4-82所示。

图 4-81 　　　　　　　　　　　　　图 4-82

步骤 07 使用相同方法,打开素材图像"钻戒6.psd",如图4-83所示。

步骤 08 将打开的素材图像拖入"恋心首饰宣传画册"文件中,效果如图4-84所示。

步骤 09 在当前工作窗口中选择拖入的图像,按住Alt键单击鼠标左键并进行拖动,以复制选择的图像,效果如图4-85所示。

步骤 10 在当前工作窗口中运用鼠标指针适当地对图像进行旋转,效果如图4-86所示。

步骤 11 按Ctrl+O组合键,打开素材图像"音符C.ai",将打开的素材图像拖入"恋心首饰宣传画册"文件中,效果如图4-87所示。

步骤 12 在当前工作窗口中运用"文字工具"输入所需的文字,使用"直线段工具"绘制一条直线段,效果如图4-88所示。

图 4-83

图 4-84

图 4-85

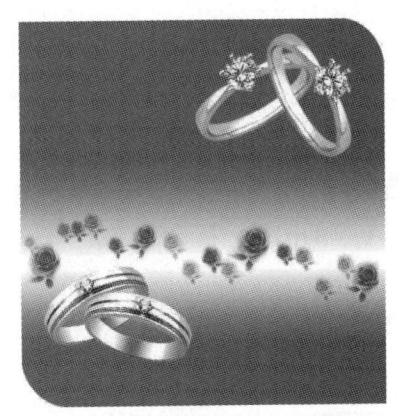

图 4-86

图 4-87

图 4-88

步骤 13 选择折页A中的钻戒对象，执行"对象"→"变换"→"对称"命令，在弹出的"镜像"对话框中单击"水平"单选按钮，单击"复制"按钮，水平复制选择的图像并调整其位置，效果如图4-89所示。

步骤 14 选择"矩形工具"，在当前工作窗口中绘制一个合适大小的矩形，效果如图4-90所示。

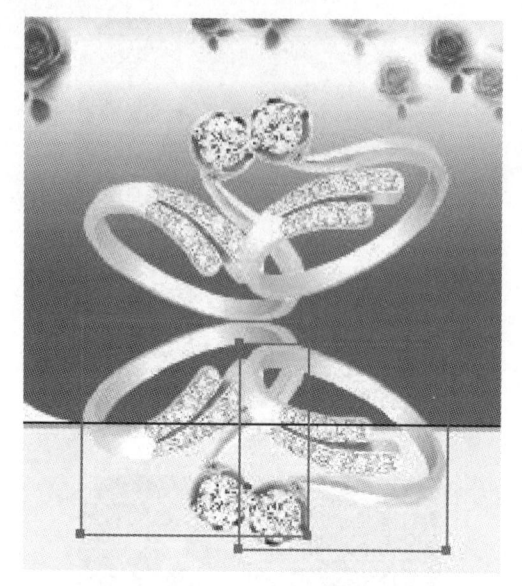

图 4-89 　　　　　　　　　　　　　　图 4-90

步骤15 保持绘制的矩形处于被选择状态，选择"选择工具"，在当前工作窗口中按住Shift键选择水平复制的图像，执行"对象"→"剪切蒙版"→"建立"命令，创建剪切蒙版，效果如图4-91所示。

步骤16 选择创建剪切蒙版的图像，在工具属性栏中设置"不透明度"为40%，效果如图4-92所示。

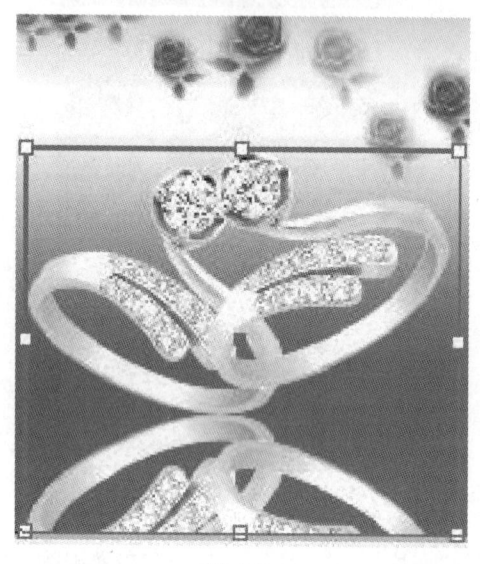

图 4-91 　　　　　　　　　　　　　　图 4-92

步骤17 使用相同方法，制作其他图像，效果如图4-93所示。

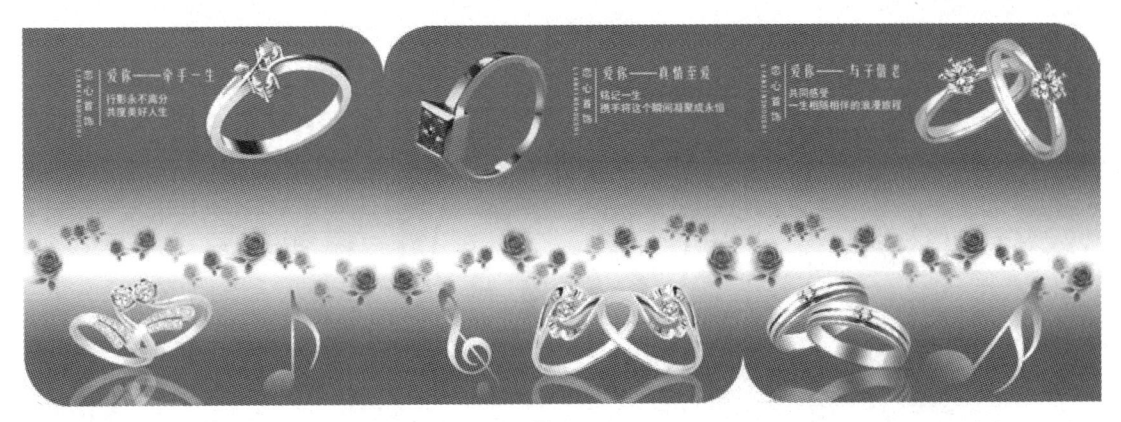

图 4-93

步骤 18 执行"对象"→"封套扭曲"→"用网格建立"命令,在弹出的"封套网格"对话框中设置"行数""列数"均为1,得到如图4-94所示的最终效果。

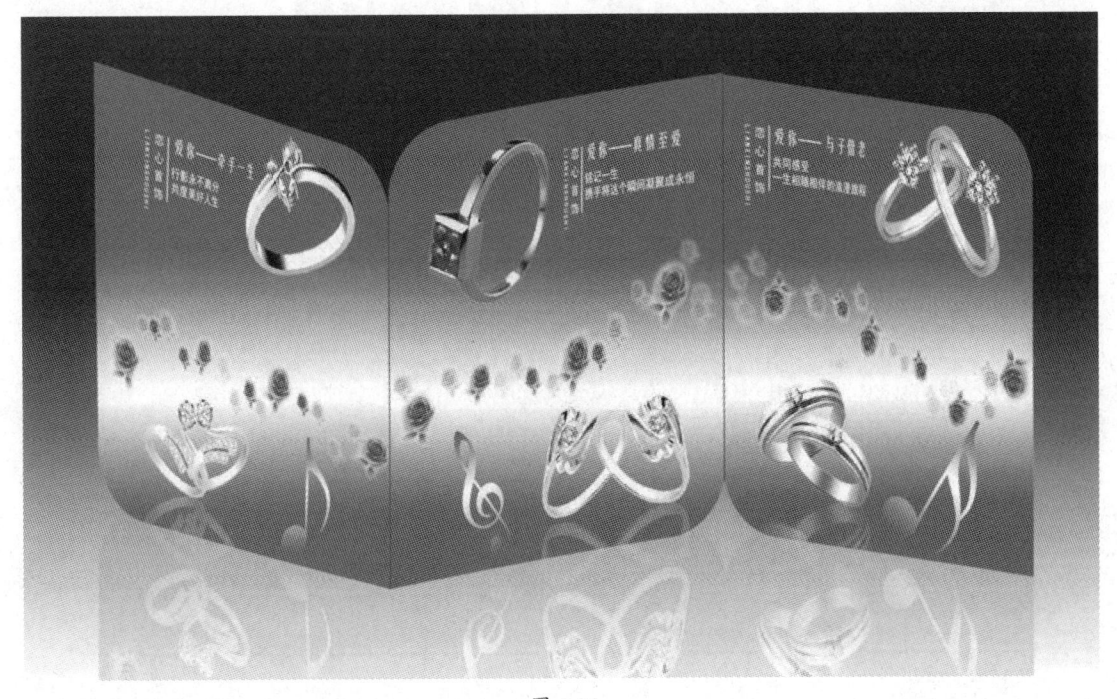

图 4-94

至此,完成本宣传画册的制作。

第 5 章
对象的基本操作

内容概要

在 Illustrator 中可以根据需要对图形对象进行基础的选取和变换操作。对于对象的选取，可以使用选择、直接选择、编组选择、套索、魔棒等工具，还可以执行"选择"命令；对于对象的变换，除了基础的移动对象，可以使用"变换"面板、比例缩放、倾斜、旋转、镜像工具等来变换对象。

知识要点

- 多种工具选取对象。
- "选择"命令菜单。
- "变换"面板。
- 多种工具变换对象。

数字资源

【本章案例素材来源】："素材文件\第5章"目录下
【本章案例最终文件】："素材文件\第5章\实训案例\制作波浪线卡片.ai"

5.1 对象的选取

Illustrator提供了5种选择工具,包括"选择工具" ▶、"直接选择工具" ▷、"编组选择工具" ▷、"套索工具" 和"魔棒工具" 。除了这5种选择工具以外,Illustrator还提供了"选择"命令菜单。

■ 5.1.1 选择工具

使用"选择工具" ▶,将光标移动到对象或路径上,单击可以选取对象,对象被选取后会出现8个控制手柄和1个中心点,使用鼠标并按住Shift键拖动控制手柄可以改变对象的形状、大小等,如图5-1和图5-2所示。

图 5-1

图 5-2

使用"选择工具"在页面上拖动画出一个虚线框,虚线框中的对象内容可被全部选中。对象的一部分在虚线框内,对象内容就被选中,不需要对象的边界都在虚线区域内,如图5-3和图5-4所示。

图 5-3

图 5-4

5.1.2 直接选择工具

选择"直接选择工具" ▷，单击可以选取对象，如图5-5所示；单击锚点或路径，显示出路径上的所有方向线以便于调整，被选中的锚点为实心的状态，没有被选中的锚点为空心状态。选中锚点并拖动鼠标，将改变对象的形状，如图5-6所示。

图 5-5 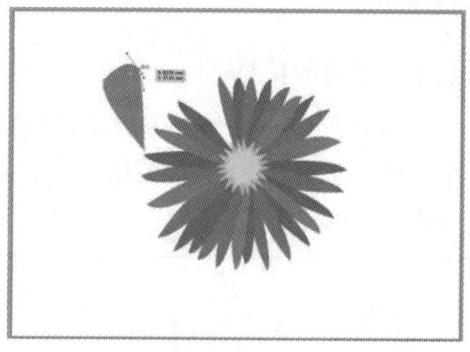　　　　　　　　　　　图 5-6

使用"直接选择工具"在页面上拖动画出一个虚线框，虚线框中的对象内容即可被全部选中。虚线框内的对象内容被框选，锚点变为实心；虚线框外的锚点变为空心状态，如图5-7和图5-8所示。

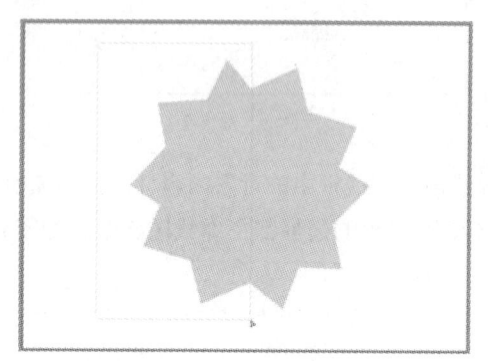

图 5-7 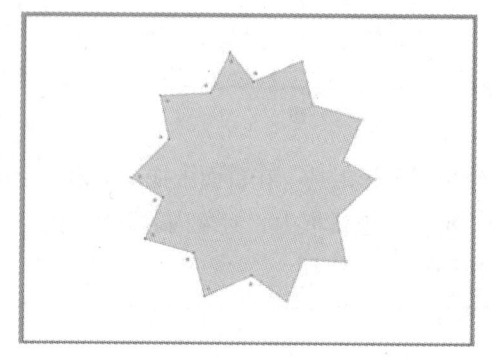　　　　　　　　　　　图 5-8

5.1.3 编组选择工具

选择"编组选择工具" ▷，单击可以选取对象，如图5-9所示；再次单击，则选择该对象所在的组，如图5-10所示。

图 5-9 　　　　　　　　　　　图 5-10

5.1.4 套索工具

使用"套索工具" ，在对象的外围单击并按住鼠标左键，拖动鼠标绘制一个套索圈，松开鼠标左键，光标经过的对象将同时被选中，如图5-11和图5-12所示。

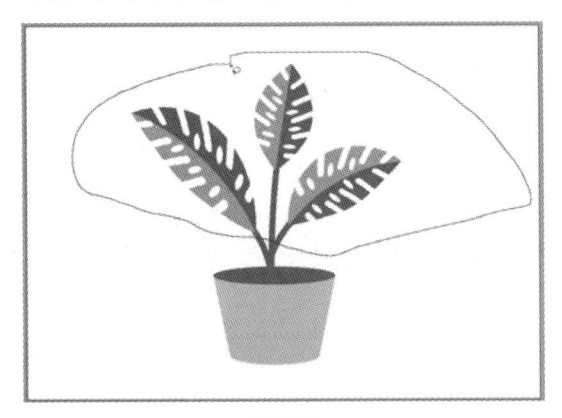

图 5-11

图 5-12

5.1.5 魔棒工具

在工具箱中双击"魔棒工具" ，弹出"魔棒"面板，如图5-13所示。

该面板中各个按钮的含义介绍如下：

- **填充颜色**：选中该选项可以使填充相同颜色的对象同时被选中。
- **描边颜色**：选中该选项可以使具有相同描边颜色的对象同时被选中。
- **描边粗细**：选中该选项可以使填充相同描边宽度的对象同时被选中。
- **不透明度**：选中该选项可以使具有相同透明度的对象同时被选中。
- **混合模式**：选中该选项可以使具有相同混合模式的对象同时被选中。

图 5-13

使用"魔棒工具" ，通过单击对象来选择具有相同的颜色、描边粗细、描边颜色、不透明度和混合模式的对象，如图5-14和图5-15所示。

图 5-14

图 5-15

■ 5.1.6 "选择"命令

在"选择"命令菜单中，可以进行全选、取消选择、选择所有未选中的对象、选择具有相同属性的对象以及存储所选对象等操作。

1. 全选对象

执行"选择"→"全部"命令，或按Ctrl+A组合键即可选择文档中所有未锁定的对象，如图5-16所示。

2. 取消选择

执行"选择"→"取消"命令，或按Ctrl+Shift+A组合键即可取消选择所有对象，也可以单击空白处，如图5-17所示。

图 5-16

图 5-17

3. 重新选择

执行"选择"→"重新选择"命令，或按Ctrl+6组合键即可恢复选择上次所选对象。

4. 选择所有未选中的对象

执行"选择"→"反向"命令，当前被选中后的对象将被取消选中，未被选中对象会被选中，如图5-18和图5-19所示。

图 5-18

图 5-19

5. 选择具有相同属性的对象

选择一个具有相同属性的对象，执行"选择"→"相同"命令，在其子菜单中选择任意一个属性命令即可，如图5-20所示。

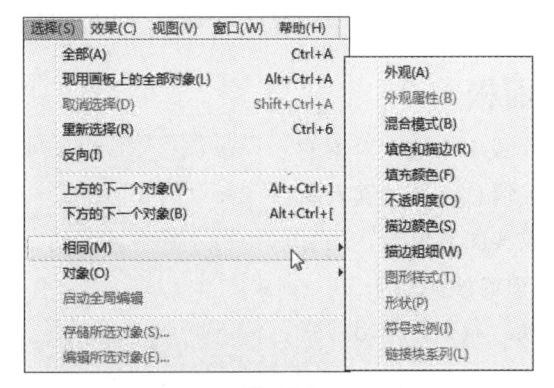

图 5-20

图5-21和图5-22所示为选择具有填充颜色相同属性的效果图。

图 5-21 　　　　　　　　　　图 5-22

6. 存储所选对象

选择一个或多个对象，执行"选择"→"存储所选对象"命令，在弹出的"存储所选对象"对话框中设置名称，单击"确定"按钮，如图5-23所示。在"选择"菜单底部将显示保存的对象，如图5-24所示。

图 5-23 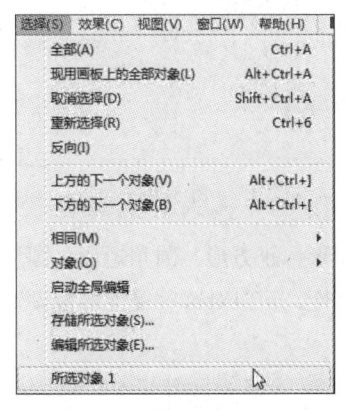　　　　　　　　　　图 5-24

5.2 对象的变换

对象常见的变换操作有旋转、缩放、镜像、倾斜等。拖动对象控制手柄可以进行变换操作。对于对象的变换，可以使用工具，也可以通过"变换"面板实现，操作方式灵活多变。

■ 5.2.1 "变换"面板

"变换"面板显示一个或多个选定对象的位置、大小和方向的有关信息。通过键入新值，可以修改选定对象或其图案填充，还可以更改变换参考点，以及锁定对象比例。

执行"窗口"→"变换"命令，弹出"变换"面板，如图5-25所示。

该面板中主要按钮的含义如下：

- **控制器**：对定位点进行控制。
- **X、Y**：定义页面上对象的位置，从左下角开始测量。
- **宽、高**：定义对象的精确尺寸。
- **约束宽度和高度比例**：单击该按钮，可以锁定缩放比例。
- **旋转**：在该文本框中输入旋转角度，负值为顺时针旋转，正值为逆时针旋转。
- **倾斜**：在该文本框中输入倾斜角度，使对象沿一条水平或垂直轴倾斜。
- **缩放描边和效果**：执行该命令，对象进行缩放操作时，将同时进行描边效果的缩放。

选中目标对象，在"变换"面板中调整"控制器"中的中心点所在位置，输入数值，效果如图5-26和图5-27所示。

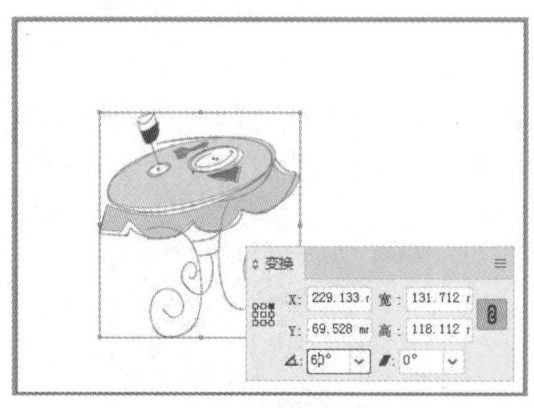

图 5-25

图 5-26 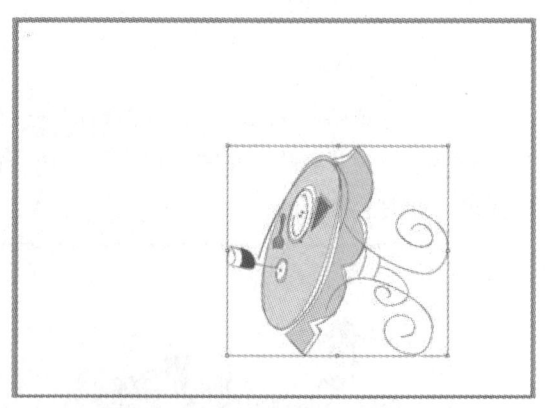　　　　　　图 5-27

对矩形、正方形、圆角矩形、圆形、多边形进行"变换"操作时，在"变换"面板中会显示相应的属性，可以对这些属性参数设置进行调整，如图5-28、图5-29、图5-30和图5-31所示。

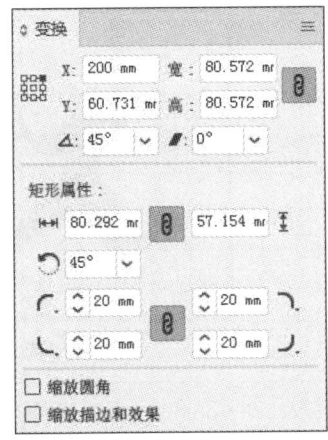

图 5-28 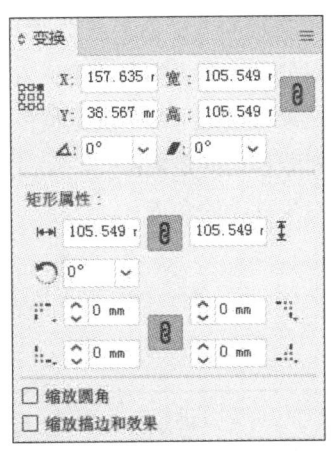　　　　　　　　　　图 5-29

图 5-30 　　　　　　　　　　图 5-31

■ 5.2.2　移动对象

在Illustrator中，选中目标对象后，可以根据不同的需要灵活地选择多种方式移动对象。

使用"选择工具"，在对象上单击并按住鼠标左键不放，拖动鼠标至需要放置对象的位置，松开鼠标左键，即可移动对象，如图5-32和图5-33所示。选中要移动的对象，用键盘上的方向键也可以上下左右移动对象的位置。

若要精确地移动图形对象，可以执行"对象"→"变换"→"移动"命令，在弹出的"移动"对话框中设置参数，如图5-34和图5-35所示。

图 5-32 　　　　　　图 5-33 　　　　　　图 5-34

该对话框中主要选项的含义如下：
- **水平**：设置对象在画板上的水平定位位置。
- **垂直**：设置对象在画板上的垂直定位位置。
- **距离**：设置对象移动的距离。
- **角度**：设置对象移动的角度。

图 5-35

> **提示**：按住Alt键可以将对象进行移动复制；若同时按住Alt+Shift键，可以确保对象在水平、垂直、45°角的倍数方向上移动复制。

■ 5.2.3 使用"比例缩放工具"变换对象

在Illustrator中可以快速而精确地缩放对象，既能在水平或垂直方向放大和缩小对象，也能在两个方向上对对象整体缩放。

1. 使用边界框

选中目标对象，对象的周围出现控制手柄，用鼠标拖动控制手柄即可自由缩放对象。拖动对角线上的控制手柄也可缩放对象，按住Shift键可等比例缩放对象，按住Shift+Alt键可成比例地从对象中心缩放对象。图5-36和5-37所示分别为等比例缩放和自由缩放。

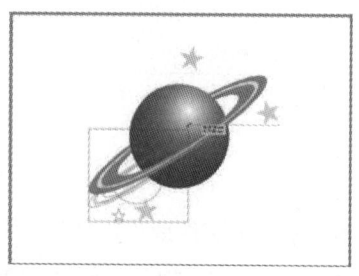

图 5-36 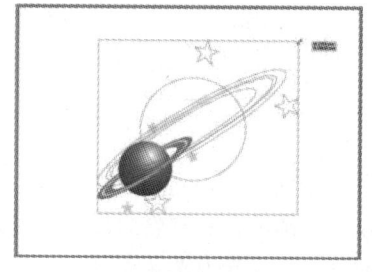　　　　　图 5-37

2. 使用"比例缩放工具"

在工具箱中双击"比例缩放工具" ，弹出"比例缩放"对话框，如图5-38所示。

该对话框中主要选项的含义如下：
- **等比**：在"比例缩放"数值框中输入等比缩放比例。
- **不等比**：在数值框中输入水平方向和垂直方向的缩放比例。
- **缩放圆角**：选中此复选框，控制缩放过程中与不缩放半圆半径。
- **比例缩放描边和效果**：选中此复选框，笔画宽度随对象大小比例改变而进行缩放。

图 5-38

选中目标对象，选择"比例缩放工具" ，对象的中心出现中心控制点，用鼠标在中心控制点上单击并拖动可以移动中心控制点的位置，用鼠标在对象上拖动可以缩放对象，图5-39和图5-40所示为在控制点向左和向右单击拖动的效果图。

图 5-39 　　　　　　　　　　　　　图 5-40

■ 5.2.4　使用"倾斜工具"变换对象

在Illustrator中，可以使用"倾斜工具" 将对象沿水平或垂直方向进行倾斜处理，也可以在"倾斜"对话框中设置数值进行准确的倾斜操作。

选中目标对象，选择"倾斜工具" ，将中心控制点放置任意一点，用鼠标拖动对象即可倾斜对象。图5-41和图5-42所示为中心控制点在对象的中心和左下方的倾斜效果对比图。

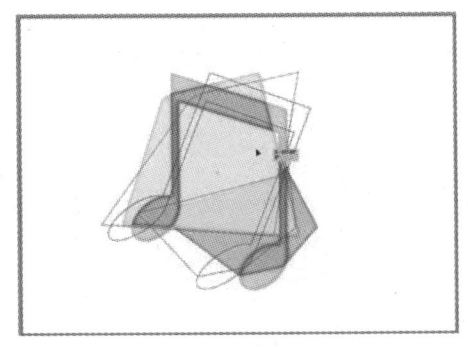

图 5-41 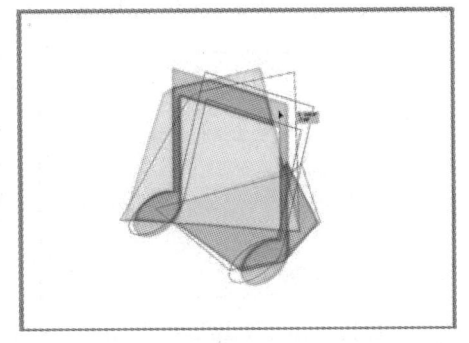　　　　　　　　　　　　　图 5-42

在工具箱中双击"倾斜工具" ，在弹出的"倾斜"对话框中设置参数后，单击"确定"按钮，如图5-43和图5-44所示。

图 5-43 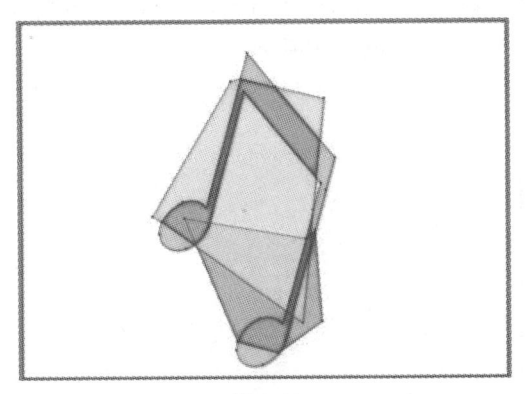　　　　　　　　　　　　　图 5-44

5.2.5 使用"旋转工具"变换对象

在Illustrator中，可以使用"旋转工具" ，以对象的中心点为轴心进行旋转操作，也可以在"旋转"对话框中设置数值进行精确的旋转操作。

1. 使用边界框

选取要旋转的对象，将光标移动到控制手柄上，光标变为 ，按住鼠标左键，拖动鼠标旋转对象，旋转到需要的角度后松开鼠标即可，如图5-45和图5-46所示。

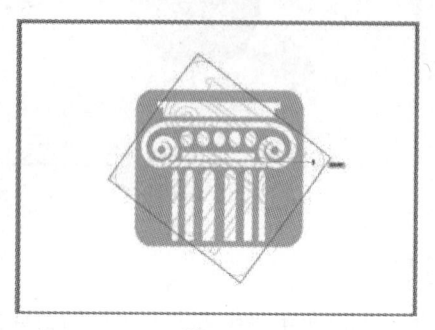

图 5-45 　　　　　　　　　　　　　图 5-46

2. 使用"旋转工具"

在工具箱中双击"旋转工具" ，会弹出"旋转"对话框，如图5-47所示。在"角度"后的文本框中输入参数，效果如图5-48所示。

图 5-47 　　　　　　　　　　　　　图 5-48

选中目标对象，选择"旋转工具" ，对象的中心出现中心控制点，在中心控制点上单击并拖动可以以中心点为轴心进行旋转，如图5-49所示；按住Shift键进行拖动旋转，可以45°角的倍增角度旋转，如图5-50所示。

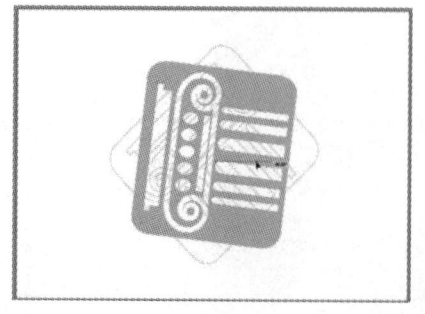

图 5-49 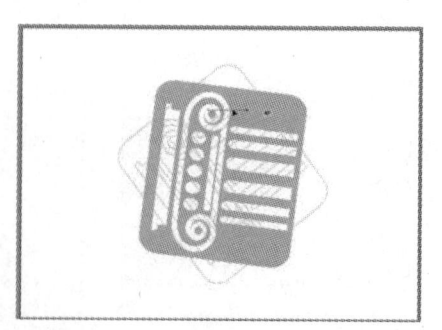　　　　　　　　　　　　　图 5-50

5.2.6 使用"镜像工具"变换对象

在Illustrator中，可以使用"镜像工具" 制作对称图形，也可以实现对象在垂直方向或水平方向的翻转。

1. 使用边界框

选取目标对象，将光标移动到四周任意一个控制手柄上，按住鼠标左键，拖动鼠标翻转对象，翻转到需要的位置后松开鼠标即可实现镜像，如图5-51和图5-52所示。

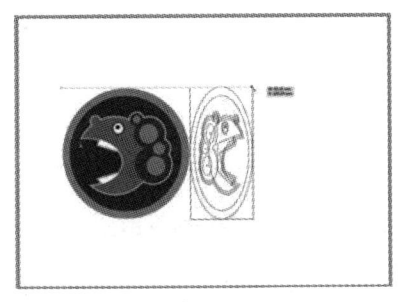

图 5-51 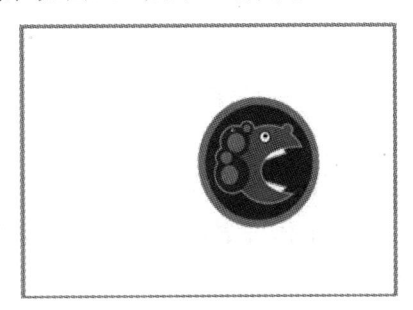　　　　　　　　　　图 5-52

2. 使用"镜像工具"

在工具箱中双击"镜像工具" ，会弹出"镜像"对话框，如图5-53所示。设置参数后，单击"确定"按钮，如图5-54所示。

图 5-53 　　　　　　　　　　图 5-54

选中目标对象，选择"镜像工具" ，将中心控制点放置任意位置，按住鼠标进行拖动，松开鼠标即可得到镜像效果，如图5-55和图5-56所示。

图 5-55 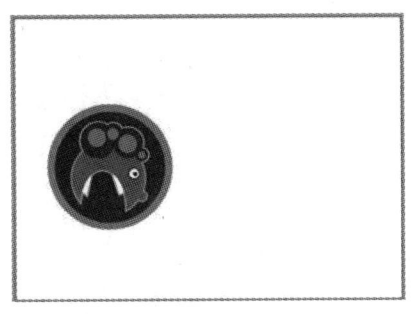　　　　　　　　　　图 5-56

Illustrator图形制作

实训案例 制作波浪线卡片

案/例/描/述

本案例设计的是以波浪线为构图元素的卡片。在实操中主要用到的知识点有新建文档、直线段工具、再次变换、选择工具、直接选择工具、移动对象、矩形工具、文字工具、比例缩放工具等。

案/例/详/解

下面将对案例的制作过程进行详细讲解。

步骤 01 打开Illustrator软件，执行"文件"→"新建"命令，打开"新建文档"对话框，设置参数，单击"创建"按钮即可，如图5-57所示。

步骤 02 选择"矩形工具"，绘制文档大小矩形并填充颜色，如图5-58所示。

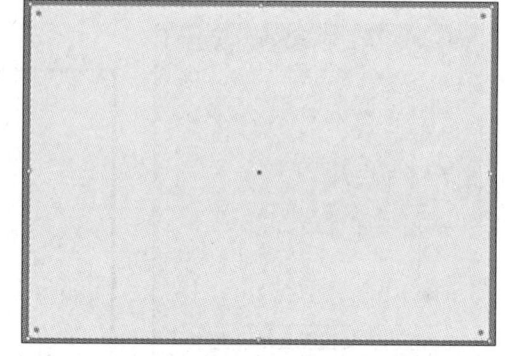

图 5-57

图 5-58

步骤 03 执行"窗口"→"图层"命令，在弹出的"图层"面板中锁定该图层，如图5-59所示。

步骤 04 选择"直线段工具"，绘制直线段并设置描边颜色和样式，如图5-60所示。

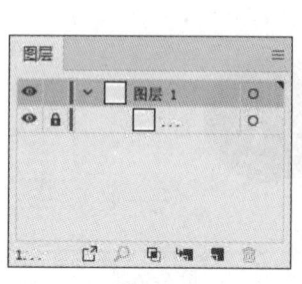

图 5-59

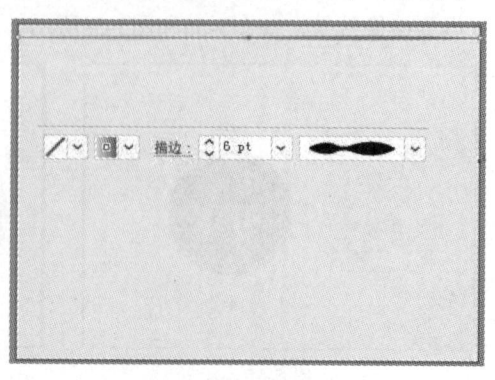

图 5-60

步骤05 按住Alt键向下移动复制直线段，如图5-61所示。

步骤06 按Ctrl+D组合键连续复制，如图5-62所示。

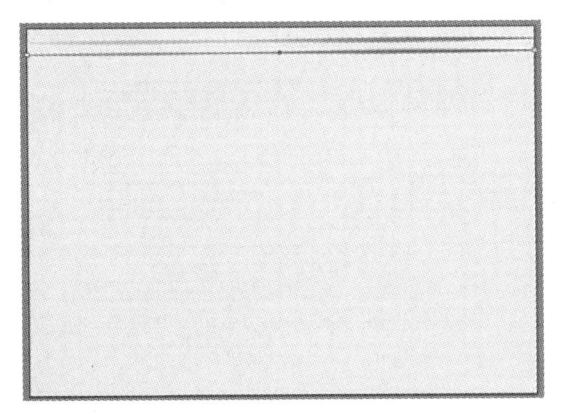

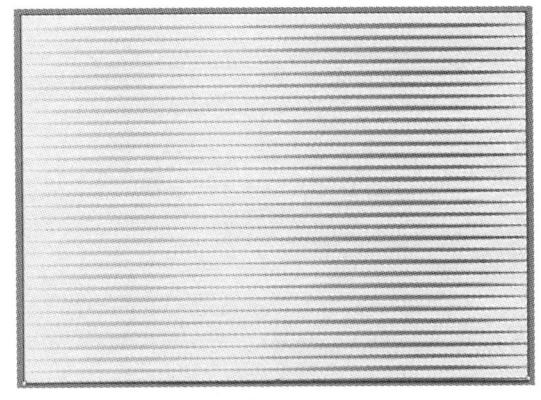

图 5-61

图 5-62

步骤07 按Ctrl+A组合键选中全部图层，执行"对象"→"扩展"命令，在弹出的"扩展"对话框中设置参数，如图5-63所示，完成后单击"确定"按钮。

步骤08 执行"对象"→"封套扭曲"命令，在弹出的"封套网格"对话框中设置参数，如图5-64所示。

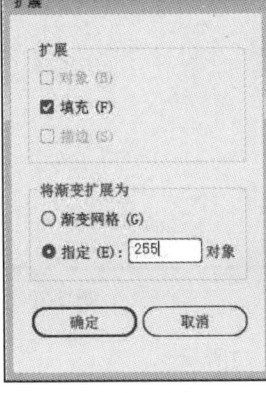

图 5-63

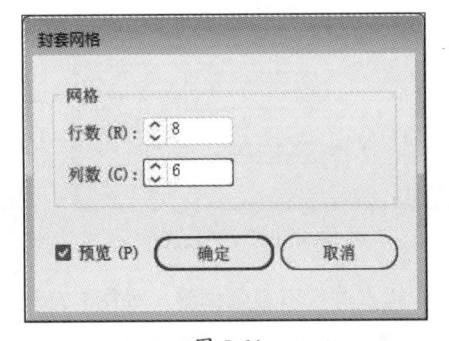

图 5-64

步骤09 效果如图5-65所示。

步骤10 选择"比例缩放工具"，按住Shift键等比例缩小，如图5-66所示。

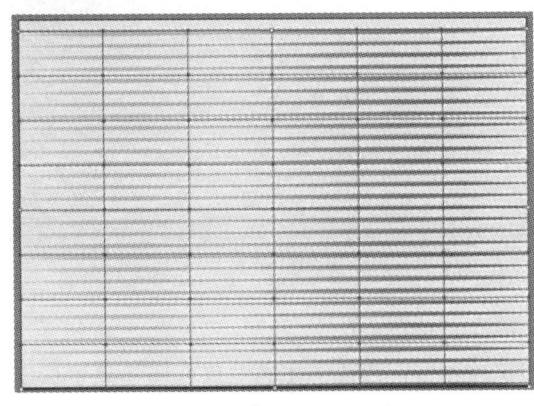

图 5-65

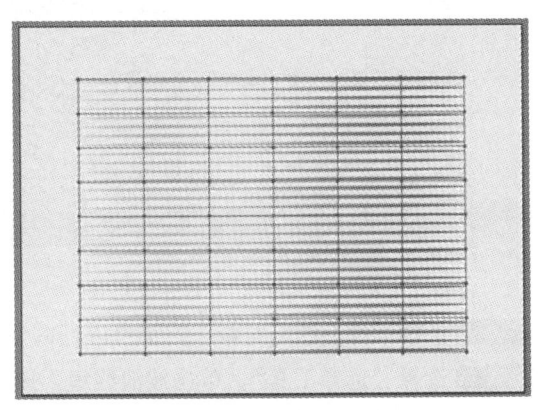

图 5-66

步骤 11 选择"直接选择工具"框选第2列锚点,按住Shift键依次框选第4排和第6排锚点,如图5-67和图5-68所示。

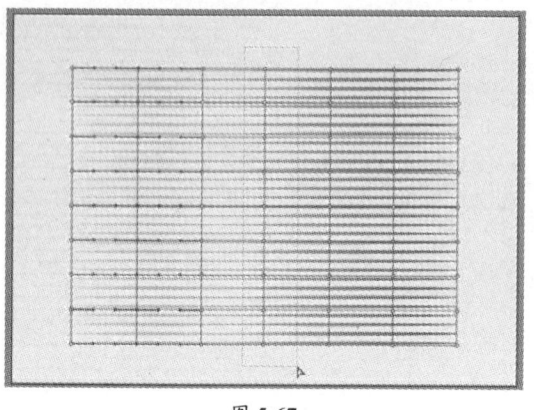

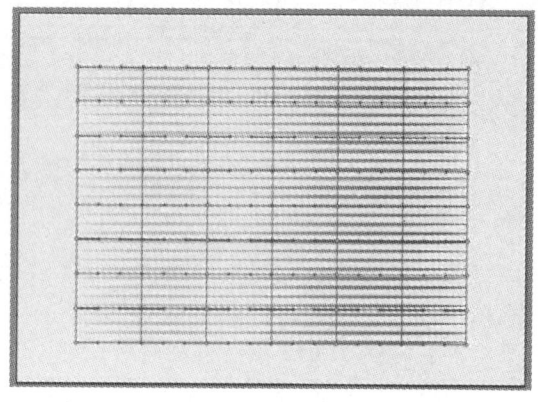

图 5-67

图 5-68

步骤 12 选中一个锚点按住鼠标向上拖动,拖至合适位置后释放鼠标,如图5-69和图5-70所示。

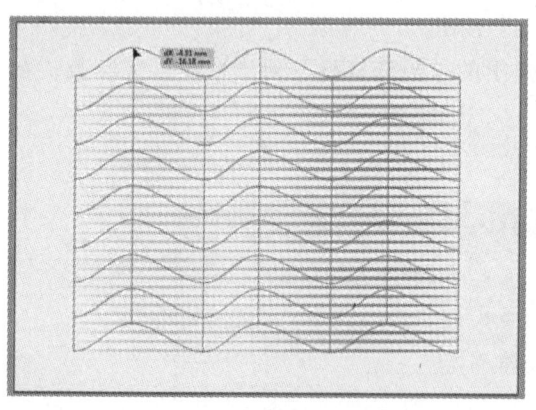

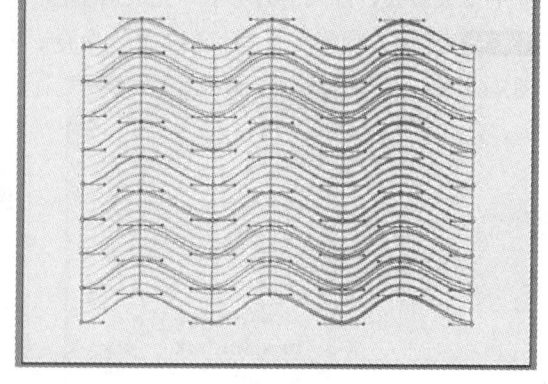

图 5-69

图 5-70

步骤 13 单击选中锚点进行不规则调整,如图5-71和图5-72所示。

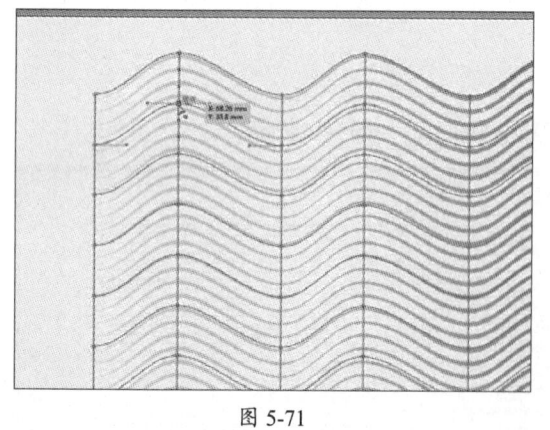

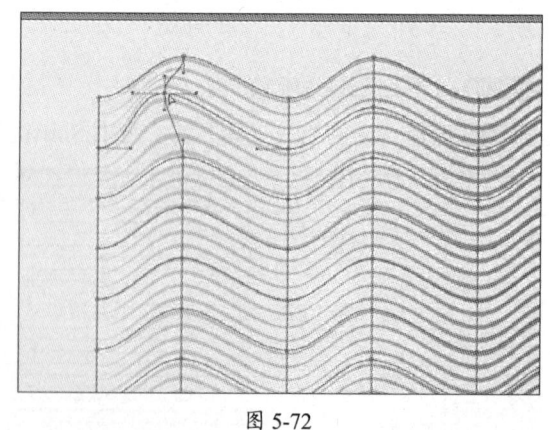

图 5-71

图 5-72

步骤 14 使用同样方法,对剩下的锚点进行调整,如图5-73所示。

步骤 15 选择"选择工具",单击波浪线组,周围出现控制框,选择"比例缩放工具",按住Shift键等比例放大,如图5-74所示。

第5章 对象的基本操作

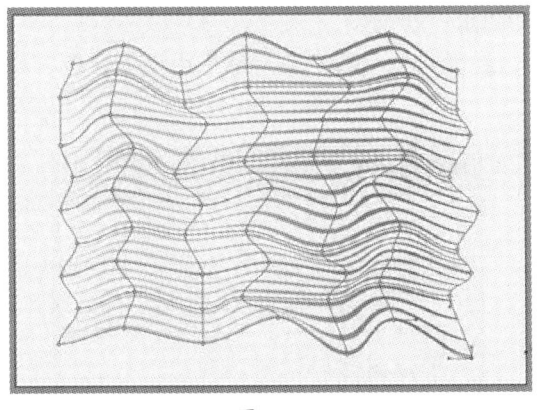

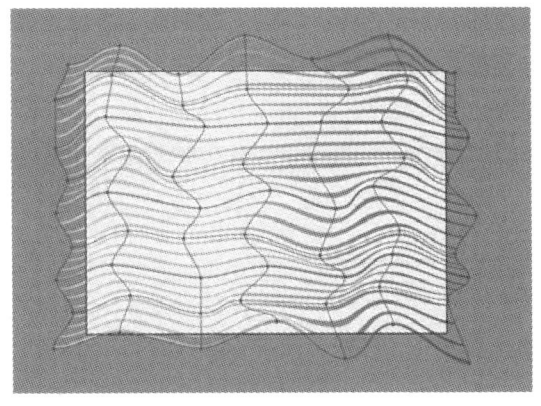

图 5-73

图 5-74

步骤16 在工具箱中双击"旋转工具" ，在弹出的"旋转"对话框中设置参数，如图5-75所示。

步骤17 选择"比例缩放工具" ，按住Shift键等比例放大，如图5-76所示。

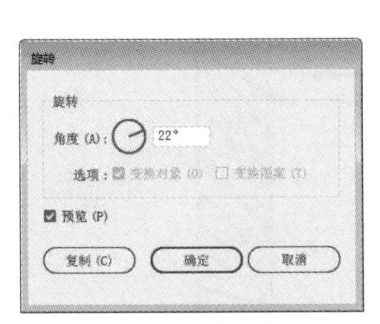

图 5-75

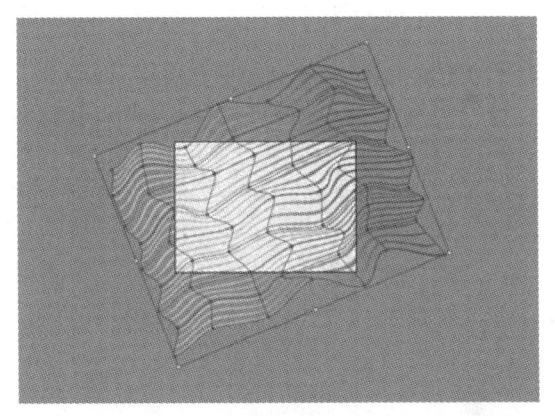

图 5-76

步骤18 选择"矩形工具"，绘制文档大小的矩形，如图5-77所示。

步骤19 按住Shift键加选波浪线条，右击鼠标，在弹出的快捷菜单中选择"建立剪切蒙版"选项，如图5-78所示。

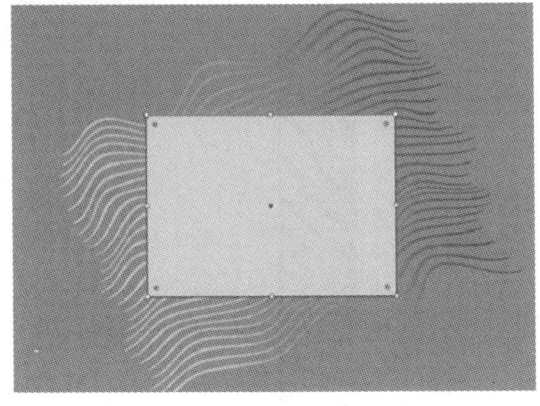

图 5-77

图 5-78

· 117 ·

步骤20 选择"矩形工具",绘制矩形并填充颜色,如图5-79所示。

步骤21 执行"效果"→"风格化"→"投影"命令,在弹出的"投影"对话框中设置参数,如图5-80所示。

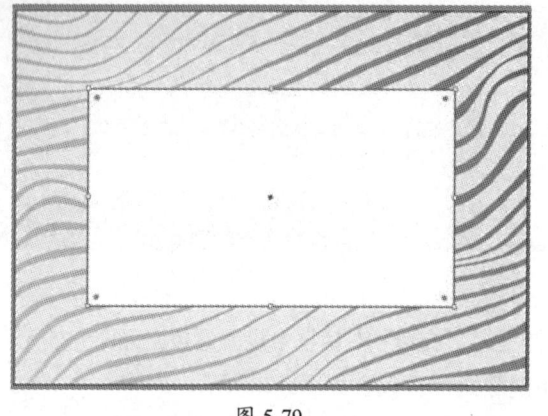

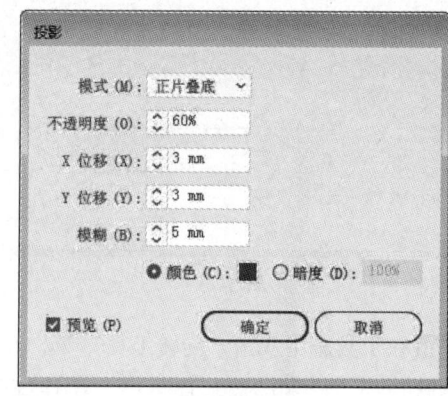

图 5-79

图 5-80

步骤22 选择"矩形工具",绘制矩形并设置描边为3 pt,如图5-81所示。

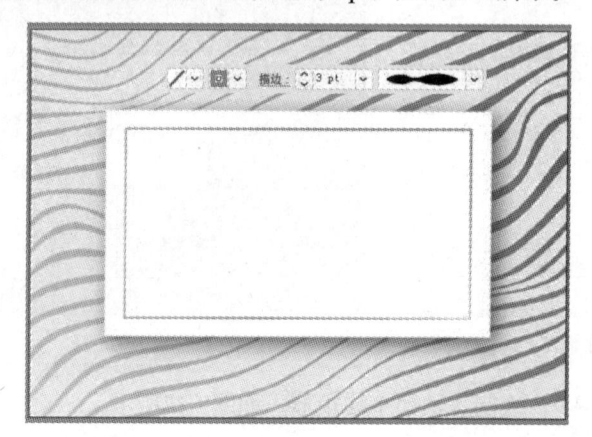

图 5-81

步骤23 选择"文字工具",输入文字,最终效果如图5-82所示。

图 5-82

至此,完成波浪线卡片的制作,按需缩小到合适尺寸即可打印输出。

第 6 章
对象的高级管理与编辑

内容概要

使用 Illustrator 绘制作品的过程中，若元素过多，可以对其进行编组、锁定和隐藏；对象的排列次序、对齐与分布都会影响画面的显示效果；使用剪切蒙版功能可以控制位图和矢量图的内容显示；使用混合工具可以制作多个矢量图形的混合过渡；使用图像描摹功能可以快速地使位图变为矢量图。

知识要点

- "图层"面板。
- 对齐与分布的方法。
- 对象的隐藏与显示、锁定与编组。
- 对象的高级编辑操作。

数字资源

【本章案例素材来源】："素材文件\第6章"目录下
【本章案例最终文件】："素材文件\第6章\实训案例\制作图书封面.ai"

6.1 使用"图层"面板管理对象

可使用"图层"面板来管理和编辑文档中的对象。默认情况下，每个新建的文档都包含一个图层，而每个创建的对象都在该图层之下列出。可以创建新的图层，并根据需求，以适合的方式对图层进行重排。

6.1.1 认识"图层"面板

执行"窗口"→"图层"命令，弹出"图层"面板，如图6-1所示。

图 6-1

该面板中各个按钮的含义介绍如下：
- **可视性** / ： 按钮为可见图层；单击该按钮变成 按钮，为隐藏图层。
- **锁定标志** ：单击图层名称前的空白处即锁定图层，即禁止对图层进行更改。
- **收集以导出** ：单击该按钮，弹出"资源导出"面板，在该面板中设置参数，可导出为PNG格式的图片。
- **定位对象** ：单击该按钮，可以快速定位该图层对象所在的位置。
- **建立/释放剪切蒙版** ：单击该按钮，可将当前图层创建为蒙版，或将蒙版恢复到原来的状态。
- **创建新子图层** ：单击该按钮，为当前图层创建新的子图层。
- **创建新图层** ：单击该按钮，创建新图层。
- **删除所选图层** ：单击该按钮，删除所选图层。

6.1.2 使用"图层"面板

可以通过"图层"面板对图层进行一些编辑操作，如创建新图层、设置图层颜色、合并图层、多选图层等。

1. 创建新图层与创建新子图层

在"图层"面板单击"创建新图层"按钮，即可创建新图层，如图6-2所示；单击"创建新子图层"按钮，即可在当前图层内创建一个子图层，如图6-3所示。

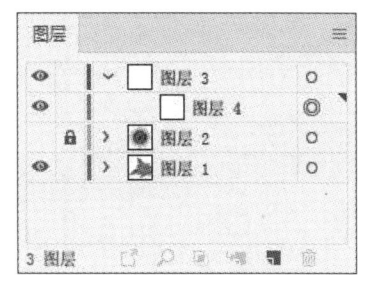

图 6-2　　　　　　　　　　　　　图 6-3

2. 设置图层颜色

在多图层的情况下，为了区分图层，可以设置图层颜色。双击图层，弹出"图层选项"对话框，如图6-4所示。单击"颜色"色块，可在弹出的"颜色"对话框中设置颜色，如图6-5所示。

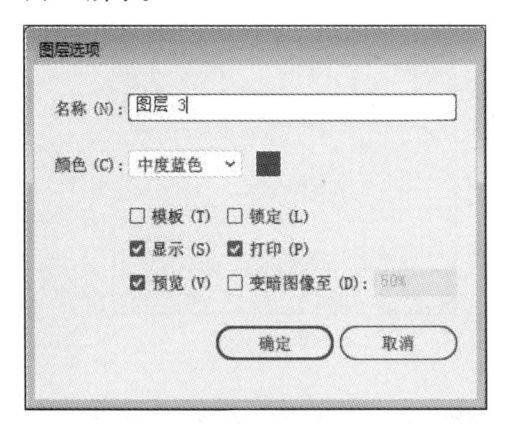

图 6-4　　　　　　　　　　　　　图 6-5

图6-6和6-7所示为更改图层颜色效果对比图。

图 6-6　　　　　　　　　　　　　图 6-7

3. 选择图层中的对象与合并图层

在"图层"面板单击任一图层即可选中该图层，按住Shift键可以选择多个不相连图层。按住图层后面的○ 按钮，当变为◎▪状态时，即为选中该图层中的对象，如图6-8和图6-9所示。

图 6-8 　　　　　　　　　　　　　图 6-9

若要将多个图层合并，单击"面板菜单"按钮，在弹出的快捷菜单中选择"合并所选图层"选项，如图6-10和图6-11所示。

图 6-10 　　　　　　　　　　　　　图 6-11

6.2　对象的排列

绘制复杂的图形对象时，对象的排列不同会产生不同的外观效果。执行"对象"→"排列"命令，在其子菜单中包括多个排列调整命令；或在选中图形时，右击鼠标，在弹出的快捷菜单中选择合适的排列选项。

1. 置于顶层

若要把对象移到所有对象前面，执行"对象"→"排列"→"置于顶层"命令，或按Ctrl+Shift+]组合键，图6-12和图6-13所示为执行该命令前后的对比图。

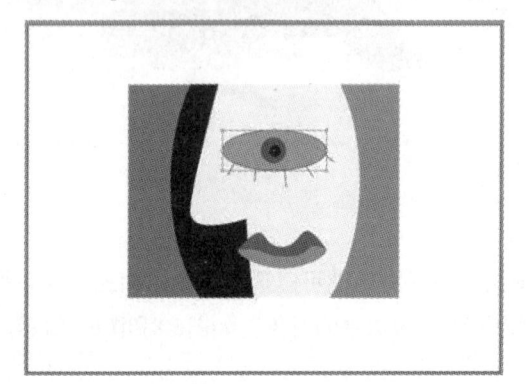

图 6-12 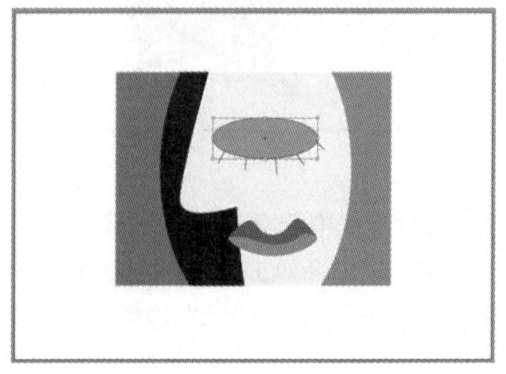　　　　　　　　　　　　　图 6-13

2. 置于底层

若要把对象移到所有对象后面，执行"对象"→"排列"→"置于底层"命令，或按Ctrl+Shift+[组合键，如图6-14和图6-15所示。

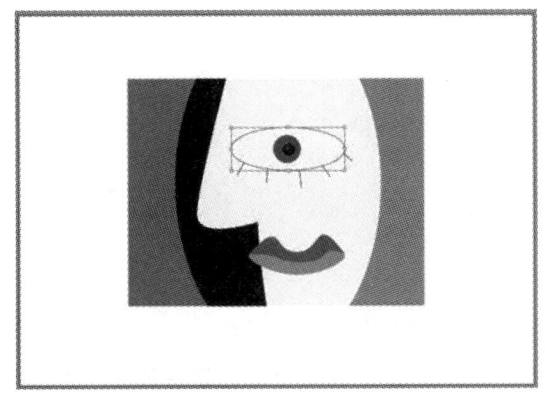

图6-14

图6-15

3. 前移一层

若要把对象向前面移动一个位置，执行"对象"→"排列"→"前移一层"命令，或按Ctrl+]组合键，如图6-16所示。

4. 后移一层

若要把对象向后面移动一个位置，执行"对象"→"排列"→"后移一层"命令，或按Ctrl+[组合键，如图6-17所示。

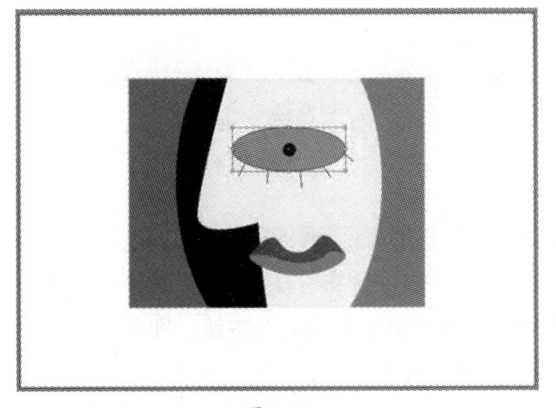

图6-16

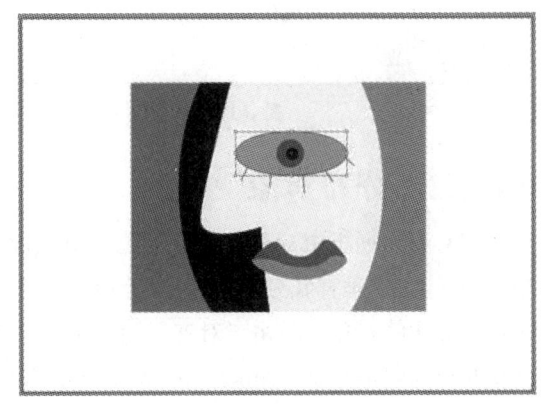

图6-17

6.3 对齐与分布

在绘制过程中，有时需要精确对齐和分布对象，使之排列规律整齐。"对齐"命令可以将多个图形对象排列整齐，"分布"命令可以对多个图形之间的距离进行调整，"分布间距"命令可以指定对象间固定的距离，"对齐"命令可以选择对齐方式。执行"窗口"→"对齐"命令，弹出"对齐"面板，如图6-18所示。

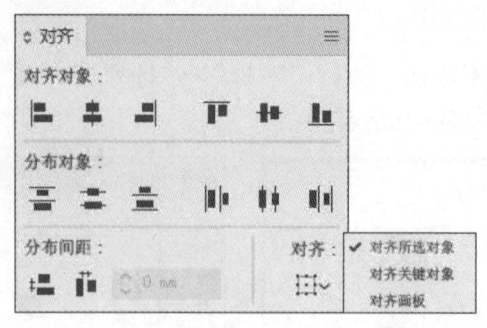

图 6-18

■6.3.1 对齐对象

"对齐"面板中"对齐对象"选项组包含6个对齐命令按钮:"水平左对齐" 、"水平居中对齐" 、"水平右对齐" 、"垂直顶对齐" 、"垂直居中对齐" 和"垂直底对齐" 。选中要对齐的对象,单击"对齐"面板中"对齐对象"选项组的对齐命令按钮,即可进行对齐操作。图6-19和图6-20所示为"垂直居中对齐"效果。

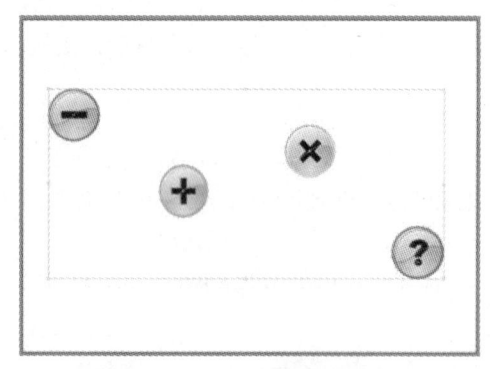

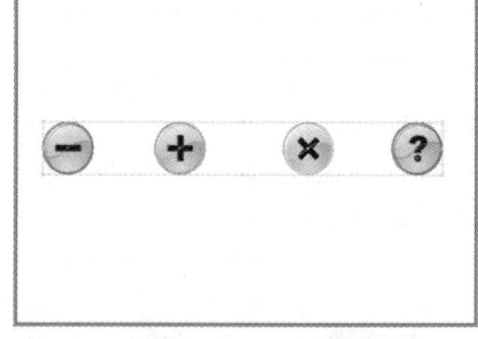

图 6-19

图 6-20

■6.3.2 分布对象

"对齐"面板中"分布对象"选项组包含6个分布命令按钮:"垂直顶分布" 、"垂直居中分布" 、"垂直底分布" 、"水平左分布" 、"水平居中分布" 和"水平右分布" 。选中要分布的对象,单击"对齐"面板中"分布对象"选项组的分布命令按钮,即可使对象之间按相等的间距分布。图6-21和图6-22所示为"水平居中分布"效果。

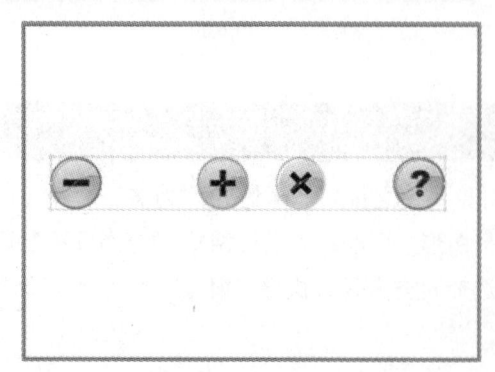

图 6-21

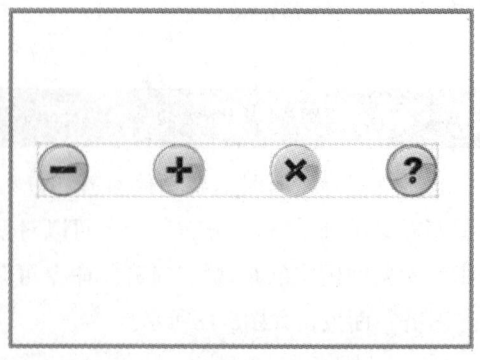

图 6-22

6.3.3 分布间距与对齐依据

"对齐"面板中"分布间距"选项组包含两个分布命令按钮:"垂直分布间距"和"水平分布间距"。若要在"分部间距"下的数值框中设定分布距离,首先要在"对齐"下拉列表中选择"对齐关键对象"选项,此时"分布间距"的数值框呈可编辑状态,输入数值之后,单击"垂直分布间距"或"水平分布间距"按钮,即可应用,如图6-23和图6-24所示。

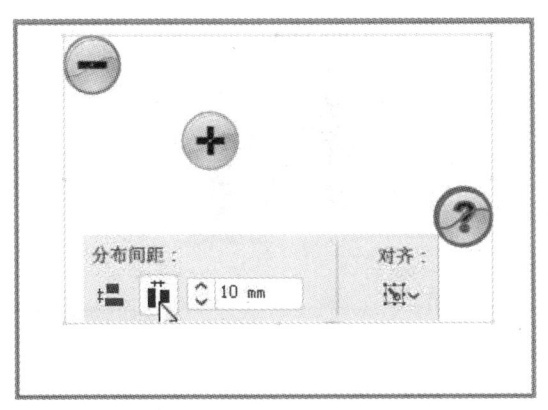

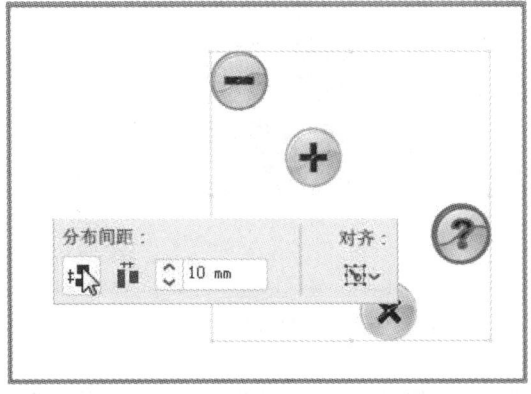

图 6-23

图 6-24

6.4 隐藏与显示

在Illustrator中,可以对不需要的对象执行"隐藏"命令,需要时再执行"显示"命令。被隐藏的对象无法选择与打印,但却真实存在于文档之中。

6.4.1 隐藏对象

选中目标对象,执行"对象"→"隐藏"→"所选对象"命令,即可将所选对象隐藏,如图6-25和图6-26所示。

图 6-25

图 6-26

■6.4.2 显示对象

执行"对象"→"显示全部"命令，即可将全部隐藏对象显示出来，并且之前隐藏的对象全部呈选中状态，如图6-27和图6-28所示。

图 6-27 　　　　　　　　　　　　　　图 6-28

6.5 锁定和群组对象

锁定和群组对象功能作为Illustrator设计中的辅助功能，在编辑多个对象的图形中，可以很好地管理对象内容。

■6.5.1 锁定与解锁对象

锁定对象可以防止误操作的发生，也可以防止当多个对象重叠时，选择一个对象时会连带选取其他对象。

选中目标对象，执行"对象"→"锁定"→"所选对象"命令，可以将所选对象锁定，当其他图形移动时，锁定的对象不会被移动，如图6-29和图6-30所示。

图 6-29 　　　　　　　　　　　　　　图 6-30

执行"对象"→"全部解锁"命令，即可将全部锁定对象解锁，并且之前锁定的对象全部呈选中状态，如图6-31和图6-32所示。

图 6-31 　　　　　　　　　　　　　　　　图 6-32

■6.5.2　编组与取消编组对象

执行"编组"命令可以将多个对象绑定为一个整体来操作编辑，便于管理与选择。"编组"命令还可以创建嵌套的群组。使用"取消编组"命令可以把一个群组对象拆分成其组件对象。

选中目标对象，执行"对象"→"编组"命令或按Ctrl+G组合键，即可创建群组，如图6-33所示。单击或拖动群组中的任何一个对象，都将选中或移动整个群组，如图6-34所示。

图 6-33 　　　　　　　　　　　　　　　　图 6-34

选择"编组选择工具"，单击可选择编组中的某个对象，如图6-35所示。

选中编组对象，右击鼠标，在弹出的快捷菜单中选择"取消编组"选项，或按Ctrl+Shift+G组合键，即可取消编组，如图6-36所示。如果是嵌套群组可以将解组的过程重复执行，直到全部解组为止。

图 6-35 　　　　　　　　　　　　　　　　图 6-36

6.6 对象的高级编辑

除了以上介绍的对于对象的一些管理和编辑，还可以对对象进行高级的编辑处理，例如"剪切蒙版""混合工具"和"图像描摹"等。

6.6.1 剪切蒙版

"剪切蒙版"是一个可以用其形状遮盖其他图稿的对象，可以将多余的画面隐藏起来。创建"剪切蒙版"需要两个对象，一个作为蒙版"容器"，可以是简单的矢量图形，可以是文字；另一个为裁剪对象，可以是位图、矢量图或者是编组的对象。

置入一张位图图像，绘制一个矢量图形，使矢量图置于位图上方，按Ctrl+A组合键全选，如图6-37所示；右击鼠标，在弹出的快捷菜单中选择"建立剪切蒙版"选项，创建剪切蒙版，如图6-38所示。

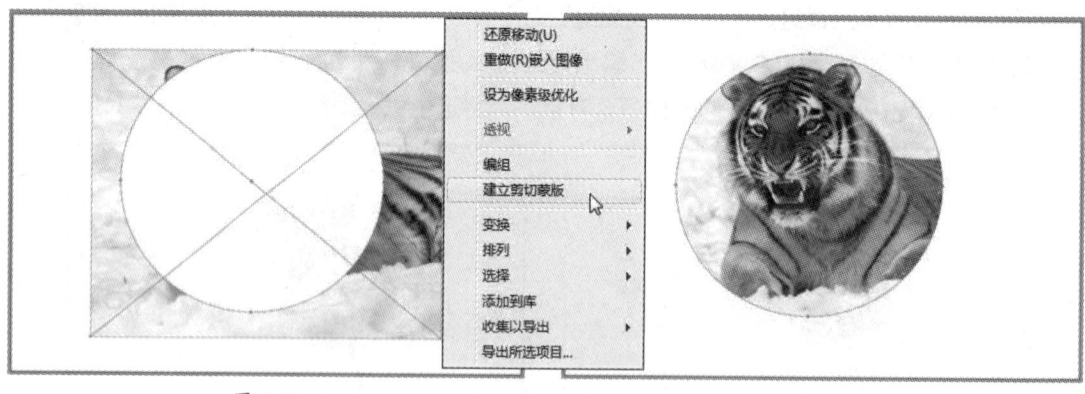

图 6-37　　　　　　　　　　　　　图 6-38

在创建剪切蒙版之后，若要对被剪切的对象进行调整编辑，可以在"图层"面板中选中后，使用"选择工具"，或者使用"直接选择工具"进行调整，如图6-39和图6-40所示。

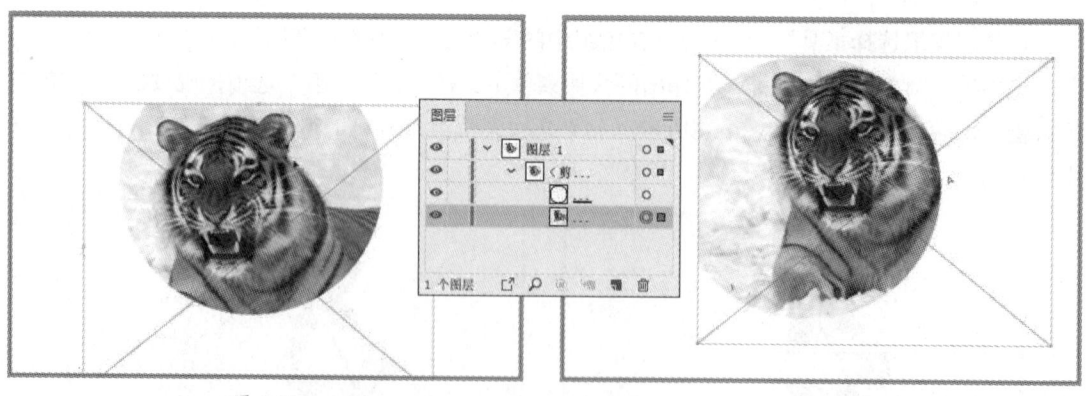

图 6-39　　　　　　　　　　　　　图 6-40

还可以右击鼠标，在弹出的快捷菜单中选择"隔离选中的剪切蒙版"选项，此时隔离剪切组，双击可以选择原始位图进行编辑操作，如图6-41所示，双击空白处退出隔离模式。

若要释放剪切蒙版，右击鼠标，在弹出的快捷菜单中选择"释放剪切蒙版"选项即可，被释放的剪切蒙版路径的填充和描边为无，如图6-42所示。

图 6-41 　　　　　　　　　　　　　　　　图 6-42

■ 6.6.2　混合工具

"混合工具" 可以在多个图像之间生成一系列的中间对象，形状和颜色同时呈过渡状态。在工具箱中双击"混合工具" ，在弹出的"混合选项"对话框设置参数，如图6-43所示。

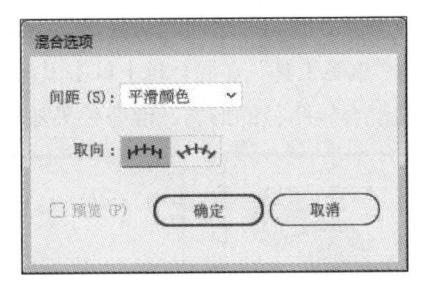

图 6-43

该对话框中各选项的含义如下：
- **间距**：用于设置混合工具的步数，从而控制混合过程中图形的变化速度和程度。
- **平滑颜色**：自动计算混合的步数。若对象是使用不同的颜色进行的填色或描边，则计算出的步骤数将是为实现平滑颜色过渡而取的最佳步数。若对象包含相同的颜色、渐变、图案，则步数将根据两对象定界框边缘之间的最长距离计算。
- **指定的步数**：用来控制在混合开始与混合结束之间的步数，如图6-44所示。
- **指定的距离**：用来控制混合步骤之间的距离，如图6-45所示。

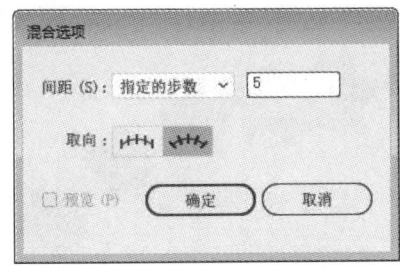

图 6-44 　　　　　　　　　　　　　　　　图 6-45

- **取向**：设置混合对象的方向。对齐页面 是指使混合垂直于页面的x轴，对齐路径 是指使混合垂直于路径。

1. 创建混合

绘制两个图形，在工具箱中双击"混合工具"，在弹出的"混合选项"对话框中设置参数，在两个图形上分别单击，即可创建混合效果，如图6-46和图6-47所示。

图 6-46

图 6-47

2. 编辑混合

对象混合创建完成后，两个混合的图形之间默认会建立一条直线的混合轴。使用"直接选择工具"单击混合轴，单击"钢笔工具"在混合轴上单击添加锚点，如图6-48所示；使用"直接选择工具"拖动锚点即可调整混合轴路径的形态，混合效果随即产生变化，如图6-49所示。

图 6-48

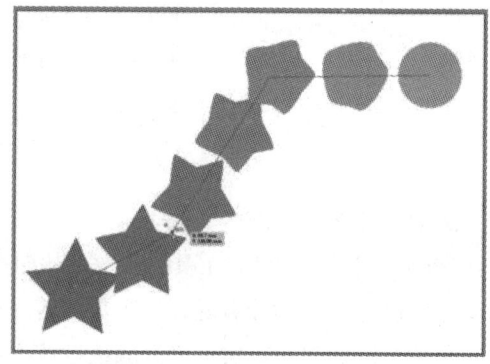

图 6-49

绘制一条新的路径，按住Shift键加选混合轴，执行"对象"→"混合"→"替换混合轴"命令，原先的混合轴便会被新绘制的路径替换，如图6-50和图6-51所示。

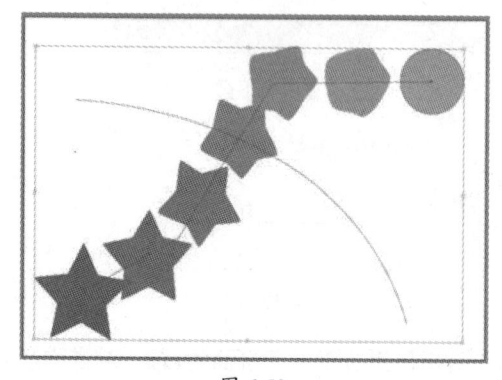

图 6-50

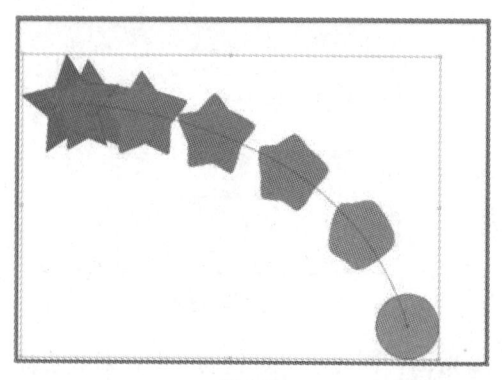

图 6-51

执行"对象"→"混合"→"反向混合轴"命令，可以更改混合对象的顺序，如图6-52所示；执行"对象"→"混合"→"反向堆叠"命令，可以更改混合对象堆叠的顺序，如图6-53所示。

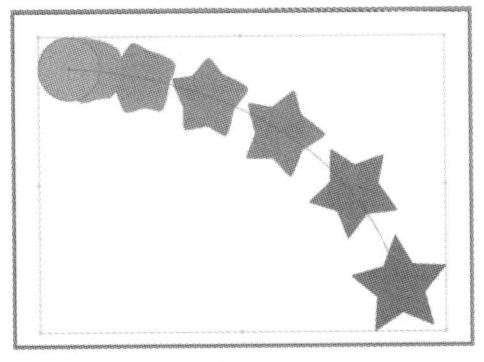

图 6-52 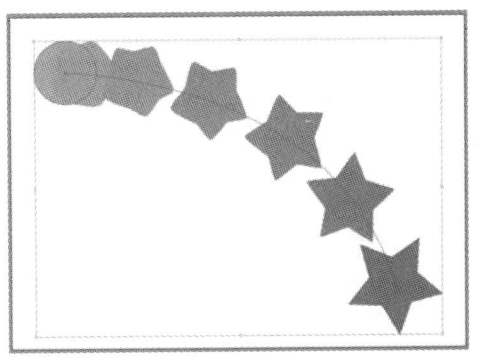　　　　　　　　　　　　　图 6-53

执行"对象"→"混合"→"扩展"命令，可以将混合对象分割为一个个独立的个体，但被扩展的对象仍为一个整体。右击鼠标，在弹出的快捷菜单中选择"取消编组"选项，即可选中编辑其中某个对象，如图6-54和图6-55所示。

图 6-54 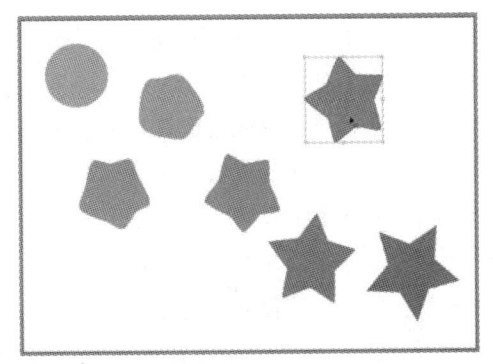　　　　　　　　　　　　　图 6-55

6.6.3　图像描摹

使用"图像描摹"功能可以将位图转换为矢量图，转换后的矢量图要"扩展"之后才可以进行路径的编辑。置入位图图像，在控制栏中单击"图像描摹"按钮，或执行"对象"→"图像描摹"命令，即可应用默认设置的图像描摹，如图6-56和图6-57所示。

图 6-56 　　　　　　　　　　　　　图 6-57

在控制栏中单击"描摹选项面板" 按钮，会弹出"图像描摹"面板，如同6-58所示。

图 6-58

该面板顶部的一排图标是根据常用工作流命名的快捷图标。选择其中的一个预设即可设置实现相关描摹结果所需的全部变量。该面板中主要按钮的含义介绍如下：

- **自动着色**：从照片或图稿创建色调分离的图像。
- **高色**：创建具有高保真度的真实感图稿。
- **低色**：创建简化的真实感图稿。
- **灰度**：将图稿描摹到灰色背景中。
- **黑白**：将图像简化为黑白图稿。
- **轮廓**：将图像简化为黑色轮廓。
- **预设**：下拉列表中可设置更多的预设描摹方式，如图6-59所示。
- **视图**：指定描摹对象的视图。描摹对象由原始源图像和描摹结果（矢量图稿）两个组件组成，如图6-60所示。
- **模式**：指定描摹结果的颜色模式，如图6-61所示。
- **调板**：指定用于从原始图像生成彩色或灰度描摹的调板，如图6-62所示，该选项仅在"模式"设置为"彩色"或"灰度"时可用。

图 6-59

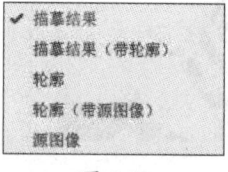

图 6-60

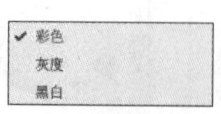

图 6-61

图 6-62

第6章 对象的高级管理与编辑

> **提示**：单击快捷图标和预设时，该面板的参数会自动改变。被描摹过的图像还可以重新调整描摹效果。

经过描摹的图像为矢量图形效果。若要进行调整，需先单击控制栏中的"扩展"按钮，然后右击鼠标，在弹出的快捷菜单中选择"取消编组"选项，才可选中编辑某个对象，如图6-63和图6-64所示。

图 6-63

图 6-64

6.7 设计知识：书籍装饰设计

"书籍装帧设计"是指对于开本、字体、版面、插图、封面、护封，以及纸张、印刷、装订和材料的艺术设计，是从原稿到成品书的整体设计，它通过艺术形象设计的形式来反映书籍的内容。在当今琳琅满目的书海中，书籍装帧设计起着无声推销员的作用，在一定程度上直接影响人们的购买欲。

■6.7.1 书籍装帧设计的定义

书籍由封面、护封、腰封、环衬、衬页等构成。当护封与封面合二为一时，被称为"简精装"。有些书有环衬（或环扉页），环衬之后有一个衬页，衬页有时候不印内容或只印一个底色，衬页之后是扉页，有些书籍中还有书函（或书套）。图6-65所示为软件类的书籍装帧设计。

图 6-65

书籍装帧设计是书籍造型设计的总称，一般包括选择纸张和封面材料，确定开本、字体、字号，设计版式，决定装订方法以及印刷和制作方法等。

■6.7.2 书籍装帧设计的要素

在进行书籍装帧设计时需要有效而恰当地反映书籍的内容、特色和著译者的意图，满足不同年龄、职业、性别读者的需要，还要考虑大多数人的审美习惯，并体现不同的民族风格和时代特征，符合当代的技术和购买能力。图6-66所示为抒情散文类的书籍装帧设计。

图 6-66

1. 封面设计

封面是书籍的门面。配图、色彩和文字是封面设计的三要素。设计师根据书籍的不同性质、用途和读者对象，把这三者有机地结合起来，从而表现出书籍的丰富内涵，以传递信息为目的，通过富有美感的形式呈现给读者。

好的封面设计应该在内容的安排上做到繁而不乱，要有主有次、层次分明、简而不空，在简单的图形中蕴涵内容，通过增添细节的方式加以充实，如在色彩、印刷、图形装饰的设计上多做文章，使观者感受到一种气氛、一种意境或者一种格调。

（1）儿童类书籍：形式较为活泼，在设计时多采用儿童插图，配以活泼、稚拙的文字，以构成书籍的封面。

（2）画册类书籍：开本一般接近正方形，常用的有12开、24开等，便于安排图片，常用的设计手法是选用画册中具有代表性的图片并配以文字。

（3）文化类书籍：较为庄重，在设计时多采用内文中的重要图片作为封面的主要配图；封面文字的字体较为庄重，多用黑体或宋体；整体色彩的纯度和明度较低，视觉效果沉稳，以反映深厚的文化特色。图6-67所示为文化类的书籍装帧设计。

（4）丛书类书籍：整套丛书的设计手法一致，每册书根据种类的不同而更换书名和主要配图，这通常是成套书籍封面的常用设计手法。

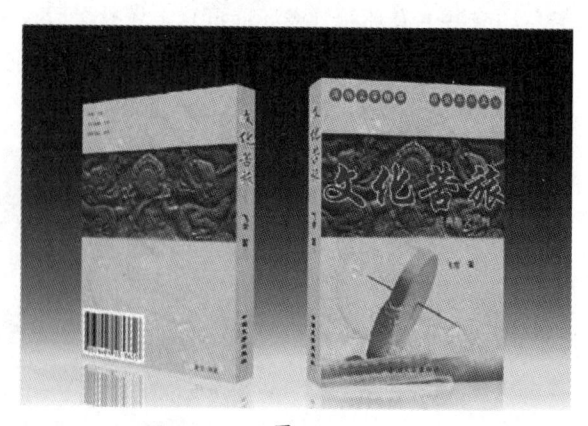

图 6-67

（5）工具类书籍：一般比较厚重，并且在日常生活中被经常使用，因此，在设计时为防止磨损多用硬书皮，封面图文设计较为严谨、工整，有较强的秩序感。

2. 正文版式设计

正文版式设计是书籍装帧设计的重点，应掌握以下6个要点。

（1）注意正文字体的样式、大小、字距和行距的关系。

（2）字体、字号应符合不同年龄层读者的要求。

（3）在文字版面的四周适当留有空白，使读者阅读时感到舒适、美观。

（4）正文的印刷色彩和纸张色彩要符合阅读功能的需要。

（5）注意正文中插图的位置，插图与正文、版面的关系要适当。

（6）彩色插图和正文的搭配要符合内容的需要并能增加读者的阅读兴趣。

3. 扉页设计

书籍不是一般的商品，而是一种文化。因此，在书籍装帧设计中哪怕是一条线、一行字、一个抽象符号、一两点色彩，都要具有一定的设计创意，既要有内容又要有美感，以达到雅俗共赏的目的。

扉页是现代书籍装帧设计不断发展的需要。一本内容很好的书籍如果缺少了扉页，就犹如白玉微瑕，降低了收藏价值。爱书之人对一本好书往往会倍加珍惜，如果书中缺少扉页，多少是一种遗憾。

扉页有如门面里的屏风，随着人们审美水平的提高，扉页的质量也越来越好。有的采用高质量的色纸，有的饰有肌理并散发清香，还有的附以装饰性的图案或与书籍内容相关且有代表性的插图设计等。这些对于爱书之人无疑是一份难以言表的喜悦，同时也提高了书籍的附加价值，可以吸引更多的购买者。随着人类文化的不断进步，扉页的设计越来越受到人们的重视，真正优秀的书籍应该仔细设计书中的扉页，以满足读者的要求。

4. 插图设计

插图设计是活跃书籍内容的一个重要因素。有了插图设计，更能发挥读者的想象力和提高其对内容的理解力，同时使其获得更高的艺术享受。儿童读物更是如此，因为儿童的生理发育还未成熟，对事物缺少理性的认识，只有较多的插图设计才能帮助他们理解、认知，并激起他们的阅读兴趣。

书籍里的插图设计主要包括美术设计师的创作稿、摄影图片和计算机设计图片等。摄影图片形式的插图很逼真，无疑很受欢迎，但印刷成本高，而且一些书籍（如科幻类作品）的插图受到条件的限制，通过摄影难以得到，这时必须依靠美术设计师的创作或计算机设计。在某些方面手绘作品更具有艺术性，这也许是摄影图片力所不及的。

Illustrator图形制作

实训案例 制作图书封面

案/例/描/述

本案例设计的是图书封面。在实操中主要用到的知识点有新建文档、导入文件、矩形网格工具、置入图像、图像描摹、锁定对象、编组与取消编组、文本输入等。

案/例/详/解

下面将对案例的制作过程进行详细讲解。

步骤01 打开Illustrator软件，执行"文件"→"新建"命令，打开"新建文档"对话框，设置参数，单击"创建"按钮即可，如图6-68所示。

步骤02 选择"矩形工具"，绘制矩形并填充颜色，如图6-69所示。

图 6-68 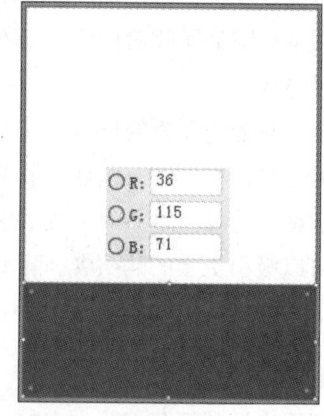　　　　图 6-69

步骤03 选择"矩形网格工具"，在面板中双击，在弹出的"矩形网格工具选项"对话框中设置参数，如图6-70所示。

步骤04 按住Shift键等比例放大网格，如图6-71所示。

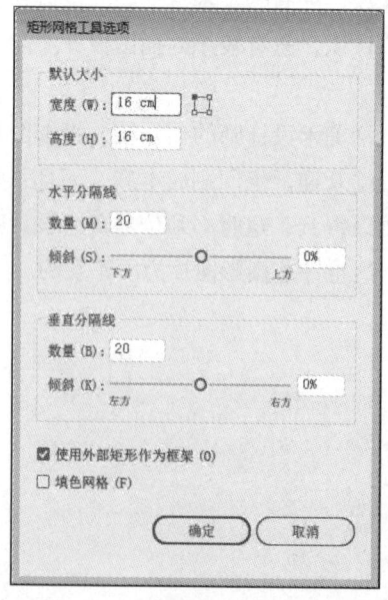

图 6-70 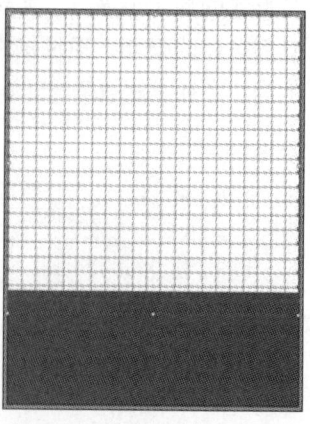　　　　图 6-71

步骤05 在属性栏中设置网格参数，按Ctrl+Shift+[组合键将该图层置于底层，如图6-72所示。

步骤06 执行"窗口"→"图层"命令，在弹出的"图层"面板中锁定矩形和网格所在图层，如图6-73所示。

步骤07 执行"文件"→"置入"命令，在弹出的"置入"对话框中选中素材"脑图.png"置入，如图6-74所示。

图 6-72 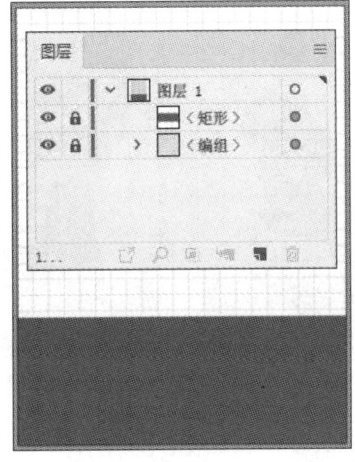　　　　　图 6-73 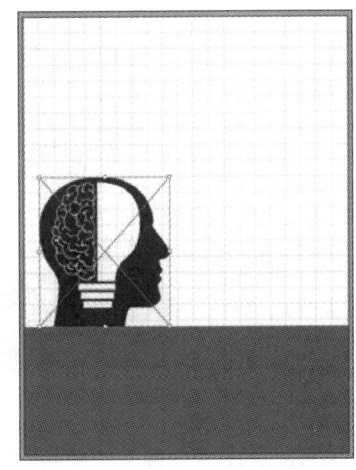　　　　　图 6-74

步骤08 单击控制栏中的"图像描摹"按钮，如图6-75所示。

步骤09 单击控制栏中的"扩展"按钮，如图6-76所示。

步骤10 按Ctrl+Shift+G组合键取消编组，按Delete键删除主体以外的部分，如图6-77所示。

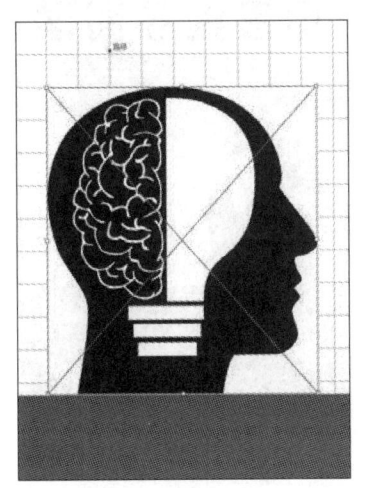

图 6-75 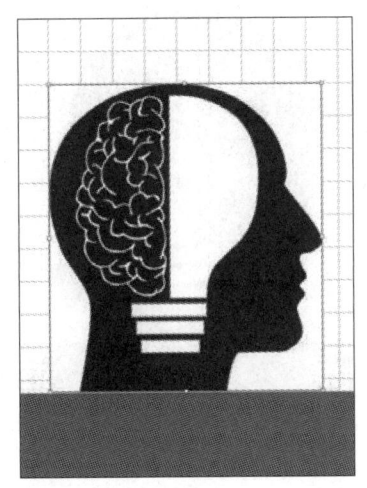　　　　　图 6-76 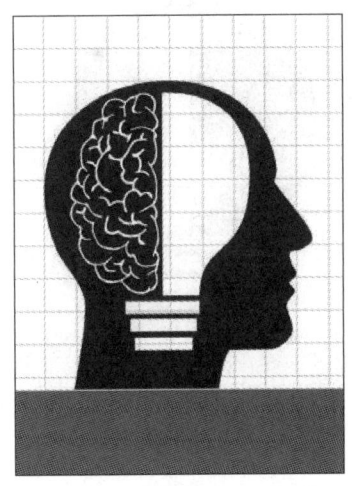　　　　　图 6-77

提示：位图执行"图形描摹"命令后将转换为矢量图。扩展编组后，可执行"对象"→"路径"→"简化"命令，移除多余的锚点以简化路径。

步骤 11 分别选择脸部和脑部，在工具箱中选择"吸管工具"吸取矩形，按住Shift键选中"脑图"，按Ctrl+G组合键创建编组，如图6-78所示。

步骤 12 双击进入隔离模式，如图6-79所示。

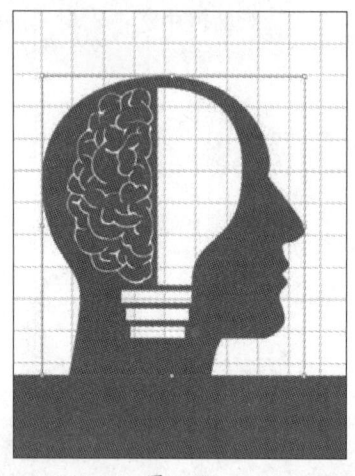

图 6-78 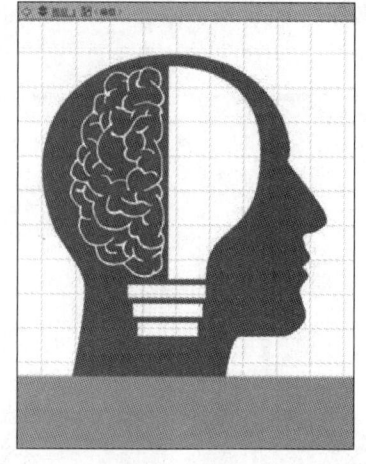　　　　　　　　　图 6-79

步骤 13 选择"直排文字工具"，输入文字，如图6-80所示。

步骤 14 选择"文字工具"，输入双引号""，并移动到合适位置，双击空白处退出隔离模式，如图6-81所示。

步骤 15 选择"文字工具"，输入文字，如图6-82所示。

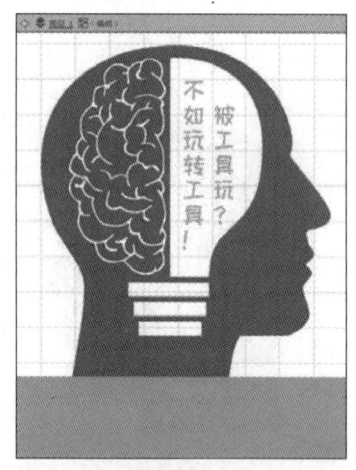

图 6-80 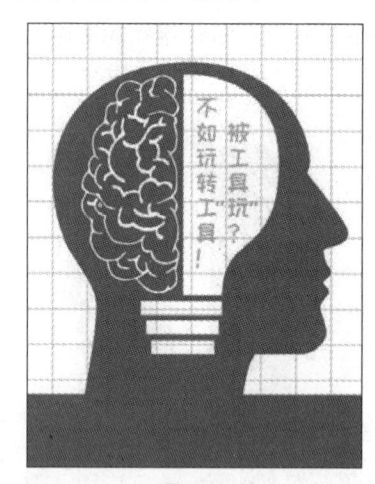　　　　　　图 6-81 　　　　　　图 6-82

步骤 16 选择"文字工具"，输入文字，按Ctrl+C组合键复制，按Ctrl+F组合键贴在前面，如图6-83所示。

步骤 17 执行"对象"→"变换"→"倾斜"命令，在弹出的"倾斜"对话框中设置参数，如图6-84所示。

步骤 18 选择"吸管工具"，按住Shift键吸取矩形的颜色，如图6-85所示。

图 6-83 　　　　　　　　　图 6-84 　　　　　　　　　图 6-85

步骤 19 执行"文件"→"置入"命令，在弹出的"置入"对话框中选中素材"元素.png"置入，如图6-86所示。

步骤 20 选择"星形工具"，在绘图区双击弹出"星形"对话框，设置参数，如图6-87所示。

步骤 21 按住Shift键等比例调整至合适大小，选择"吸管工具"，吸取文字的颜色，如图6-88所示。

图 6-86  　　　　　　　　　图 6-87 　　　　　　　　　图 6-88

步骤 22 选择"椭圆工具"，设置填充为无，描边为白色，单击"描边"按钮，在下拉框中设置参数，如图6-89所示。

步骤 23 选择"文字工具"，输入文字，按住Shift键加选圆形和星形，按Ctrl+G组合键创建编组，如图6-90所示。

步骤 24 选择"文字工具"，输入3组文字，执行"窗口"→"文字"→"字符"命令，在弹出的"字符"面板中设置参数，如图6-91所示。

Illustrator图形制作

图6-89 　　　　　　　　图6-90 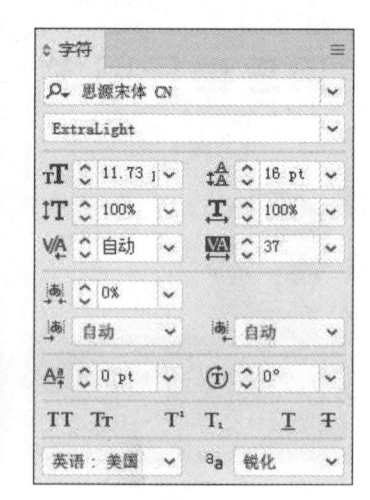　　　　　　　　图6-91

步骤25 选中第2组中的加号"+"，设置填充和描边，如图6-92所示。

步骤26 选择"矩形工具"，绘制矩形并填充颜色，选中文字组和矩形，按Ctrl+G组合键创建编组，如图6-93所示。

步骤27 选择"文字工具"，输入作者和出版社，适当调整位置，最终效果如图6-94所示。

图6-92 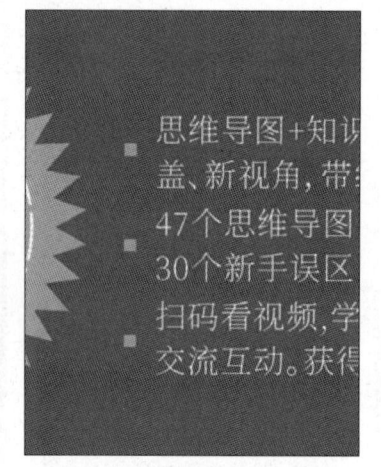　　　　　　　　图6-93 　　　　　　　　图6-94

至此，完成图书封面的制作。

第7章
文字工具的应用

内容概要

文字是设计中常用的元素之一，Illustrator 拥有强大的文本处理功能，可以轻松应对各种文字类编辑设计。本章将讲解文字工具组，文字、段落面板，文本的编辑等相关知识点。

知识要点

- 文字工具组。
- "字符"面板。
- "段落"面板。
- 文本的编辑。

数字资源

【本章案例素材来源】："素材文件\第7章"目录下
【本章案例最终文件】："素材文件\第7章\实训案例\制作粒子文字效果.ai"

7.1 文字工具组

在Illustrator中创建文字时，可以使用工具箱中所提供的文字工具组进行编辑操作。在工具箱中长按或右击"文字工具" T ，展开其工具组，如图7-1所示。

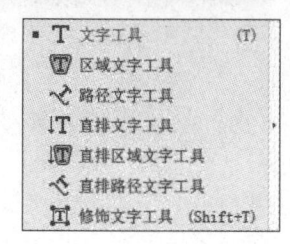

- T 文字工具 (T)
- 区域文字工具
- 路径文字工具
- 直排文字工具
- 直排区域文字工具
- 直排路径文字工具
- 修饰文字工具 (Shift+T)

图 7-1

■ 7.1.1 文字工具

使用该工具，可以创建横排的点文字和段落文字。选择"文字工具" T 在绘图区单击，可以出现"占位符"，方便观察文字效果，文字呈选中状态，如图7-2所示。可以在控制栏中设置字符参数。执行"编辑"→"首选项"→"文字"命令，在弹出的"首选项"对话框中取消选中"用占位符文本填充新文字对象"复选框，如图7-3所示，即可关闭文字自动填充功能。

图 7-2

图 7-3

输入文字后，若要换行，可以按Enter键，按Esc键结束操作，如图7-4和图7-5所示。

图 7-4

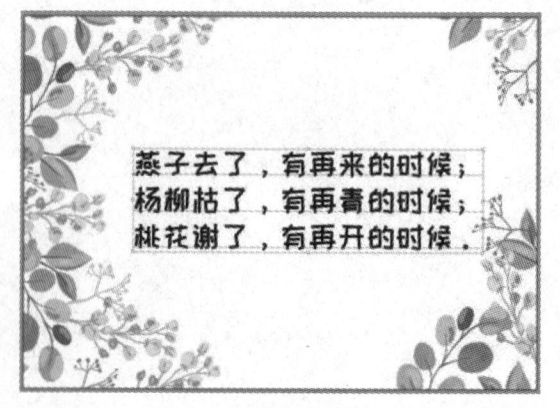

图 7-5

若要创建"段落文字",可以使用"文字工具"拖动鼠标,绘制一个文本框,如图7-6所示。输入文字,如图7-7所示,文本框里面的文字可以自动换行。

图 7-6

图 7-7

"直排文字工具"和"文字工具"使用方法一样,区别为"直排文字工具"输入的文字是由右向左垂直排列,如图7-8和图7-9所示。

图 7-8

图 7-9

■ 7.1.2 区域文字工具

"区域文字工具"和"段落文字"类似,都是在一个区域内编辑输入的文字,但"区域文字工具"的外框可以使用任何图形。

绘制一个闭合路径,如图7-10所示。选择"区域文字工具",将光标移动到路径的边线上,在路径图形对象上单击,原始路径将不再具有描边或填充的属性,图形对象转换为文本路径。输入文字,效果如图7-11所示。

图 7-10

图 7-11

若输入的文字超出了文本路径所能容纳的范围，将出现文本溢出现象，显示"▣"标记，使用"选择工具"对文本框进行调整，如图7-12所示。使用"直接选择工具"拖动锚点的位置，可以更改文字路径，如图7-13所示。

图 7-12 　　　　　　　　　　　　　图 7-13

选择文字对象，执行"文字"→"区域文字选项"命令，在弹出的"区域文字选项"对话框中设置参数，如图7-14所示。

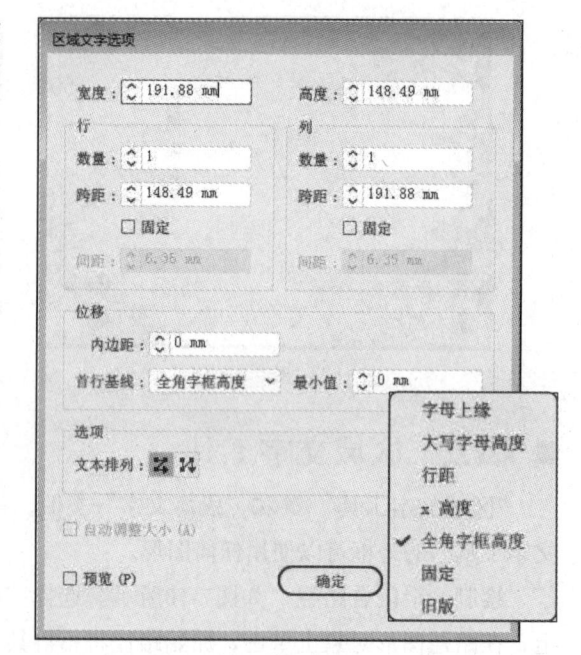

图 7-14

该对话框中主要选项的含义如下：
- **宽度、高度**：设置区域文字范围边框的尺寸。
- **数量**：设置区域文字包含的行数和列数。
- **跨距**：设置单行高度和宽度。
- **固定**：设置调整文字区域大小时行高和列宽的变化情况。
- **间距**：设置行间距或列间距。
- **内边距**：设置文本和边框之间的距离。
- **首行基线**：设置第1行文本与对象顶部的对齐方式。"字母上缘"是指将字符"d"的高度降到文字对象顶部之下；"大写字母高度"是指大写字母的顶部触及文字对象的顶部；

"行距"是指以文本的行距值作为文本首行基线和文字对象顶部之间的距离;"x高度"是指将字符"x"的高度降到文字对象顶部之下;"全角字框高度"是指亚洲字体中全角字框的顶部触及文字对象的顶部(无论是否设置了"显示亚洲文字选项"首选项,此选项均可用);"固定"是指在"最小值"框中指定文本首行基线与文字对象顶部之间的距离;"旧版"早期版本中使用的是第1个基线默认值。

- **最小值**:设置指定文本首行基线与文字对象顶部之间的距离。
- **文本排列**:设置行和列的文本排列方式。

图7-15所示为更改"位移"选项中"内边距"参数后效果图,图7-16所示为调整文本"溢出"效果图。

图 7-15 　　　　　　　　　　　图 7-16

"直排区域文字工具" 和"区域文字工具"的使用方法一样,区别为"直排区域文字工具"输入的文字是由右向左垂直排列,如图7-17和图7-18所示。

图 7-17 　　　　　　　　　　　图 7-18

■ 7.1.3　路径文字工具

使用"路径文字工具" 可以沿开放或闭合路径的边缘输入并排列文字。绘制一个路径,如图7-19所示。选择"路径文字工具",将光标放置在曲线路径的边缘处单击,此时路径转换为文本路径,原始路径将不再具有描边和填充的属性,此时即可输入文字。输入的文字将按照路径排列,文字的基线与路径是平行的,如图7-20所示。

图 7-19 　　　　　　　　　　　　　　　图 7-20

选择文字对象，执行"文字"→"路径文字选项"命令，在弹出的"路径文字选项"对话框可以设置不同的路径效果，如图7-21所示。

图 7-21

图7-22和图7-23所示为"3D带状效果"和"阶梯效果"对比图。

图 7-22 　　　　　　　　　　　　　　　图 7-23

选择"直排路径文字工具"，输入的文字是由右向左垂直排列，如图7-24和图7-25所示。

图 7-24 　　　　　　　　　　　　　　　　　图 7-25

7.1.4　修饰文字工具

"修饰文字工具" 可以在保持文字属性的状态下对单个字符进行移动、旋转和缩放等操作。选择 "文字工具" 输入文字，选择 "修饰文字工具"，在字符上单击即可显示定界框。将光标移动至左上角的控制点上，按住鼠标上下拖动可将字符沿垂直方向缩放，如图7-26所示；将光标移动至右下角的控制点上，左右拖动可使字符沿水平方向缩放，如图7-27所示。

图 7-26 　　　　　　　　　　　　　　　　　图 7-27

将光标移动至右上角的控制点上，可以等比例缩放字符，如图7-28所示。将光标移动至顶端的控制点上，可以旋转字符，如图7-29所示。

图 7-28 　　　　　　　　　　　　　　　　　图 7-29

拖动定界框或左下角控制点，可以自由移动字符，如图7-30和图7-31所示。

图 7-30　　　　　　　　　　　　　图 7-31

7.2　"字符"面板和"段落"面板

文本输入后，需要设置字符与段落的格式，如文字的字体、大小、字距、行距，段落的对齐方式、段落缩进、段落间距、制表符的位置等，格式决定了文本在页面上的外观。

7.2.1　"字符"面板

使用"文字工具"选中所要设置字符格式的文字。执行"窗口"→"文字"→"字符"命令，或按Ctrl+T组合键，弹出"字符"面板，如图7-32所示。

图 7-32

该面板中各选项的含义如下：

- **设置字体系列**：在下拉列表中选择一种字体，即可将选中的字体应用到所选的文字。
- **设置字体大小**：在下拉列表中选择合适的字体大小，也可以直接输入数值。
- **设置行距**：设置字符行之间间距的大小，图7-33和图7-34分别是行距40 pt和80 pt的对比图。

图 7-33　　　　　　　　　　　　　　图 7-34

- **垂直缩放** IT：设置字体的垂直缩放百分比，如图7-35所示为垂直缩放50%的效果图。
- **水平缩放** I：设置字体的水平缩放百分比，如图7-36所示为水平缩放150%的效果图。

图 7-35　　　　　　　　　　　　　　图 7-36

- **设置两个字符间的字距微调**：设置两个字符间的间距，如图7-37所示字距为"视觉"。
- **设置所选字符的字距调整**：设置所选字符间的间距，如图7-38所示为字距为200%的效果图。

图 7-37　　　　　　　　　　　　　　图 7-38

- **比例间距**：比例间距是指按指定的百分比值减少字符周围（但不是字符本身）的间距。当向字符添加比例间距时，字符两侧的间距按相同的百分比减小。
- **插入空格（左）**：设置在字符左面插入空格。
- **插入空格（右）**：设置在字符右面插入空格。
- **设置基线偏移**：设置文字与文字基线之间的距离，图7-39所示为基线偏移10 pt的效果图。
- **字符旋转**：设置字符的旋转角度，图7-40所示为旋转45°的效果图。

图 7-39

图 7-40

- TT Tr T¹ T₁ T F：依次为全部大写字母、小型大写字母、上标、下标、下划线和删除线。图7-41和图7-42所示分别为上标、下标和下划线、删除线的效果图。

图 7-41

图 7-42

7.2.2 "段落"面板

"段落"面板主要用于设置文本段落的属性。执行"窗口"→"文字"→"段落"命令，弹出"段落"面板，如图7-43所示。

图 7-43

该面板中主要选项的含义如下：

- **段落缩进**："左缩进"、"右缩进"分别设置段落的左、右边缘向内缩进的距离，如图7-44所示。"首行缩进"设置的参数只应用于段落的首行、左侧缩进，如图7-45所示。

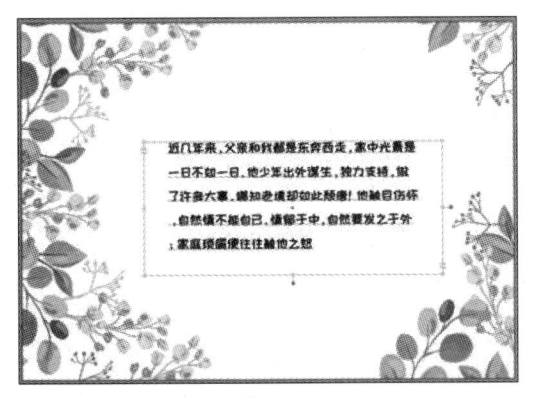

图 7-44 　　　　　　　　　　　　图 7-45

- **段落间距**：设置段落之间的距离。"段前间距"与"段后间距"分别用于设置所选段落与前一段和后一段之间的距离，如图7-46和图7-47所示。

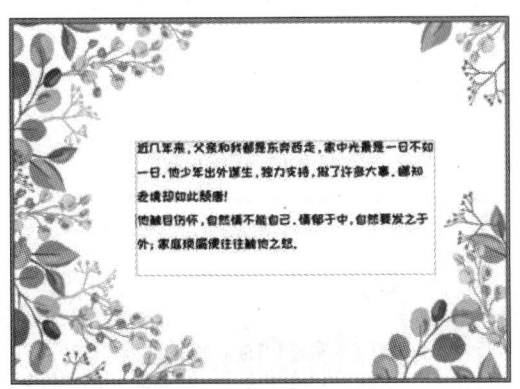

图 7-46 　　　　　　　　　　　　图 7-47

- **避头尾集**：避头尾用于指定中文或日文文本的换行方式。不能位于行首或行尾的字符被称为避头尾字符。默认情况下，系统默认为"无"，可根据需要选择"宽松"或"严格"避头尾集，效果分别如图7-48和图7-49所示。

图 7-48 　　　　　　　　　　　　图 7-49

7.3 文本的编辑

除了对文本进行字体、字号、颜色、对齐、缩进等操作，还可以进行文字变形、文本转图形、串接文本、分栏、图文混排等操作。

7.3.1 变形文字

选中目标文本，在"文字工具"状态下单击控制栏中的"制作封套"按钮，或执行"对象"→"封套扭曲"→"用变形建立"命令，会弹出"变形选项"对话框，如图7-50所示。

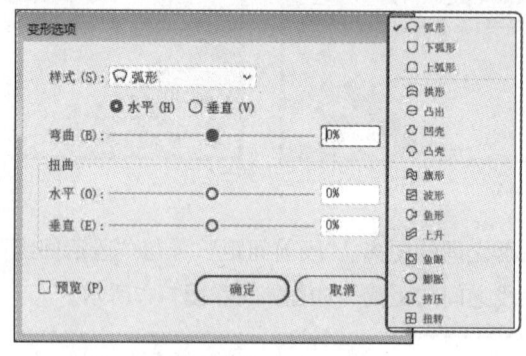

图 7-50

该对话框中主要选项的含义如下：

- **水平、垂直**：设置文本扭曲的方向，水平或垂直，如图7-51和图7-52所示。

图 7-51 　　　　　　　　图 7-52

- **弯曲**：设置文本的弯曲程度，如图7-53和图7-54所示。

图 7-53 　　　　　　　　图 7-54

- **水平扭曲**：设置水平方向的透视扭曲变形程度，如图7-55所示。
- **垂直扭曲**：设置垂直方向的透视扭曲变形程度，如图7-56所示。

图 7-55

图 7-56

在弹出的"变形选项"对话框中选择任意一种变形样式，并设置"弯曲"参数，图7-57和图7-58所示分别为"波形"和"鱼眼"变形效果。

图 7-57

图 7-58

> 提示："封套"是对选定对象进行扭曲和改变形状的对象。可以利用画板上的对象来制作"封套"，或使用预设的变形形状或网络作为封套。除图表、参考线或链接对象以外，可在任何对象上使用封套。

7.3.2 创建轮廓

"创建轮廓"命令可以使文本变为图形对象，不再具有字体的属性，但是可以对其进行变形、艺术处理。选中目标文字，执行"文字"→"创建轮廓"命令，如图7-59和图7-60所示。

图 7-59

图 7-60

7.3.3 串接文本

串接文本是指将多个文本框进行连接，形成一连串的文本框。在第1个文本框输入文字，多余的文字自动显示在第2个文本框里。通过串接文本可以快速方便地进行文字布局、字间距、字号的调整更改。

1. 溢出文字的串接

当文本框中的字数太多，会出现"文本溢出"（出现 图标）的情况。使用"选择工具"单击 ，当鼠标光标变成 时，可按住鼠标左键绘制文本框，即可显示隐藏的文字，如图7-61和图7-62所示。

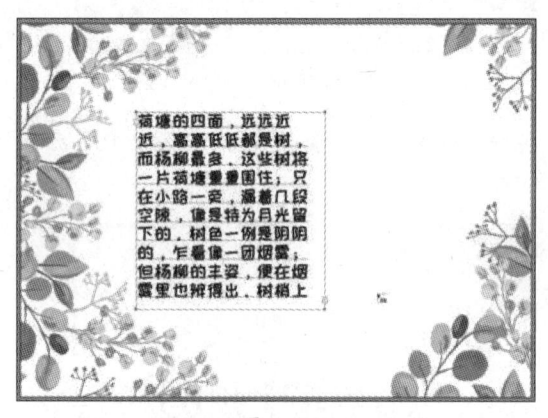

图 7-61 　　　　　　　　　图 7-62

2. 串联独立的文本

选中两个文本框，执行"文字"→"串接文本"→"创建"命令，可以将第1个文本框中溢出的文字自动填补到第2个文本框，如图7-63和图7-64所示。

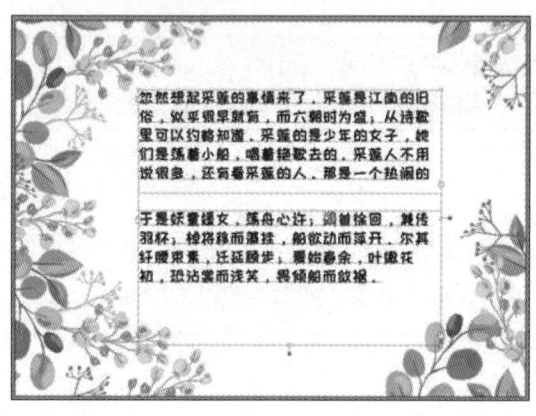

图 7-63 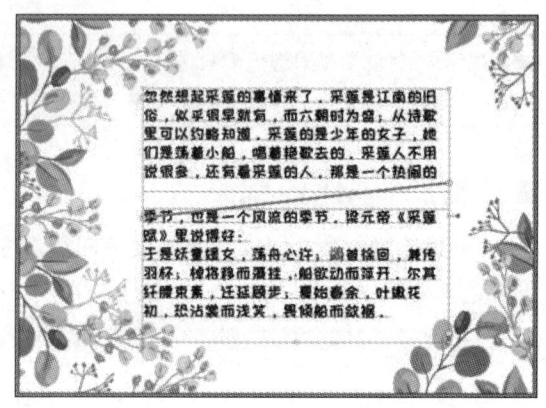　　　　　　　　　图 7-64

7.3.4 文本分栏

选中目标文本，执行"文字"→"区域文字"命令，会弹出"区域文字选项"对话框，在"行"和"列"选项组中设置参数，如图7-65和图7-66所示。

图 7-65 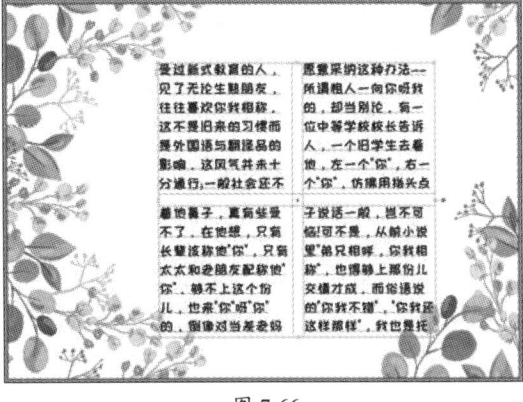　　　　　　　　　　　　　　　　　图 7-66

7.3.5 文本绕排

在Illustrator中，可以在文本中插入多个图形对象，使文本围绕着图形对象轮廓线边缘进行排列。在进行图文混排时，必须是文本块中的文本或区域文本，而不能是点文本或路径文本。在文本中插入的图形可以是任意形状的图形，但用"画笔工具"创建的对象除外。

在进行图文混排时，必须使图形在文本的上层。同时选中文本和图形对象，执行"对象"→"文本绕排"→"建立"命令即可。图形的位置可进行调整，系统会自动使文本围绕图形对象，如图7-67和图7-68所示。

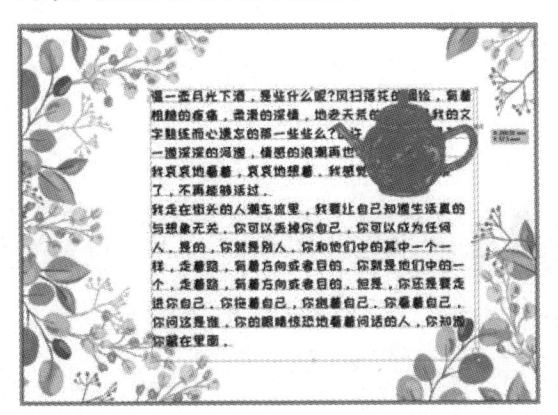

图 7-67 　　　　　　　　　　　　　　　　　图 7-68

7.4 设计知识：标志设计

Logo标志的造型应优美、精致，符合美学原则，这些都是理想的标志设计所必须具备的设计理念。企业视觉设计总体上必须具有寓意性、直观性、传播性和表达性等特点。

7.4.1 Logo 标志的含义

Logo是"徽标"或者"商标"的英文说法。Logo可以起到对徽标或者商标拥有企业进行识别和推广的作用。通过形象的Logo，可以让消费者记住企业主体和品牌文化。网络中的Logo主要是各个网站用来与其他网站链接的图形标志，代表一个网站或网站的一个板块。另外，Logo

还是一种早期的计算机编程语言，也是一种与自然语言非常接近的编程语言，它通过"绘图"的方式来编程，可以对初学者特别是儿童进行寓教于乐的教学。图7-69所示为房地产公司的Logo标志。

图 7-69

7.4.2 Logo 标志的设计原则

Logo标志是通过造型简单、意义明确的统一标准的视觉符号，将企业的经营理念、企业文化、经营内容、企业规模、产品特性等要素传递给社会公众，使之识别和认同企业的图案和文字。

Logo标志是人类社会活动中不可缺少的一种符号，它能传达企业理念，树立企业精神，突出企业形象的个性化，具有独特的传播功能，并且寓意准确，简洁、明了，富有感染力。图7-70所示为物流公司的Logo标志。

图 7-70

Logo标志的设计原则有以下几点。

（1）设计应在详尽了解设计对象的使用目的、适用范畴及有关法规等情况，深刻领会其功能性要求的前提下进行。

（2）设计必须充分考虑其实现的可行性，针对其应用形式、材料和制作条件采取相应的设计手段，同时还要顾及应用于其他视觉传播方式（如印刷、广告、映像等）或放大、缩小时的视觉效果。

（3）设计要符合受众的直观接受能力、审美意识、社会心理和禁忌。

（4）构思须慎重推敲，力求深刻、巧妙、新颖、独特，表意准确，能经受住时间的考验。

（5）构图要凝练、美观、适形（适应其应用物的形态）。

（6）图形、符号既要简练、概括，又要讲究艺术性。

（7）色彩要单纯、强烈、醒目。

（8）遵循标志设计的艺术规律，创造性地探求恰当的艺术表现形式和手法，锤炼出精确的艺术语言，使所设计的标志具有高度的整体美感，获得最佳的视觉效果。标志艺术除具有一般的设计艺术规律（如装饰美、秩序美等）之外，还有其独特的艺术规律。

7.4.3 Logo标志的发展趋势

现代Logo的概念更加成熟，其推广与应用已建立了完善的体系。随着数字时代的到来与网络文化的迅速发展，传统的信息传播方式、阅读方式受到了前所未有的挑战，"效率""时间"的概念标准也被重新界定。在这种情况下，Logo的风格呈现出向个性化、多元化的发展。对于Logo设计师来说，现在要通过一个简洁的标志符号表达比以前多几十倍的信息量，经典设计与具有前卫、探索倾向的设计并存，设计的宽容度扩大了。图7-71所示为图书企业的Logo标志。

社会经济的衡量标准不再只是商品数量的多少、性能的好坏、种类的有无，概念传达的准确与快慢成了新的衡量标准和制胜的关键。可以说，时代给Logo的创作提供了一个前所未有

图 7-71

的实践空间。基于这一点，对Logo的独特性与可识别性、理性与感性、个性与共性等方面的综合考虑，成为了设计师追求成功的有效途径。市场上的Logo设计趋势可归纳为以下几类。

（1）个性化趋势：各种Logo都在广阔的市场空间中抢占自己的视觉市场，吸引受众的目光。因此，如何在众多Logo中脱颖而出，易辨、易记，突出个性化，成为新的要求。个性化包括消费市场需求的个性化和来自设计师的个性化。不同的消费者其审美取向不同，不同的商品感觉不同，不同的设计师创意不同、表现不同。因此，在多元的平台上，无论对消费市场还是对设计师来讲，个性化成为不可逆转的一大趋势。

（2）人性化趋势：19世纪末以来，由于工业革命及包豪斯设计风格的影响，设计倾向于机械化，有大工业时代的冰冷感。随着社会的发展、审美的多元化及对人的关注，人性化成为设计中的重要因素。一位著名的工业设计家说过"人们总以为设计有三维——美学、技术、经济，然而，更重要的是第四维——人性！"Logo设计也是如此，应根据心理需求和视觉喜好在造型和色彩等方面更趋向人性化，更有针对性。

（3）信息化趋势：现今的网络时代使Logo与以往不同，除表明品牌及企业属性外，还要求Logo有更丰富的视觉效果、更生动的造型、更适合消费心理的形象和色彩元素等。同时，通过整合企业多方面的信息，设计师要进行独特性的创造，使Logo不仅能够形象、贴切地表达企业理念，树立企业精神，还能够配合市场对受众进行视觉刺激和视觉吸引，协助宣传和销售。Logo成为信息发出者和信息接收者之间的视觉联系纽带和桥梁，信息含量的分析准确与否，也成为Logo取胜的途径。

（4）多元化趋势：Logo的艺术表现形式日趋多元化，有二维平面形式，也有半立体的浮雕凹凸形式；有写实标志，也有写意标志；有严谨的标志，也有概念性的标志。随着网络科技的进步和电子商务的发展，网络标志成为日益盛行的新的标志形态。

Illustrator图形制作

实训案例 制作粒子文字效果

案/例/描/述

本案例制作的是粒子文字效果海报。在实操中主要用到的知识点有新建文档、文字工具、创建轮廓、矩形工具、渐变、效果、置入文件、剪切蒙版等。

案/例/详/解

下面将对案例的制作过程进行详细讲解。

步骤01 打开Illustrator软件，执行"文件"→"新建"命令，打开"新建文档"对话框，设置参数，单击"创建"按钮即可，如图7-72所示。

步骤02 选择"文字工具"，输入文字，按住Shift键等比例放大至合适大小，如图7-73所示。

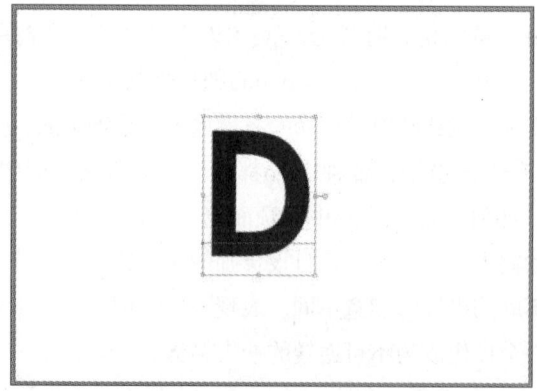

图 7-72　　　　　　　　　　图 7-73

步骤03 按Ctrl+Shift+O组合键创建轮廓，如图7-74所示。

步骤04 选择"直接选择工具"，按住Shift键单击字母左侧两个锚点按住鼠标向左拉，如图7-75所示。

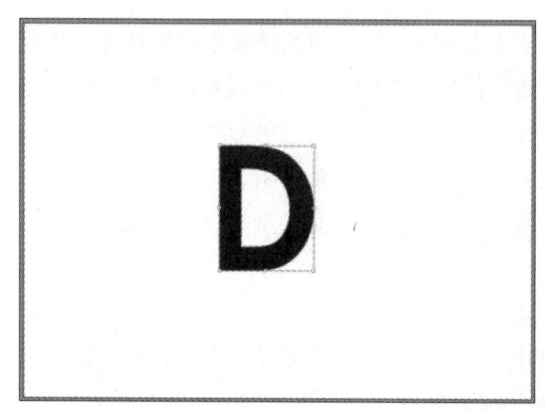

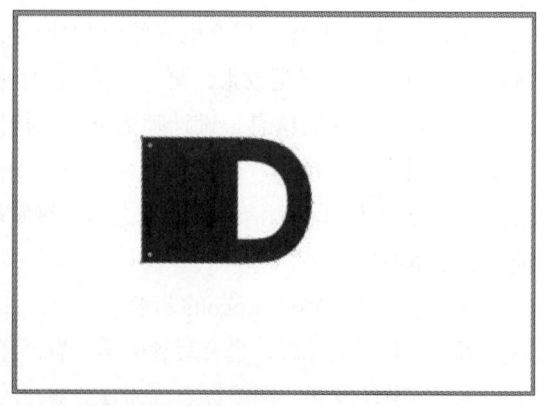

图 7-74　　　　　　　　　　图 7-75

步骤 05 选择"矩形工具",绘制矩形覆盖文字,如图7-76所示。

步骤 06 执行"窗口"→"渐变"命令,在弹出的"渐变"面板中创建黑白渐变,如图7-77所示。

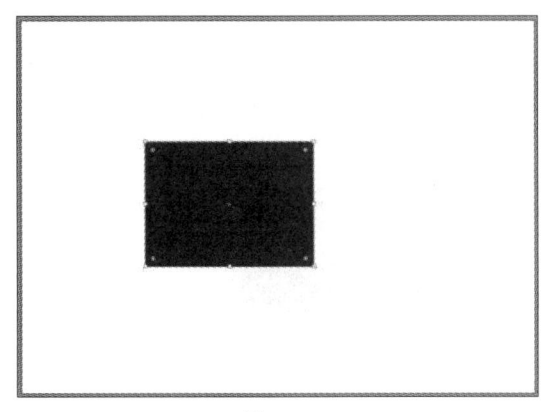

图 7-76 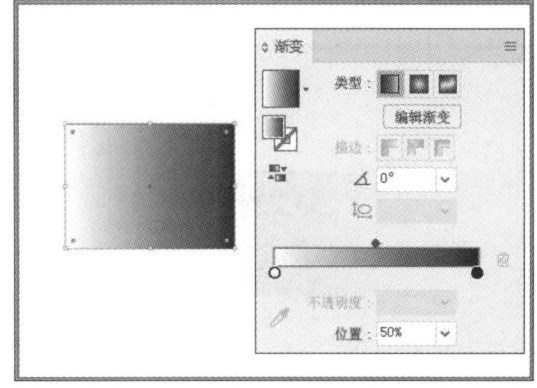　　　　　　　　　　图 7-77

步骤 07 执行"效果"→"像素化"→"铜板雕刻"命令,在弹出的"铜板雕刻"对话框设置参数,单击"确定"按钮,如图7-78和图7-79所示。

图 7-78 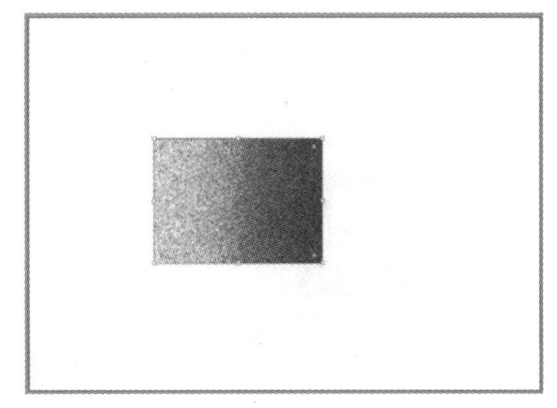　　　　　　　　　　图 7-79

步骤 08 执行"对象"→"扩展外观"命令,如图7-80所示。

步骤 09 单击控制栏中的"图形描摹"按钮,如图7-81所示。

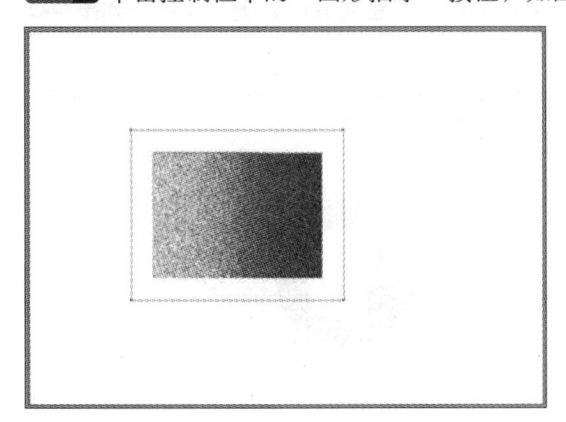

图 7-80 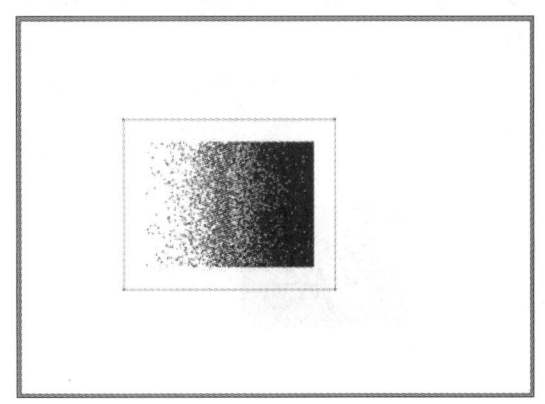　　　　　　　　　　图 7-81

步骤 10 单击"扩展"按钮,如图7-82所示。

步骤 11 右击鼠标,在弹出的快捷菜单中选择"取消编组"选项,执行"对象"→"扩展"命令,如图7-83所示。

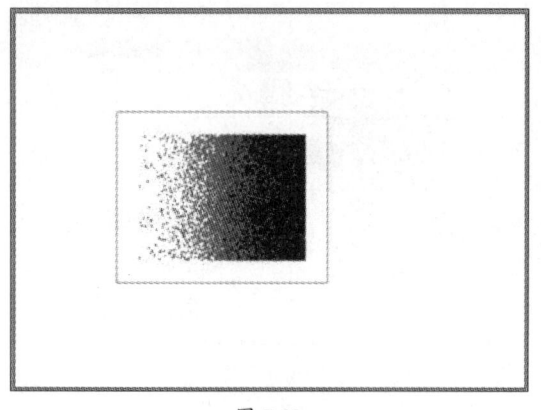

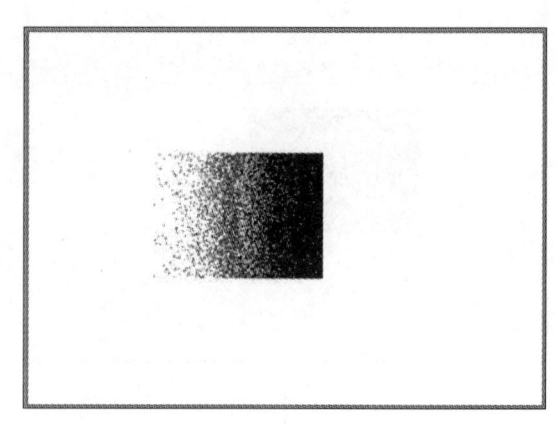

图 7-82

图 7-83

步骤 12 选中白色区域,执行"选择"→"相同"→"填充颜色"命令,如图7-84所示。

步骤 13 按Delete键删除该对象,如图7-85所示。

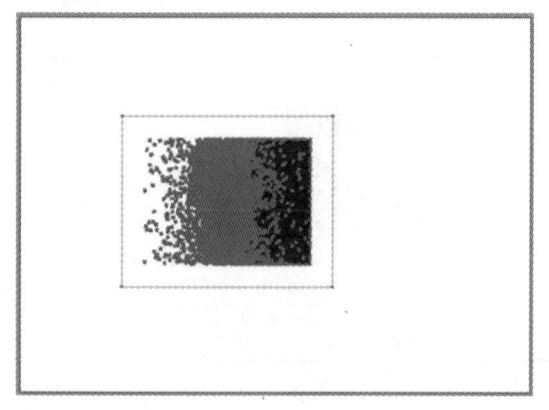

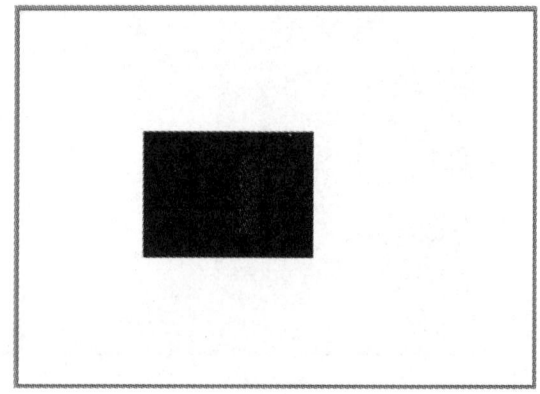

图 7-84

图 7-85

步骤 14 选中文字图层,右击鼠标,在弹出的快捷菜单中选择"置于顶层"选项,如图7-86所示。

步骤 15 选中全部图层,右击鼠标,在弹出的快捷菜单中选择"建立剪切蒙版"选项,如图7-87所示。

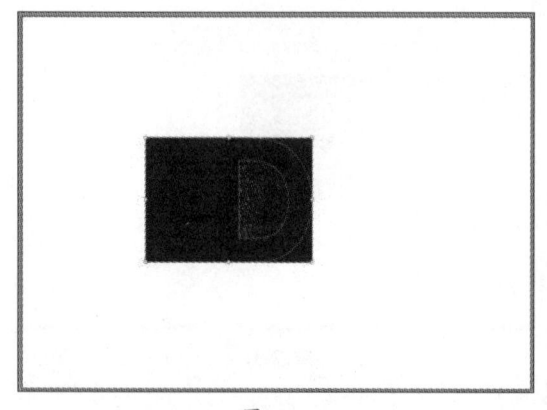

图 7-86

图 7-87

步骤 16 选中文字图层，按住Shift键等比例放大至合适位置，如图7-88所示。

步骤 17 选择"文字工具"，输入文字，如图7-89所示。

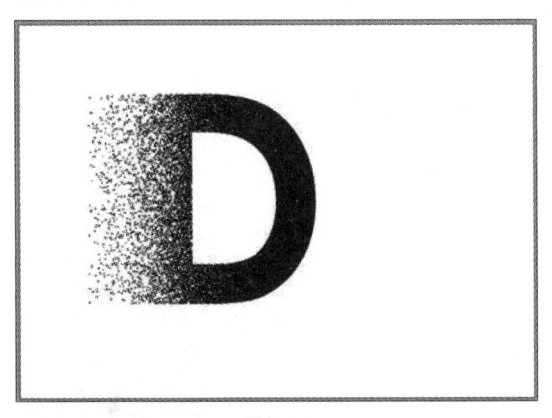

图 7-88

图 7-89

步骤 18 使用同样的方法，对此文字图层制作粒子效果，如图7-90所示。

步骤 19 选择"文字工具"，输入两组文字，如图7-91所示。

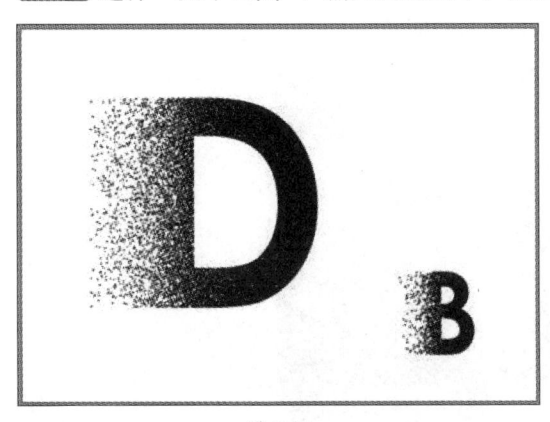

图 7-90

图 7-91

步骤 20 选择"矩形工具"，绘制两个矩形，如图7-92所示。

步骤 21 执行"文件"→"置入"命令，置入图像，如图7-93所示。

图 7-92

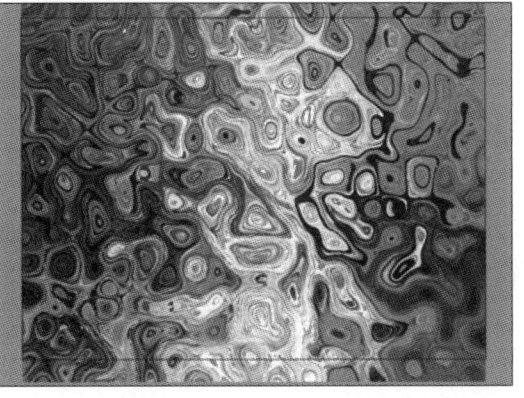

图 7-93

步骤22 选择"矩形工具",绘制矩形,如图7-94所示。

步骤23 按住Shift键选择置入的图像,右击鼠标,在弹出的快捷菜单中选择"建立剪切蒙版",如图7-95所示。

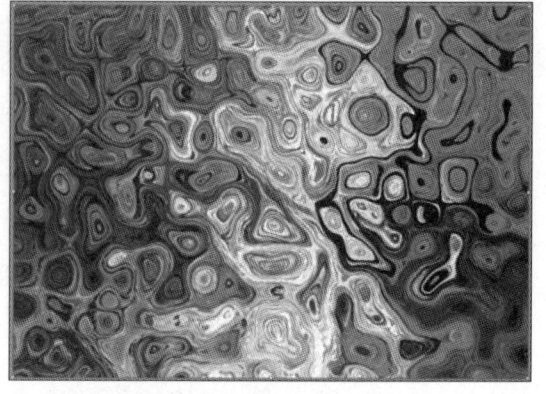

图 7-94　　　　　　图 7-95

步骤24 右击鼠标,在弹出的快捷菜单中选择"置于底层"选项,如图7-96所示。

步骤25 在控制栏中设置不透明度为5%,最终效果如图7-97所示。

图 7-96

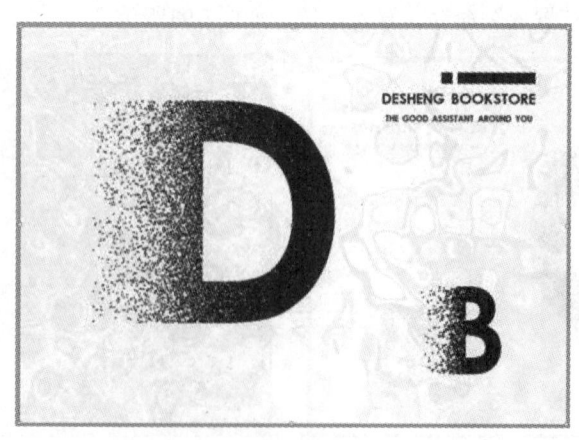

图 7-97

至此,完成粒子文字效果海报。

第8章
图表的绘制与编辑

内容概要

"图表"是一种非常直观而明确的数据展示方式，有自身的表达特性，尤其在对时间、空间等概念的表达和一些抽象内容的表达上，更是具有文字和言辞无法取代的传达效果。图表具有信息表达的可读性、准确性以及设计的艺术性等特点。

知识要点

- 图表工具组。
- "图表类型"对话框。
- 坐标轴设置。
- 图表设计和标记设计。

数字资源

【本章案例素材来源】："素材文件\第8章"目录下
【本章案例最终文件】："素材文件\第8章\实训案例\制作饼图图表.ai"

8.1 图表工具组

在Illustrator中使用"图表工具组"可以绘制柱形图、堆积柱形图、条形图、堆积条形图、折线图、面积图、散点图、饼图和雷达图。在工具箱中长按或右击"柱形图工具"，展开其工具组，如图8-1所示。

图 8-1

■ 8.1.1 柱形图工具

"柱形图工具"是最常用的图表绘制工具，使用此工具创建的图表用垂直柱形来表示数值，柱形的高度对应于其数据量值。可以组合显示正值和负值，负值显示为在水平轴下方延伸的柱形。

选择"柱形图工具"直接拖动绘制图表，或在绘图区单击，弹出"图表"对话框，在"宽度"和"高度"选项的文本框中输入图表的宽度和高度数值，如图8-2所示。单击"确定"按钮将自动在页面中建立图表，同时弹出图表数据输入框，在框中输入参数，单击"应用"按钮即可生成该数据的图表，如图8-3所示。

图 8-2 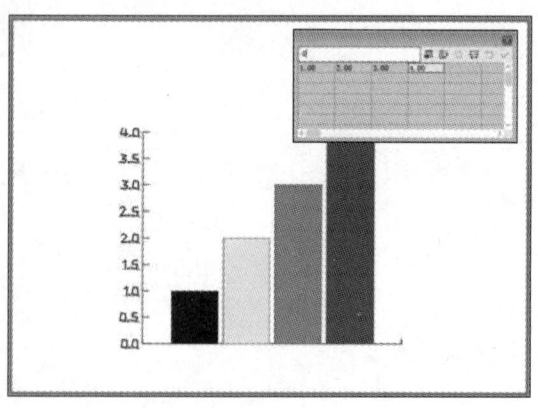　　　　　　　图 8-3

若要对图表中的数据进行更改，可以先选中要修改的图表，在图表数据输入框中修改数据，设置好数据后，再单击"应用"按钮，将修改好的数据应用到选定的图表中，如图8-4和图8-5所示。

图 8-4

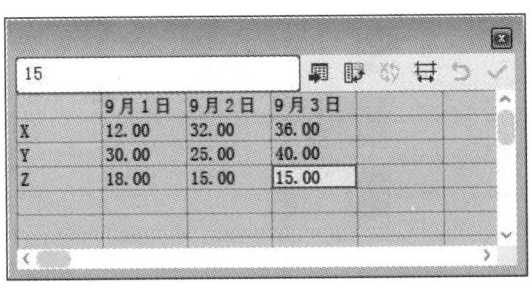

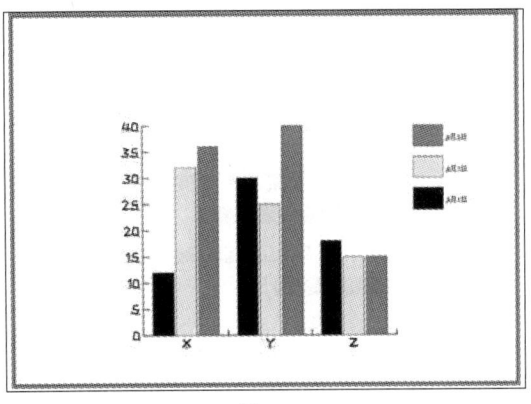

图 8-5

■ 8.1.2 堆积柱形图工具

"堆积柱形图工具" 与 "柱形图工具" 创建的图表相似，柱形图表显示为单一的数据比较，而堆积柱形图表显示的是全部数据总和的比较。柱形的高度对应于参加比较的数据量值。对于堆积柱形图表，数字必须全部为正数或全部为负数。因此，在进行数据总量的比较时，可用堆积柱形图表来表示。

右击鼠标，在弹出的快捷菜单中选择"类型"选项，弹出"图表类型"对话框，在"类型"选项组中单击"堆积柱形图工具"按钮，单击"确定"按钮即可转换为图表类型，如图8-6和图8-7所示。

图 8-6

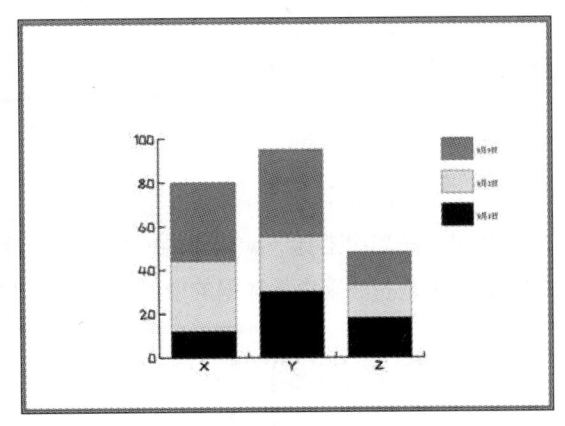

图 8-7

提示：在"图表类型"对话框中可以对图表的"列宽"和"簇宽度"进行调整。

■ 8.1.3 条形图与堆积条形图工具

使用"条形图工具"创建的图表是以水平方向上的矩形来显示图表中的数据，如图8-8所示。"堆积条形图工具"与"堆积柱形图工具"创建的图表相似，但是堆积条形图表是以水平方向的矩形条来显示数据总量的，与堆积柱形图表正好相反，如图8-9所示。

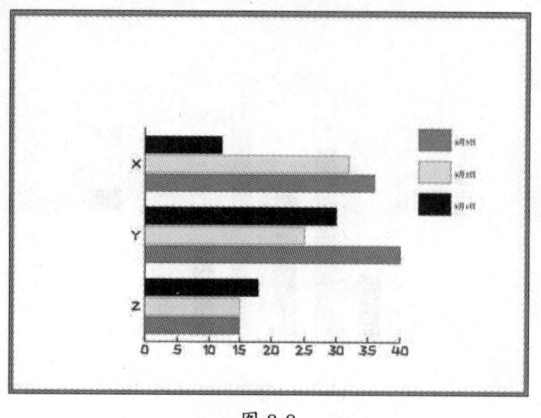

图 8-8

图 8-9

■ 8.1.4 折线图工具

使用"折线图工具" 创建的折线图表，可以显示出某种事物随时间变化的发展趋势，能明显地表现出数据的变化走向。折线图表也是一种比较常见的图表，给人以直接明了的视觉效果，如图8-10所示。

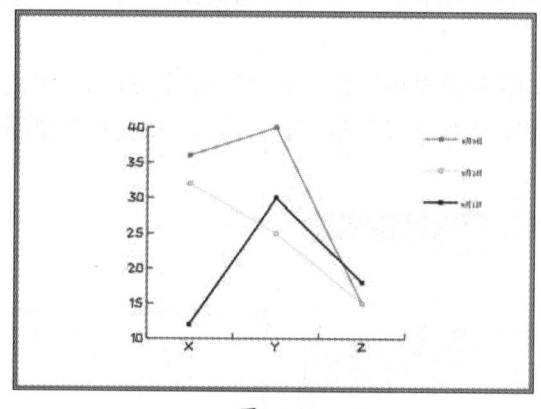

图 8-10

■ 8.1.5 面积图工具

使用"面积图工具" 创建的面积图表与折线图表类似，区别在于面积图表是利用折线下的面积而不是折线来表示数据的变化情况，如图8-11所示。

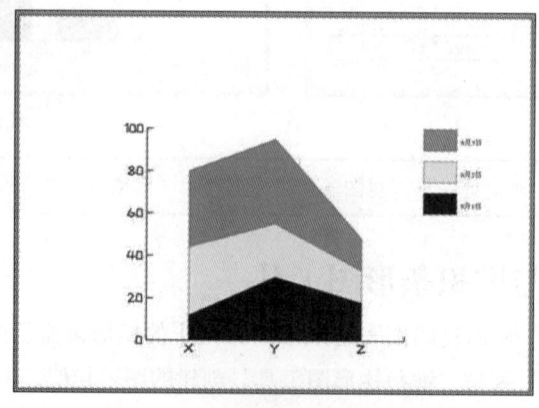

图 8-11

8.1.6 散点图工具

使用"散点图工具"创建的散点图表,可以将两种有对应关系的数据同时在一个图表中表现出来。散点图表的横坐标与纵坐标都是数据坐标,两组数据的交叉点形成了坐标点。如图8-12和图8-13所示。

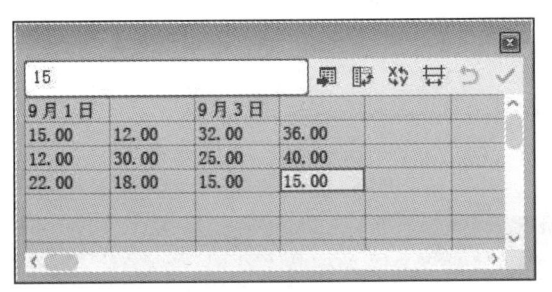

图 8-12

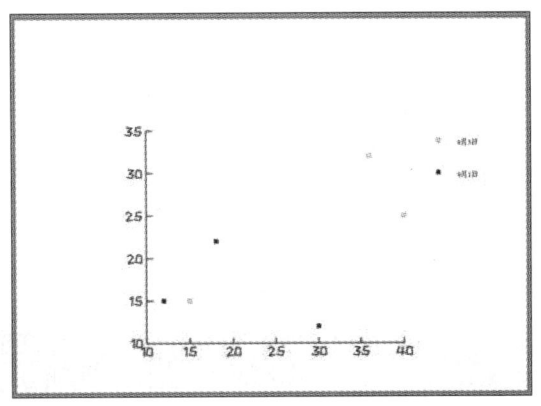

图 8-13

8.1.7 饼图工具

使用"饼图工具"创建的饼图是一种常见的图表,适用于一个整体中各组成部分的比较,该类图表应用的范围比较广。饼图的数据整体显示为一个圆,每组数据按照其在整体中所占的比例,以不同颜色的扇形区域显示出来。在"图表类型"对话框中可以设置饼图图表的"图例""排序"和"位置"参数,如图8-14和图8-15所示。

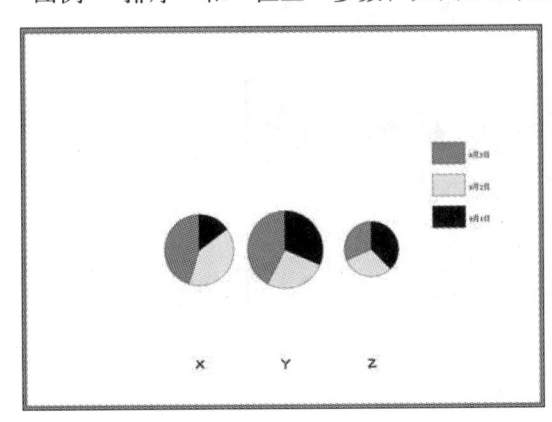

图 8-14

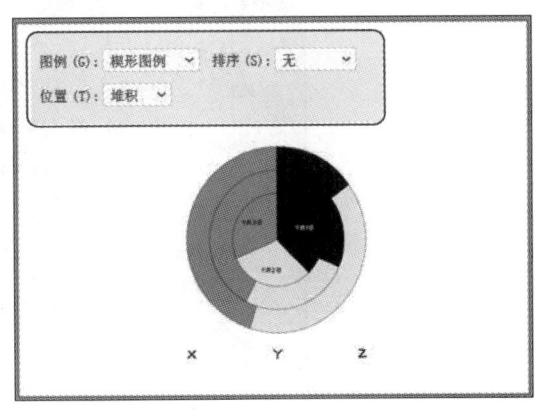

图 8-15

8.1.8 雷达图工具

使用"雷达图工具"创建的雷达图表是以一种环形的形式对图表中的各组数据进行比较,形成比较明显的数据对比,雷达图表适合表现一些变化悬殊的数据,如图8-16所示。

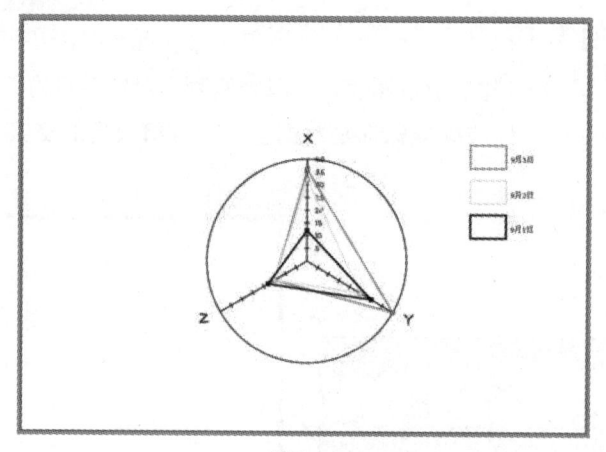

图 8-16

8.2 编辑图表

在Illustrator中可以调整各种类型图表的选项，可以更改某一组数据，还可以解除图表组合、应用笔画或填充颜色等。

■ 8.2.1 "图表类型"对话框

执行"对象"→"图表"→"类型"命令，或双击任意图表工具，在弹出的"图表类型"对话框中可以更改图表的类型，或是对图表的样式、选项及坐标轴进行设置，如图8-17所示。

图 8-17

该对话框中各选项的含义如下：

- **图表类型** ⏢ ⏢ ⏢ ⏢ ⏢ ⏢ ⏢ ⏢：选择更换的图表类型按钮，单击"确定"按钮，即可将页面中选择的图表更改为选定的图表类型。

- **数值轴** 数值轴(X): 位于左侧 ：除了饼形图表、雷达图表外，其他类型的图表都有一条数值坐标轴。在"数值轴"选项下拉列表中包括"位于左侧""位于右侧"和"位于两侧"3个选项，分别用来指定图表中坐标轴的位置。选择不同的图表类型，其"数值轴"中的选项也不完全相同。
- **添加投影**：在图表中添加一种阴影效果，使图表的视觉效果更加强烈。
- **在顶部添加图例**：图例将显示在图表的上方。
- **第一行在前**：图表数据输入框中第1行的数据所代表的图表元素在前面。
- **第一列在前**：图表数据输入框中第1列的数据所代表的图表元素在前面。

除了面积图表，其余的图表都有附加选项，柱形图表、堆积柱形图表，附加选项内容如图8-18所示；条形图表、堆积条形图表，附加选项内容如图8-19所示。

图 8-18　　　　图 8-19

- **列宽**：是指图表中每个柱形条的宽度。
- **条形宽度**：是指图表中每个条形的宽度。
- **簇宽度**：是指所有柱形或条形所占据的可用空间。

折线图表、雷达图表，附加选项内容如图8-20所示。散点图表没有"线段边到边跨X轴"选项。

图 8-20

- **标记数据点**：选中后将使数据点显示为正方形，否则直线段中间的数据点不显示。
- **连接数据点**：选中后将在每组数据点之间进行连线，否则只显示一个个孤立的点。
- **线段边到边跨X轴**：连接数据点的折线将贯穿水平坐标轴。
- **绘制填充线**：选项将激活其下方的"线宽"数值框。

饼图图表附加选项内容如图8-21所示。

图 8-21

- **无图例**：完全忽略图例。
- **标准图例**：在图表外侧放置列标签，这是默认设置。将饼图与其他种类的图表组合显示时使用此选项。
- **楔形图例**：将标签插入相应的楔形中。
- **比例**：将按比例显示各个饼图的大小。
- **相等**：使所有饼图的直径相等。
- **堆积**：每个饼图相互堆积，每个图表按相互比例调整大小。
- **全部**：在饼图顶部按顺时针顺序从最大到最小值，对所选饼图的楔形进行排序。
- **第一个**：对所选饼图的楔形进行排序，将第1幅饼图中的最大值放置在第1个楔形中，其他将按从最大到最小排序。所有其他图表将遵循第1幅图表中楔形的顺序。
- **无**：从图表顶部按顺时针方向输入数值的顺序，将所选饼图按楔形排序。

8.2.2 设置坐标轴

在"图表类型"对话框顶部的下拉列表中选择"数值轴"选项，如图8-22所示。

图 8-22

该对话框中各选项的含义如下：

- **刻度值**：选中"忽略计算出的值"选项时，下方的3个数值框将被激活。
- **最小值**：设置坐标轴的起始值，也就是图表原点的坐标值。
- **最大值**：设置坐标轴的最大刻度值。
- **刻度**：设置将坐标轴上下分为多少部分。
- **长度**：该选项的下拉列表中包括3项，选择"无"选项，表示不使用刻度标记；选择"短"选项，表示使用短的刻度标记；选择"全宽"选项，刻度线将贯穿整个图表。

- **绘制**：表示相邻两个刻度间的刻度标记条数。
- **前缀**：在数值前加符号。
- **后缀**：在数值后加符号。

8.2.3 图表设计

绘制一个图形对象，如图8-23所示。执行"对象"→"图表"→"设计"命令，在弹出的"图表设计"对话框中，单击"新建设计"按钮，在弹出的对话框中单击"重命名"按钮进行重命名，单击"确定"按钮，效果如图8-24所示。

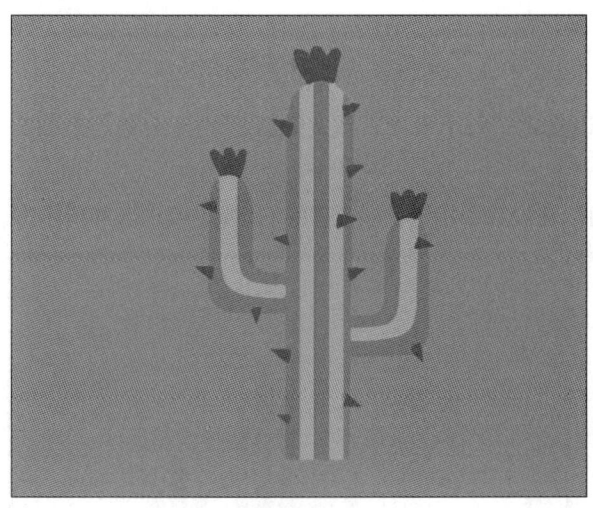

图 8-23 　　　　　　　　　　　图 8-24

选中图表，执行"对象"→"图表"→"柱形图"命令，在弹出的"图表列"对话框中选择"仙人掌"选项，在"列类型"中可选择不同的显示方式，如图8-25和图8-26所示。

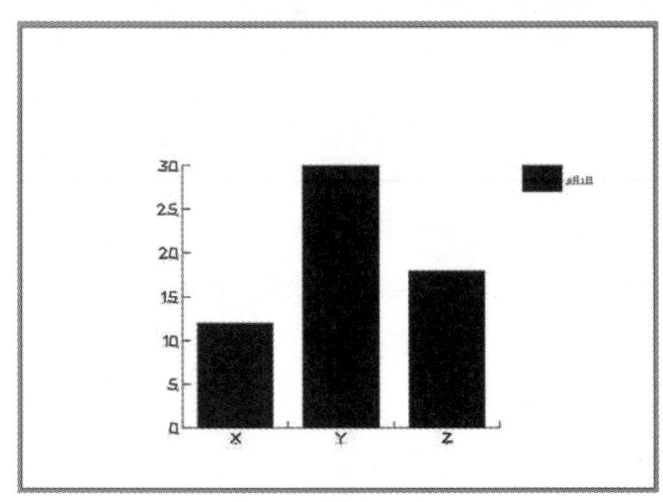

图 8-25 　　　　　　　　　　　图 8-26

"列类型"下拉列表中各选项的含义如下：
- **垂直缩放**：在垂直方向进行伸展或压缩，不改变宽度，如图8-27所示。
- **一致缩放**：在水平和垂直方向同时等比缩放，如图8-28所示。

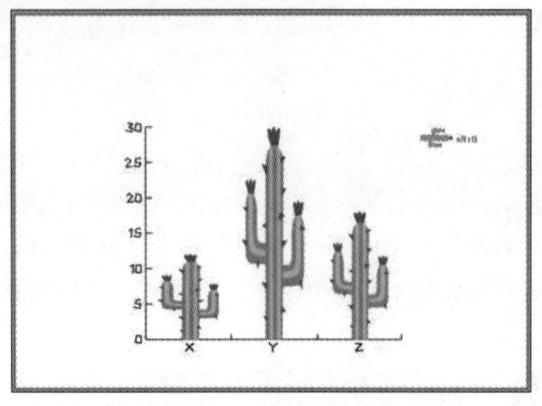

图 8-27 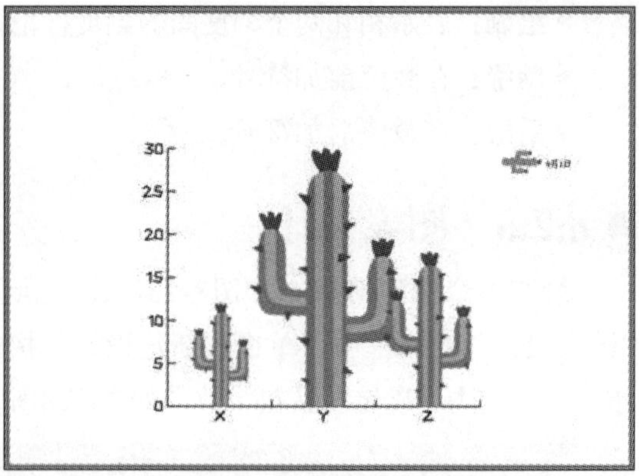　　　　　　　　　　　　　　　　　图 8-28

- **重复堆叠**：堆积设计以填充柱形。可以指定"每个设计表示"的值，"对于分数"是截断还是缩放设计，如图8-29所示。
- **局部缩放**：与垂直缩放设计类似，但可以在设计中指定伸展或压缩的位置，如图8-30所示。

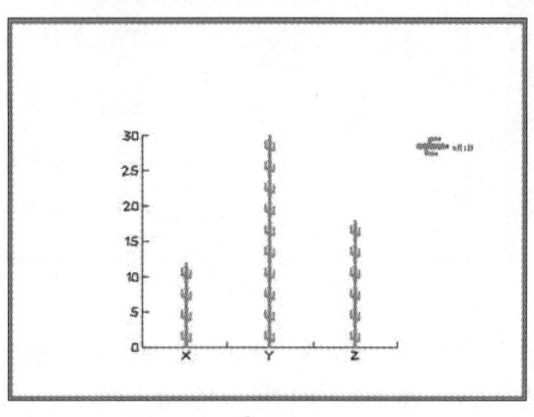

图 8-29 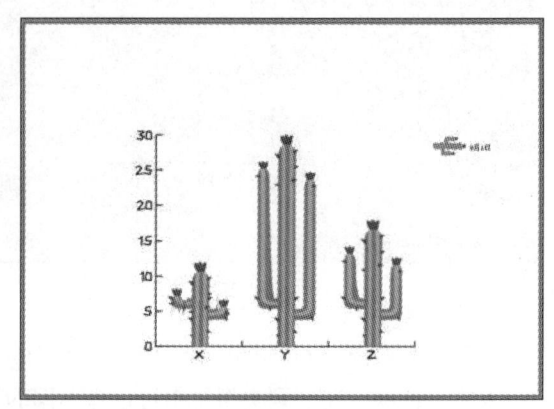　　　　　　　　　　　　　　　　　图 8-30

实训案例　制作饼图图表

案 / 例 / 描 / 述

本案例设计的是个性化图表。在实操中主要用到的知识点有新建文档、饼图工具、吸管工具、填充、编组、钢笔工具、文字工具等。

案 / 例 / 详 / 解

下面将对案例的制作过程进行详细讲解。

步骤 01 打开Illustrator软件，执行"文件"→"新建"命令，打开"新建文档"对话框，设置参数，单击"创建"按钮即可，如图8-31所示。

步骤 02 选择"饼图工具"，在绘图区单击，在弹出的"图表"对话框中设置参数，如图8-32所示。

图 8-31 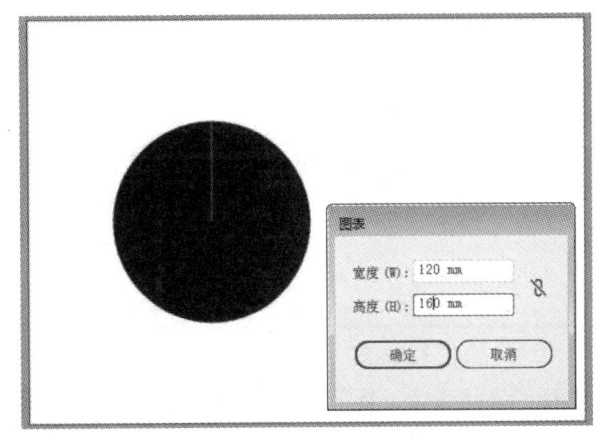　　　　　　　　　　　　　　　　　　图 8-32

步骤 03 在弹出的图表数据输入框中输入参数，单击"应用" ✓ 按钮，应用该数据生成饼图，如图8-33和图8-34所示。

图 8-33 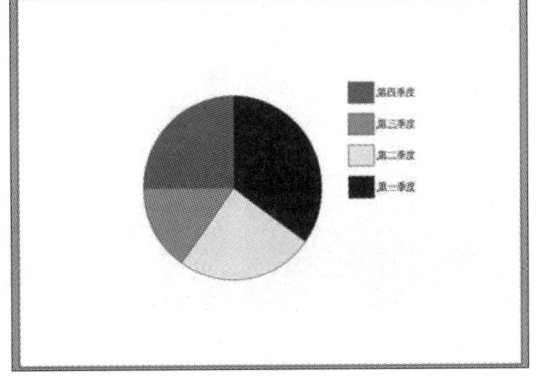　　　　　　　　　　　　　　　　　　图 8-34

步骤 04 选中图表，在属性栏中将描边设置为无 ⌀ ✓，如图8-35所示。

步骤 05 选择"直接选择工具"，单击左侧饼图中的第四季度图，在控制栏的"填充"下拉框中选择蓝色，如图8-36所示。

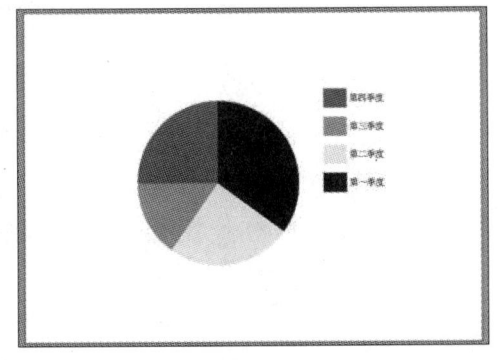

图 8-35 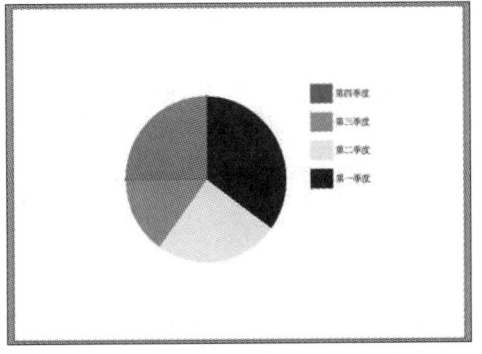　　　　　　　　　　　　　　　　　　图 8-36

步骤06 选择"直接选择工具",单击右侧图例中第四季度前面的色块,选择"吸管工具"吸取饼图中第四季度图的颜色,如图8-37所示。

步骤07 使用同样方法,调整剩下的3组,如图8-38所示。

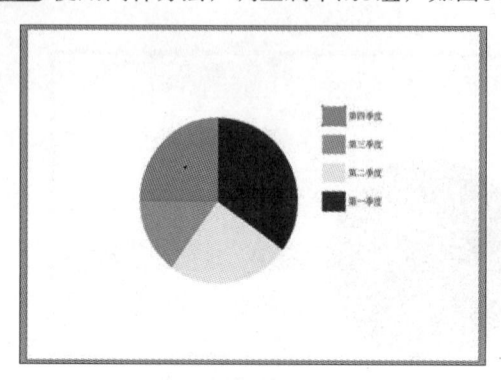

图 8-37 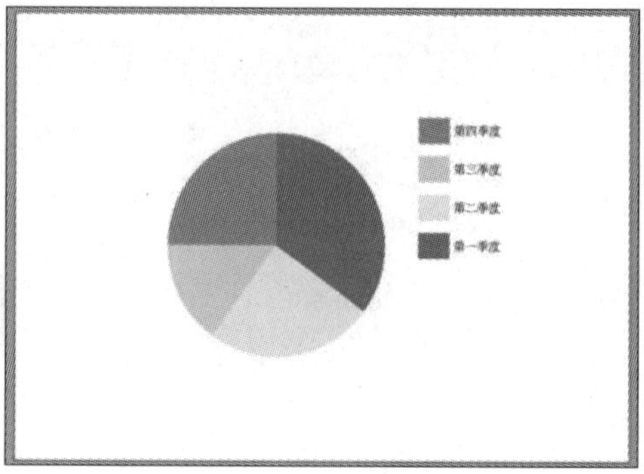　　　　　　　　　　　图 8-38

步骤08 选择"直接选择工具",先单击选中右侧的第四季度的色块,然后按住Shift键单击饼图中第四季度图,双击工具箱中的"填色"按钮,在弹出的"拾色器"中设置颜色参数,如图8-39所示。

步骤09 效果如图8-40所示。

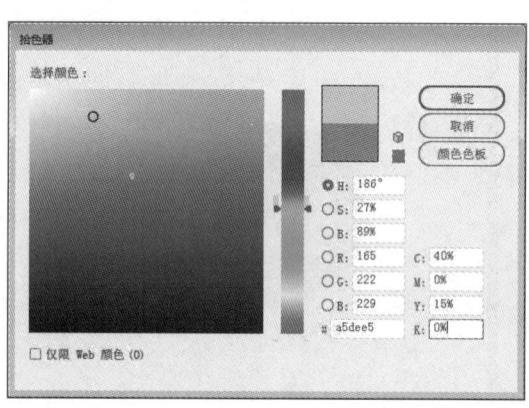

图 8-39 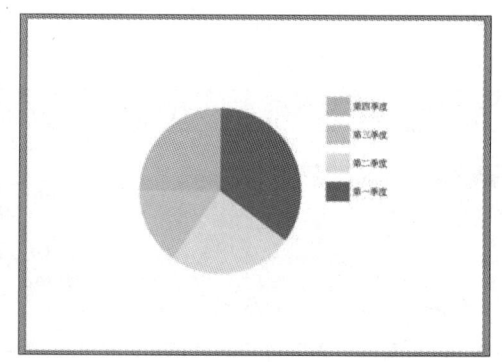　　　　　　　　　　　图 8-40

步骤10 使用同样方法,调整剩下的3组,如图8-41所示。

步骤11 选中饼图组,执行"对象"→"取消编组"命令,弹出提示框,单击"是"按钮,如图8-42所示。

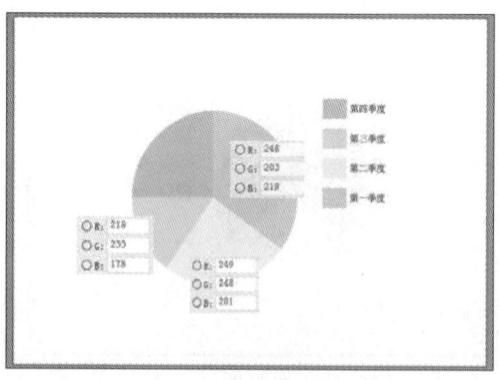

图 8-41 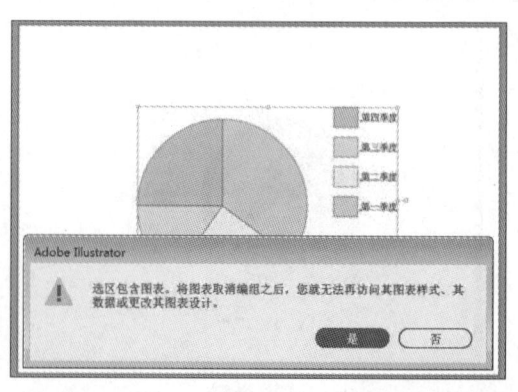　　　　　　　　　　　图 8-42

步骤 12 右击鼠标，在弹出的快捷菜单中选择"取消编组"选项，此时文字旁边的矩形色块编组和饼图编组，会依次被取消编组，如图8-43所示。

步骤 13 选择"椭圆工具"，按Shift+Alt组合键绘制以起点为中心的正圆形，如图8-44所示。

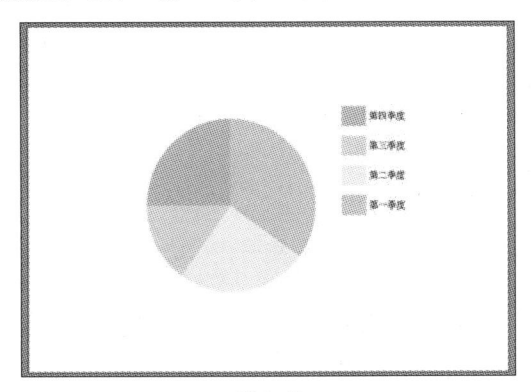

图 8-43 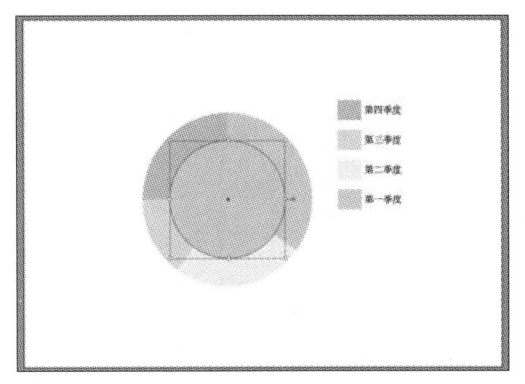　　　　　　　　　　　图 8-44

步骤 14 选中饼图图表和正圆形，执行"窗口"→"路径查找器"命令，在弹出的"路径查找器"面板中单击"分割"按钮，效果如图8-45所示。

步骤 15 选择"直接选择工具"，选中中间的圆形，按Delete键删除，如图8-46所示。

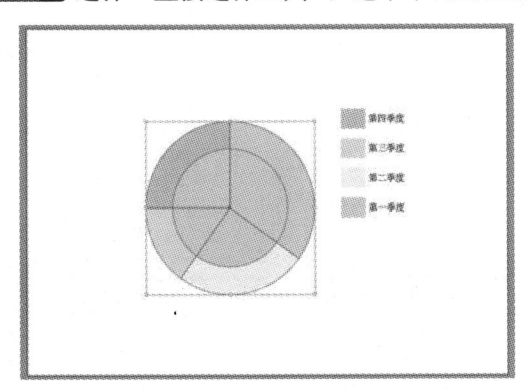

图 8-45 　　　　　　　　　　　图 8-46

步骤 16 选择"钢笔工具"，绘制小三角，在"路径查找器"面板中单击"联集"按钮，如图8-47所示。

步骤 17 选中饼图图表，按Ctrl+G组合键创建编组，按Ctrl+C组合键复制，按Ctrl+F组合键贴在前面，如图8-48所示。

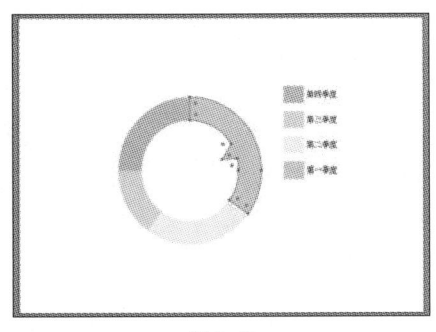

图 8-47 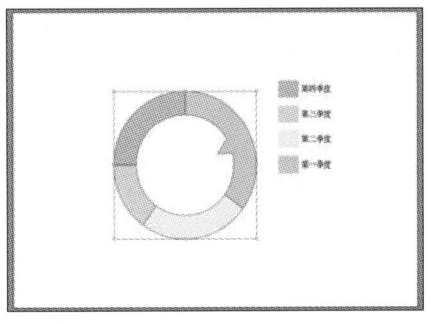　　　　　　　　　　　图 8-48

步骤18 执行"窗口"→"图层"命令，在弹出的"图层"面板中选中底层的饼图图表，如图8-49所示。

步骤19 在属性栏的"填充"下拉框中设置颜色，并将填充的图层向右下方平移，如图8-50所示。

图 8-49

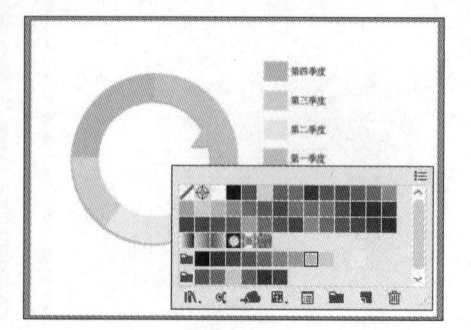

图 8-50

步骤20 选择"文字工具"，输入文字，如图8-51所示。

步骤21 继续输入文字，并调整整体位置，最终效果如图8-52所示。

图 8-51

图 8-52

至此，完成饼图图表的制作。

第 9 章
符号的绘制与编辑

内容概要

"符号"类似于Photoshop中的喷枪工具所产生的效果,用它可完整地绘制一个预设的图案,此功能常用于制作大量重复的图形元素。本章将详细地讲解符号工具组、"符号"面板以及符号库的使用方法。

知识要点

- "符号"面板。
- 符号库。
- 符号工具组。

数字资源

【本章案例素材来源】:"素材文件\第9章"目录下
【本章案例最终文件】:"素材文件\第9章\实训案例\制作宣传海报.ai"

9.1 "符号"面板与符号库

"符号"是Illustrator中绘制大量重复元素必不可缺的一个图形对象。若要创建符号，需要在"符号"面板中选择合适的符号进行添加；想选择更多的符号，可以在符号库中选择添加。

9.1.1 "符号"面板

执行"窗口"→"符号"命令，弹出"符号"面板，如图9-1所示。

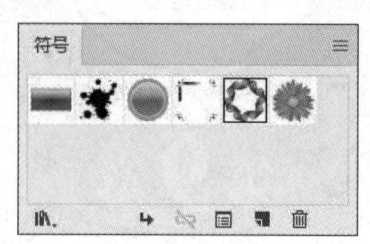

图 9-1

该面板中各个按钮的含义介绍如下：

- 置入符号实例：选择一种符号后，单击该按钮可将选定的符号置入绘图区。
- 断开符号实例：单击该按钮可取消符号样本的群组，以便对原符号样本进行一些修改。
- 符号选项：单击该按钮，可以方便地将已应用到页面中的符号样本替换为其他的符号样本。
- 新建符号：单击该按钮可将选择的图形添加为符号样本。
- 删除符号：单击该按钮可删除所选取的符号样本。
- 符号库菜单：单击该按钮可选择符号库里的符号样本。

9.1.2 符号库

在"符号"面板中单击"符号库菜单"按钮，会弹出快捷菜单，如图9-2和图9-3所示。

图 9-2   图 9-3

在菜单中任选一个选项，即可弹出该选项的面板，例如，选择"自然"选项，打开"自然"面板，如图9-4所示。在面板中选择一个符号样本，"符号"面板中会随即添加此符号样本，如图9-5所示。

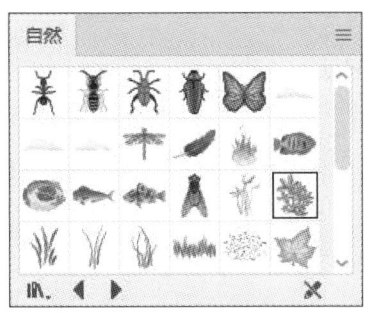

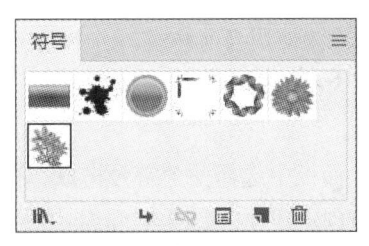

图 9-4

图 9-5

9.2 添加符号对象

在文档中添加符号对象，可以通过"符号"面板直接添加。若要大量添加多个符号对象，可以使用"符号喷枪工具"。

9.2.1 符号喷枪工具

使用"符号喷枪工具"可以将在"符号"面板中选中的符号样本置入绘图区。在工具箱中双击"符号喷枪工具"，弹出"符号工具选项"对话框，如图9-6所示。

图 9-6

该对话框中各个选项的含义介绍如下：
- **直径**：设置画笔的直径，是指选取符号工具后鼠标光标的形状大小。
- **强度**：设置拖动鼠标时符号图形随鼠标变化的速度，数值越大，被操作的符号图形变化得越快。
- **符号组密度**：设置符号集合中包含符号图形的密度，数值越大，符号集合包含的符号图形数目越多。

- **紧缩**：预设为基于原始符号大小。
- **大小**：预设为使用原始符号大小。
- **旋转**：预设为使用鼠标方向（若鼠标不移动则没有方向）
- **滤色**：预设为使用100%不透明度。
- **染色**：预设为使用当前填充颜色和完整色调量。
- **样式**：预设为使用当前样式。
- **显示画笔大小和强度**：选中该复选框，在使用符号工具时可以看到画笔；不选此选项则隐藏画笔。

在"符号"面板中选择一个符号样板，在工具箱中选择"符号喷枪工具"，在绘图区任意位置单击，即可创建图像，如图9-7和图9-8所示。

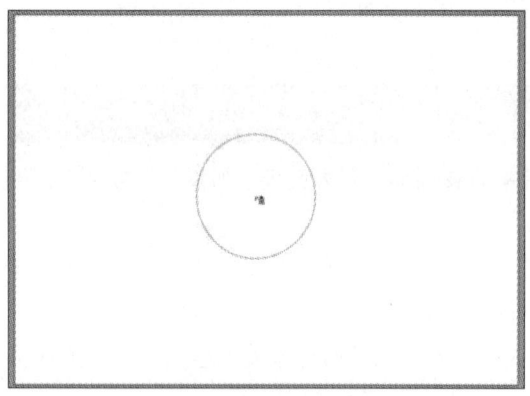

图 9-7

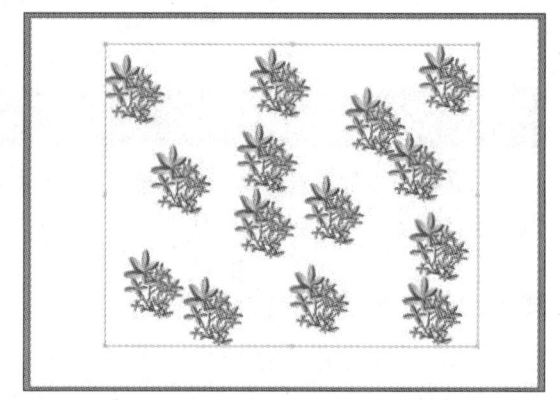

图 9-8

9.2.2 编辑符号对象

"符号"不能像矢量图形一样对其路径进行编辑。若要对细节进行编辑，需要执行"断开"操作。选择置入的符号，在"符号"面板底部单击"断开符号实例"按钮，符号对象转换为图形对象，如图9-9和图9-10所示。

图 9-9

图 9-10

断开的符号呈编组状态，右击鼠标，在弹出的快捷菜单中选择"取消编组"选项。取消编组后，便可以对该图形进行移动、旋转、描边和变形等操作，如图9-11和图9-12所示。

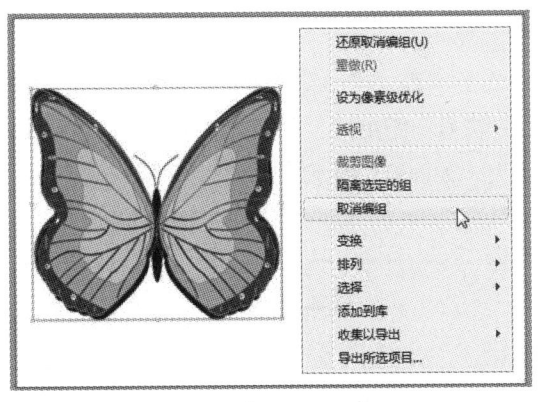

图 9-11 　　　　　　　　　　　　　　　　图 9-12

另一种方法是选中符号对象，执行"对象"→"扩展"命令，在弹出的"扩展"对话框中选择扩展的内容，单击"确定"按钮，则扩展后的符号对象即转换为可编辑的图形对象。

9.3　调整符号对象效果

选择符号工具组中的其他工具可以对符号对象的位置、大小、不透明度、方向、颜色和样式等属性进行调整。在工具箱中长按或右击"符号喷枪工具"，展开其工具组，如图9-13所示。

图 9-13

■ 9.3.1　移动符号

使用"符号移位器工具" ，可以更改该符号组中符号实例的位置。选中符号对象，选择"符号移位器工具"，在符号上按住鼠标左键拖动，即可调整其位置，如图9-14和图9-15所示。

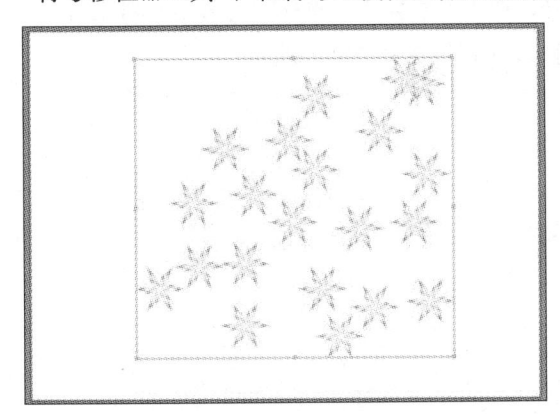

图 9-14 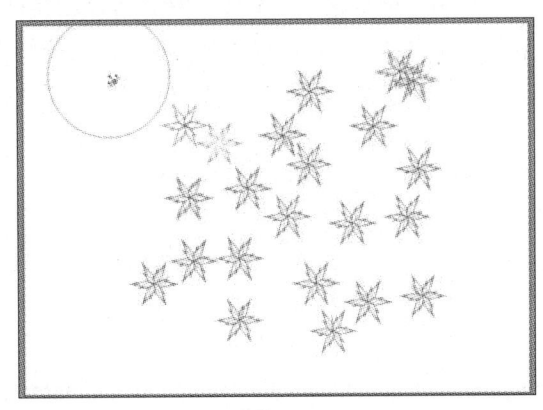　　　　　　　　　　　　　　　　图 9-15

· 181 ·

9.3.2 调整符号间距

使用"符号紧缩器工具" ，可以调整符号分布的间距。选中符号对象，选择"符号紧缩器工具"，在符号上按住鼠标左键拖动，即可使部分符号间距缩短，如图9-16所示；按住Alt键的同时按住鼠标左键拖动，即可使部分符号间距增大，如图9-17所示。

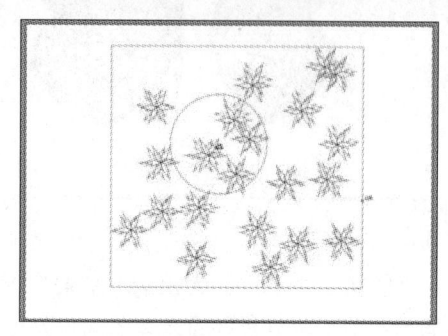

图 9-16 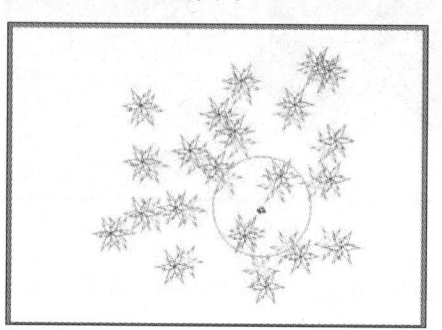　　　　　　　　　　　　图 9-17

9.3.3 调整符号大小

使用"符号缩放器工具" ，可以调整符号大小。选中符号对象，选择"符号缩放器工具"，在符号上单击或按住鼠标左键拖动，即可使部分符号增大，如图9-18所示；按住Alt键的同时按住鼠标左键拖动，即可使部分符号变小，如图9-19所示。

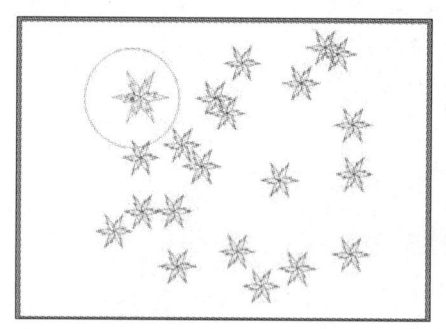

图 9-18 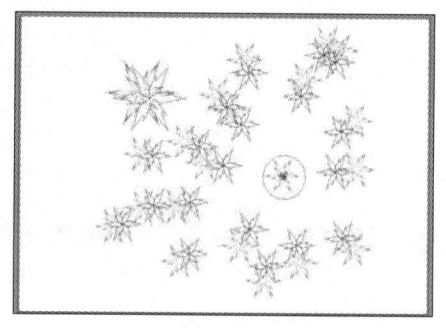　　　　　　　　　　　　图 9-19

9.3.4 旋转符号

使用"符号旋转器工具" ，可以旋转符号。选中符号对象，选择"符号旋转器工具"，在符号上单击或按住鼠标左键拖动，即可旋转符号，如图9-20和图9-21所示。

图 9-20 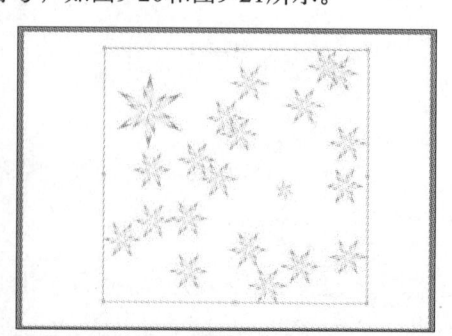　　　　　　　　　　　　图 9-21

■ 9.3.5 调整符号颜色

使用"符号着色器工具" ，可以调整符号颜色。在控制栏或工具箱中设置颜色，选中符号对象，选择"符号着色器工具"，在符号上单击即可调整符号颜色；在符号上按住鼠标左键拖动，符号的颜色逐渐更改为选定颜色，涂抹次数越多，颜色变化越大，如图9-22和图9-23所示。

图 9-22 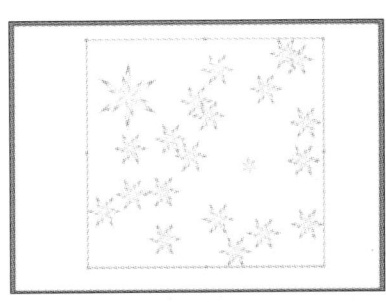   图 9-23

■ 9.3.6 调整符号透明度

使用"符号滤色器工具" ，可以调整符号的透明度。选中符号对象，选择"符号滤色器工具"，在符号上单击或按住鼠标左键拖动，即可使其变为半透明效果，涂抹次数越多，图形越透明，如图9-24所示；按住Alt键的同时按住鼠标左键拖动，即可使其变得不透明，如图9-25所示。

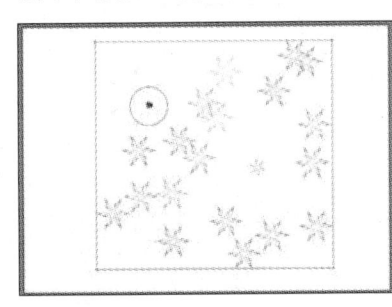

图 9-24    图 9-25

■ 9.3.7 添加图形样式

使用"符号样式器工具" ，配合"图形样式"面板可在符号上添加或删除图形样式。选中符号，选择"符号样式器工具"，执行"窗口"→"图形样式"命令，弹出"图形样式"面板，选择一个图形样式，在符号上单击或按住鼠标左键拖动，即可在原符号基础上添加图形样式，如图9-26所示；按住Alt键的同时按住鼠标左键拖动，可将添加的图形样式清除，如图9-27所示。

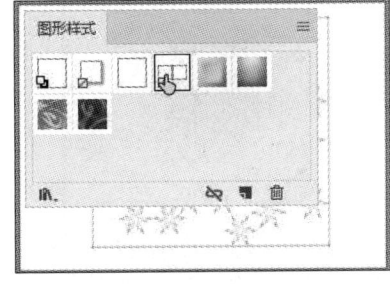

图 9-26 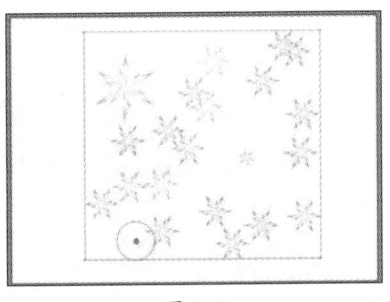   图 9-27

Illustrator图形制作

实训案例 制作宣传海报

案/例/描/述

本案例设计的是宣传海报。在实操中主要用到的知识点有新建文档、矩形工具、"符号"面板、符号喷枪工具、文字工具等。

案/例/详/解

下面将对案例的制作过程进行详细讲解。

步骤 01 打开Illustrator软件，执行"文件"→"新建"命令，打开"新建文档"对话框，设置参数，单击"创建"按钮即可，如图9-28所示。

步骤 02 选择"矩形工具"，绘制文档等大的矩形并填充颜色，执行"窗口"→"图层"命令，在弹出的"图层"面板中锁定该图层，如图9-29所示。

图 9-28

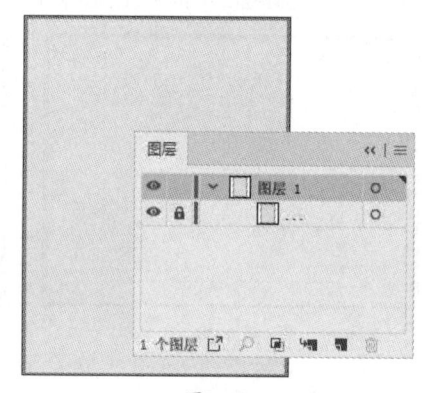

图 9-29

步骤 03 执行"窗口"→"符号"命令，弹出"符号"面板，设置参数，单击"符号库菜单"按钮，在弹出的快捷菜单中选择"点状图案矢量包"选项，在弹出的"点状图案矢量包"面板中选择"点状图案矢量包-12"选项，如图9-30所示。

步骤 04 选择"符号喷枪工具"，在绘图区单击应用，如图9-31所示。

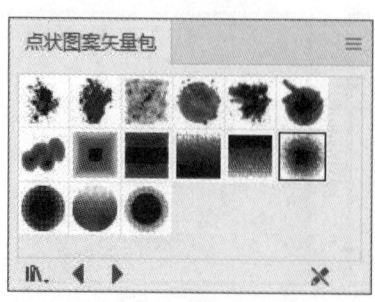

图 9-30

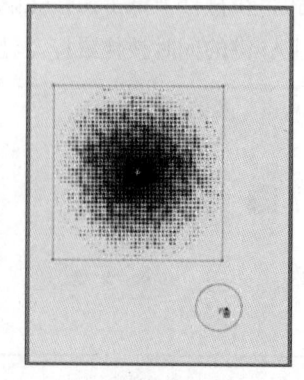

图 9-31

步骤05 在属性栏中单击"断开连接"按钮,在"填充"下拉框中选择白色,按Ctrl+G组合键创建编组,如图9-32所示。

步骤06 按住Shift键等比例放大并调整位置,在控制栏中设置不透明度为80%,如图9-33所示。

图 9-32　　　　图 9-33

步骤07 在"符号"面板中,单击"符号库菜单"按钮,在弹出的快捷菜单中选择"提基"选项,在弹出的"提基"面板中选择"Tiki 棚屋"选项,如图9-34所示。

步骤08 选择"符号喷枪工具",在绘图区单击应用,按住Shift键等比例放大并调整位置,如图9-35所示。

图 9-34 　　　　图 9-35

步骤09 选中"点状图案矢量包-12"选项,并调整其位置,如图9-36所示。

步骤10 选择"矩形工具",绘制矩形,填充白色,并在"图层"面板中锁定该图层,如图9-37所示。

图 9-36 　　　　图 9-37

步骤 11 选择"文字工具",输入两组文字,如图9-38所示。

步骤 12 在"提基"面板中选择"电视"选项,如图9-39所示。

图 9-38 　　　　　　图 9-39

步骤 13 选择"符号喷枪工具",在绘图区单击应用,按住Shift键等比例放大并调整位置,如图9-40所示。

步骤 14 双击"电视"进入隔离模式,如图9-41所示。

图 9-40 　　　　　　图 9-41

步骤 15 删除显示器中的内容并重新填色(颜色使用"吸管工具"吸取周围颜色),如图9-42所示。

步骤 16 双击空白处,退出隔离模式,如图9-43所示。

图 9-42 　　　　　　图 9-43

至此,完成宣传海报的制作。

第10章
效果的应用

内容概要

Illustrator 的"效果"菜单中包含大量更改外观的命令。效果可以改变一个对象的外观，但不会改变对象的原始结构。在"效果"菜单中可以看到多种效果组，每个效果组又包含多种子效果。添加效果后可以在"外观"面板中进行编辑处理。

知识要点

- Illustrator效果组。
- Photoshop效果组。
- "外观"面板。
- "图形样式"面板。

数字资源

【本章案例素材来源】："素材文件\第10章"目录下
【本章案例最终文件】："素材文件\第10章\实训案例\制作文字的毛绒效果.ai"

10.1 Illustrator效果

Illustrator效果主要为绘制的矢量图形应用效果，在"外观"面板中，只能将这些效果应用于矢量对象，或者某个位图对象的填色或描边。对于这一规则，下列效果例外，它们可以同时应用于矢量和位图对象，这些效果包括：3D效果、SVG滤镜、变形、扭曲和变换、栅格化、路径、转换为形状和风格化等。

10.1.1 3D

执行"效果"→"3D"命令，在弹出的子菜单中有3种效果，如图10-1所示。这些效果可以将开放路径或封闭路径，或是位图对象，转换为可以旋转、打光和投影的三维对象。

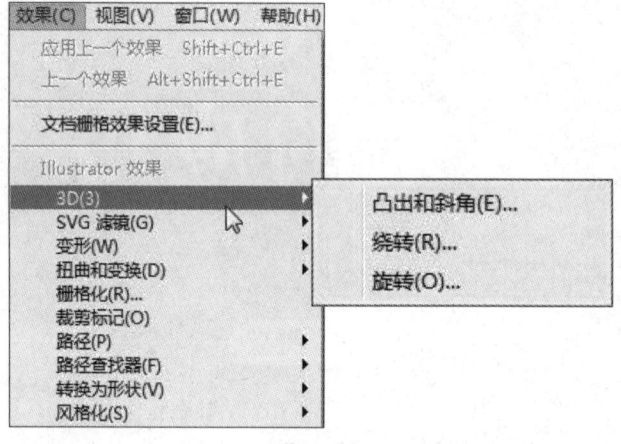

图 10-1

1. 凸出和斜角

创建一个封闭路径，选中对象后执行"效果"→"3D"→"凸出和斜角"命令，弹出"3D凸出和斜角选项"对话框，如图10-2所示。

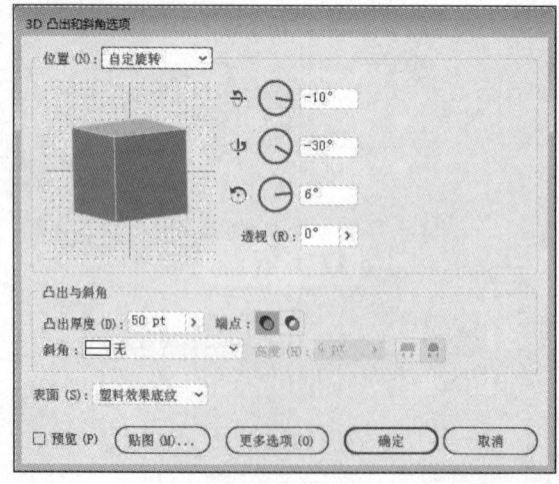

图 10-2

该对话框中主要选项的含义如下：
- **透视**：通过设置的参数调整对象的透视效果。
- **凸出厚度**：可设置2D对象需要被挤压的厚度。
- **端点**：单击选中"开启端点以建立实心外观"按钮 后，可以创建实心的3D效果，如图10-3所示；单击"关闭端点以建立空心外观"按钮 后，可创建空心外观，如图10-4所示。

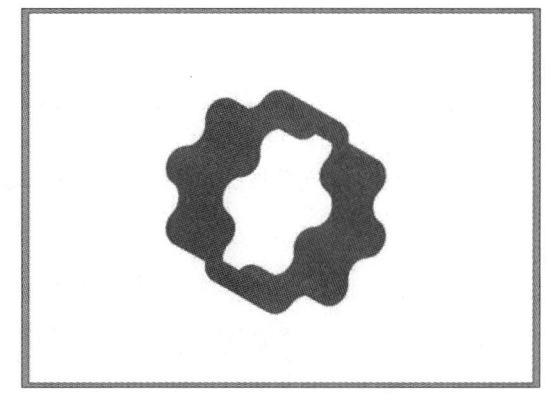

图 10-3　　　　　　　　　　　　　　图 10-4

- **斜角**：在其下拉列表中，Illustrator提供了10种不同的斜角样式，还可以在后面的参数栏中设定数值，来定义倾斜的高度值。
- **高度**：设置介于1～1 000的高度值。"斜角外扩" 将斜角添加至对象的原始形状，如图10-5所示；"斜角内缩" 对象的原始形状砍去斜角，如图10-6所示。

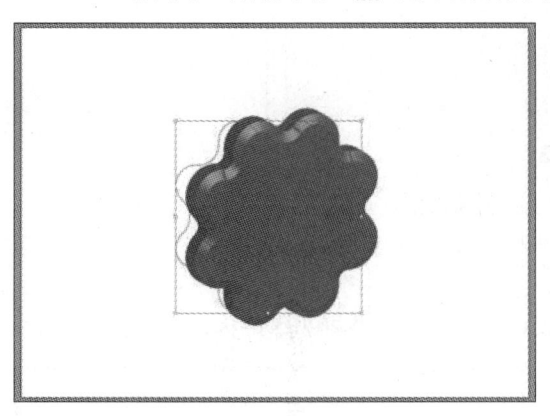

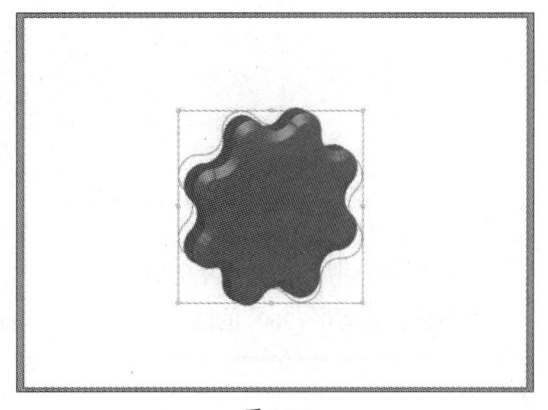

图 10-5　　　　　　　　　　　　　　图 10-6

- **表面**：设置表面底纹。选择"线框"，会显示几何形状的对象，表面透明，如图10-7所示；选择"无底"，不向对象添加任何底纹；选择"扩散底纹"，使对象以一种柔和扩散的方式反射光，如图10-8所示；选择"塑料效果底纹"，使对象以一种闪烁的材质模式反光。

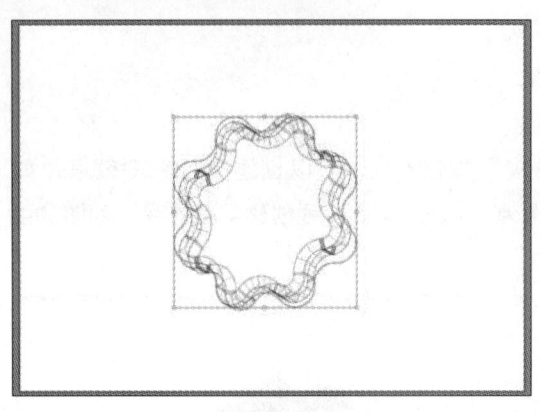

图 10-7 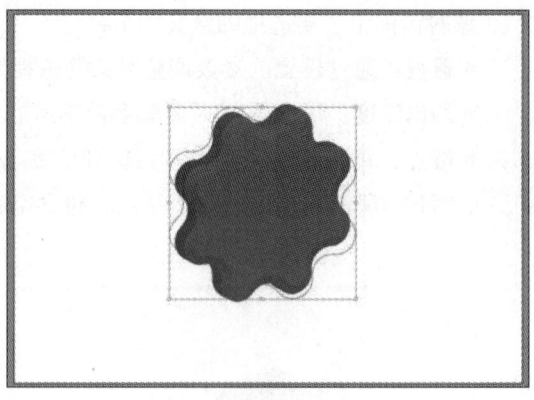　　　　　　　　　　　　　　　图 10-8

● **更多选项**：单击该按钮，可以在展开的参数窗口中设置光源强度、环境光、高光强度等参数。

2. 绕转

选中对象后执行"效果"→"3D"→"绕转"命令，弹出"3D绕转选项"对话框，如图10-9所示。

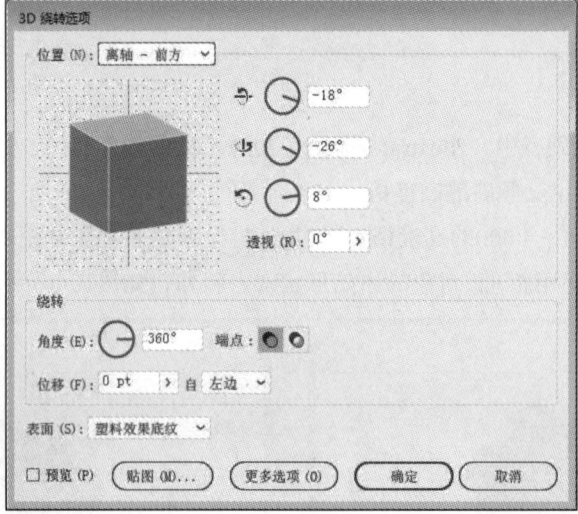

图 10-9

该对话框中主要选项的含义如下：

● **角度**：设置0～360°的路径绕转度数。图10-10和10-11所示分别为绕转360°和180°。

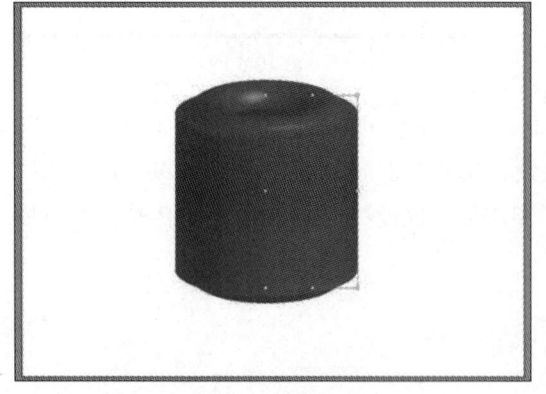

图 10-10 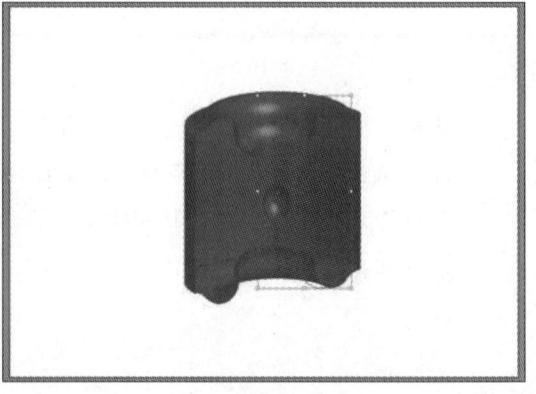　　　　　　　　　　　　　　　图 10-11

- **位移**：在绕转轴与路径之间添加距离。
- **自**：设置对象绕之转动的轴。如图10-12所示为"左边缘"位移20 pt效果；如图10-13所示为"右边缘"位移20 pt效果。

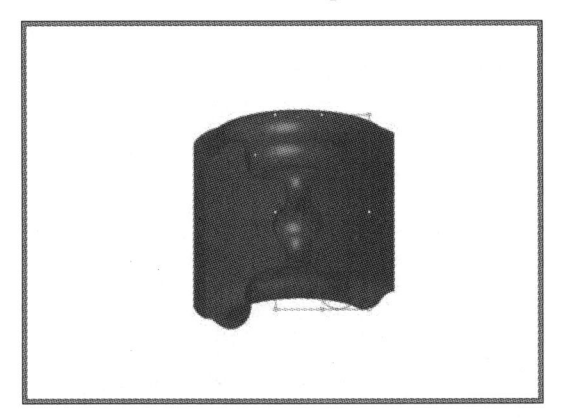

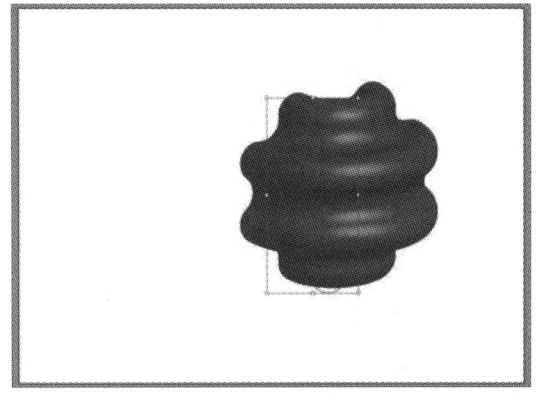

图 10-12

图 10-13

3. 旋转

选中对象后执行"效果"→"3D"→"旋转"命令，弹出"3D旋转选项"对话框，如图10-14所示。

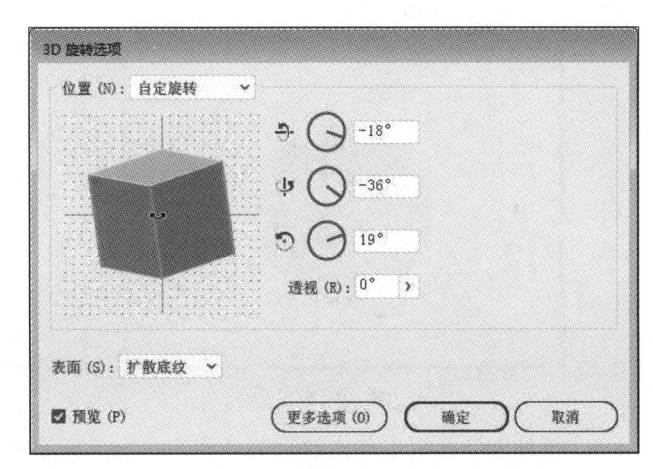

图 10-14

单击"预览"按钮，在其窗口中，按住鼠标左键拖动"旋转控件"，或在旁边填写旋转数值，预览的对象呈线框模式，停止旋转后单击"确定"按钮即可应用，如图10-15和图10-16所示。

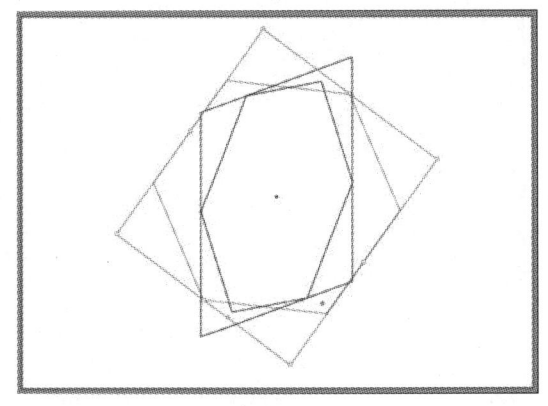

图 10-15

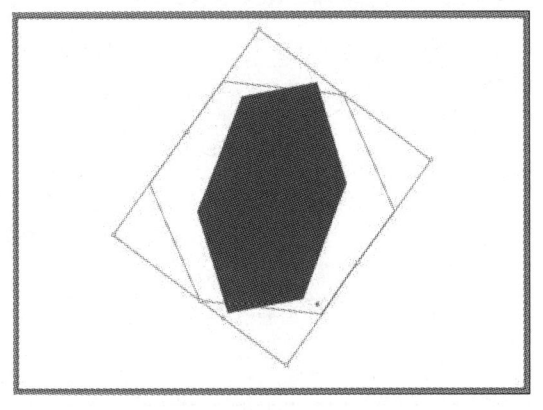

图 10-16

■ 10.1.2 SVG 滤镜

Illustrator提供了一组默认的SVG效果，执行"效果"→"SVG滤镜"命令，弹出其子菜单，如图10-17所示。可以用这些效果的默认属性，还可以编辑XML代码以生成自定义效果，或者写入新的SVG效果。

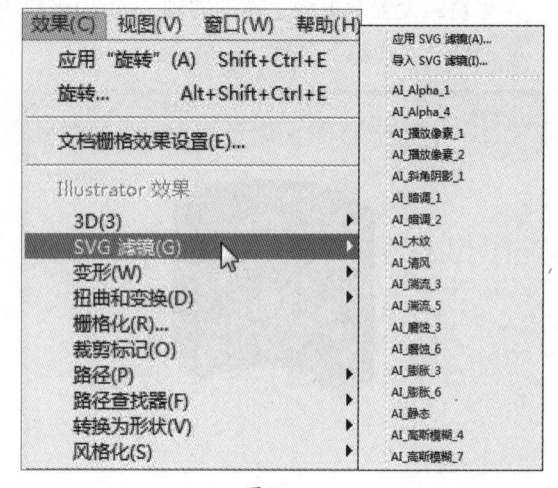

图 10-17

例如，选中图形对象，如图10-18所示，执行"效果"→"SVG滤镜"→"AI_膨胀_6"命令，效果如图10-19所示。

图 10-18 　　　　　　　　图 10-19

在"外观"面板中单击效果的名称，弹出"应用SVG滤镜"对话框，如图10-20所示；选中"预览"复选框，更换其他效果可看到相应的应用后效果。单击"编辑SVG滤镜" fx.按钮，弹出"编辑SVG滤镜"对话框，如图10-21所示。修改默认代码，单击"确定"按钮完成操作。

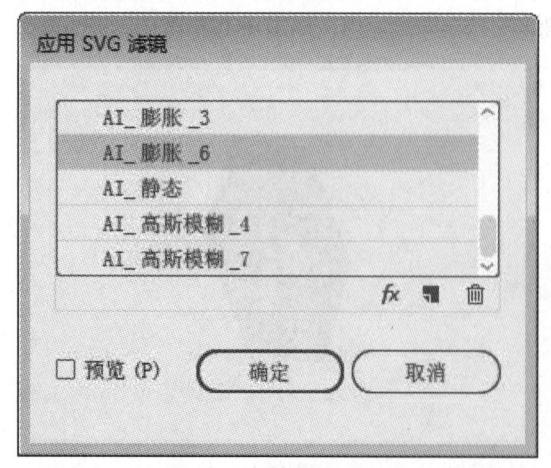

图 10-20 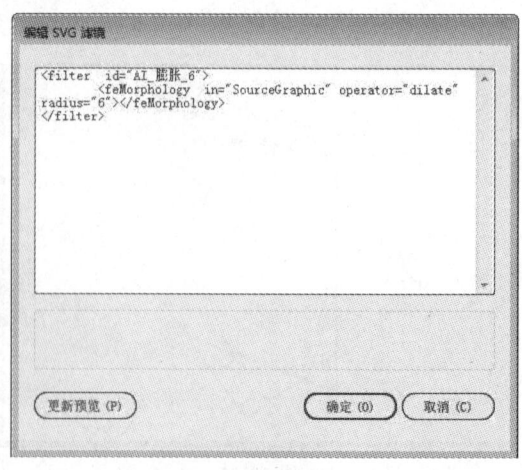　　　　　　　　图 10-21

10.1.3 变形

执行"效果"→"变形"命令和执行"对象"→"封套扭曲"→"用变形建立"命令的效果是相同的,但"变形"效果组下的命令执行的效果属于"效果",并不直接应用到对象本身,其效果不仅可以隐藏,还可以在"外观"面板中编辑。执行"效果"→"变形"命令,将弹出其子菜单,如图10-22所示。

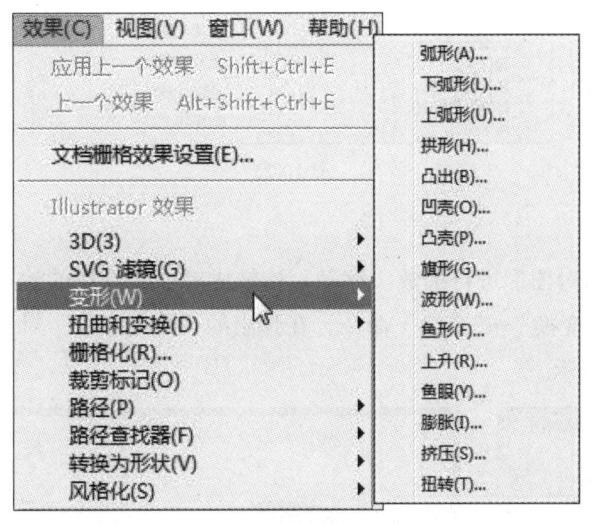

图 10-22

例如,选中图形对象,执行"效果"→"变形"→"弧形"命令,在弹出的"变形选项"对话框中设置参数,如图10-23所示。可以在该对话框中的"样式"下拉列表中更换变形样式,效果如图10-24所示。

图 10-23

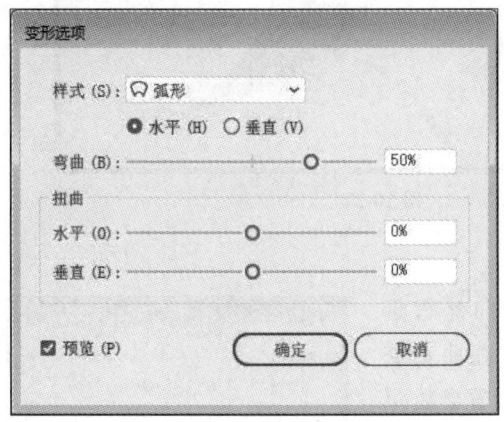

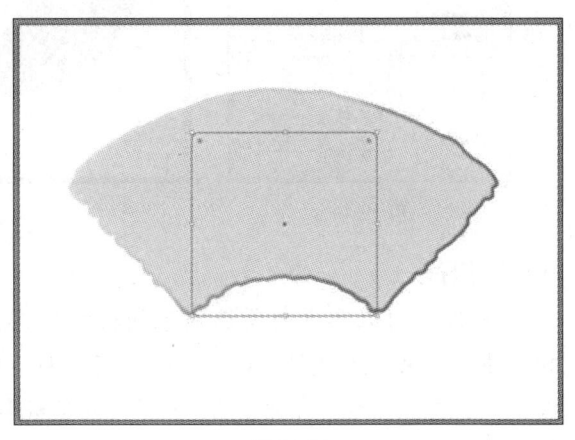

图 10-24

10.1.4 扭曲和变换

执行"效果"→"扭曲和变换"命令,弹出其子菜单,如图10-25所示。这些效果可以改变对象的显示形状,但不会改变对象的几何形状。这些效果同样可以在"外观"面板中编辑修改。

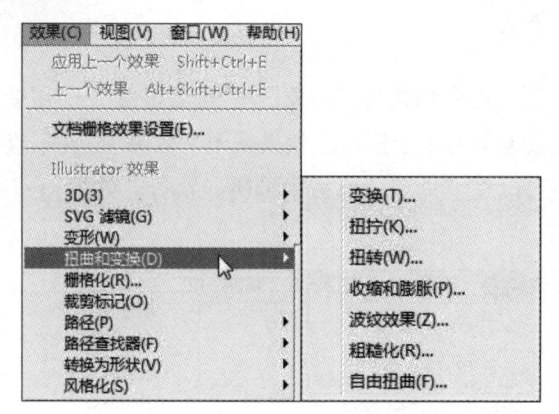

图 10-25

1. 变换

"变换"可以实现对图形进行缩放、移动、旋转或对称等操作的效果。选中图形对象，执行"效果"→"扭曲和变换"→"变换"命令，在弹出的"变换效果"对话框中设置参数即可，如图10-26和图10-27所示。

图 10-26　　　　　　　　　图 10-27

2. 扭拧

"扭拧"可以实现将所选对象随机地向内或向外弯曲和扭曲的效果。选中图形对象，执行"效果"→"扭曲和变换"→"扭拧"命令，在弹出的"扭拧"对话框中设置参数即可，如图10-28所示。

图 10-28

该对话框中各选项的含义如下：
- **水平**：设置对象在水平方向的扭拧幅度。
- **垂直**：设置对象在垂直方向的扭拧幅度。
- **相对**：选中该单选按钮，调整的幅度为原尺寸的百分比，如图10-29所示。
- **绝对**：选中该单选按钮，调整的幅度为具体的尺寸，如图10-30所示。

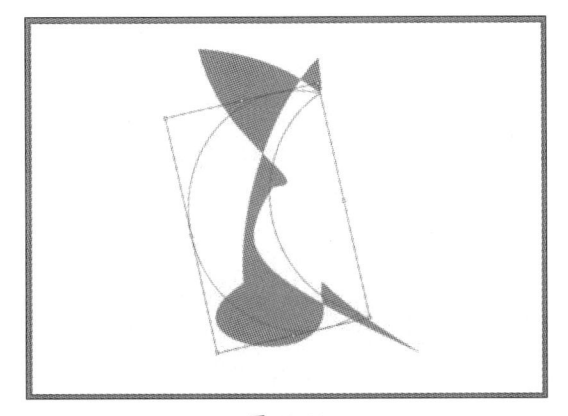

图 10-29

图 10-30

- **锚点**：选中该复选框，将修改对象中的锚点。
- **"导入"控制点**：选中该复选框，将修改对象中的导入控制点。
- **"导出"控制点**：选中该复选框，将修改对象中的导出控制点。

3. 扭转

"扭转"可以实现顺时针或逆时针扭转对象的形状的效果。选中图形对象，执行"效果"→"扭曲和变换"→"扭转"命令，在弹出的"扭转"对话框输入扭转的角度度数。图10-31和图10-32所示分别为扭转360°和1000°的效果对比图。

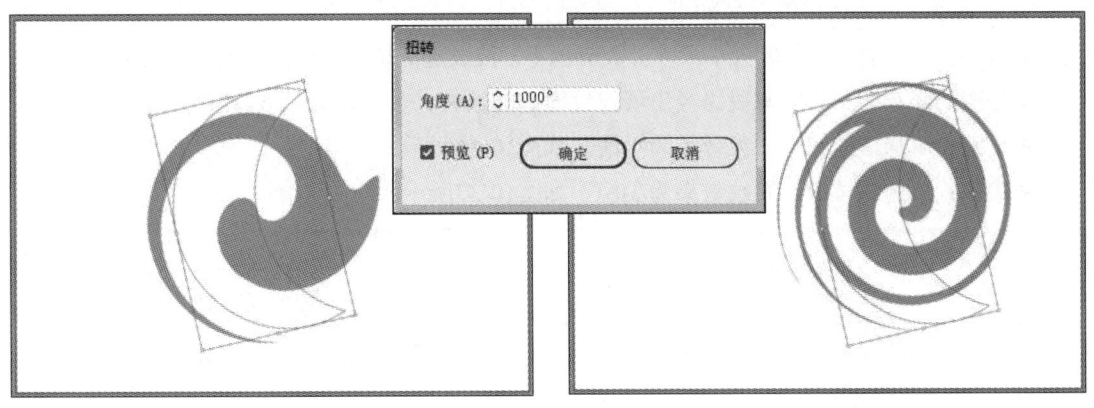

图 10-31

图 10-32

4. 收缩和膨胀

"收缩和膨胀"效果是以对象中心为基点，对所选对象进行收缩或膨胀的变形效果操作。选中图形对象，执行"效果"→"扭曲和变换"→"收缩和膨胀"命令，在弹出的"收缩和膨胀"对话框设置参数，"收缩"为负值，"膨胀"为正值，如图10-33和图10-34所示。

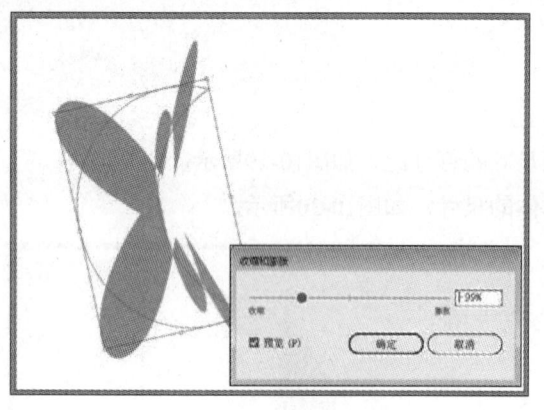

图 10-33 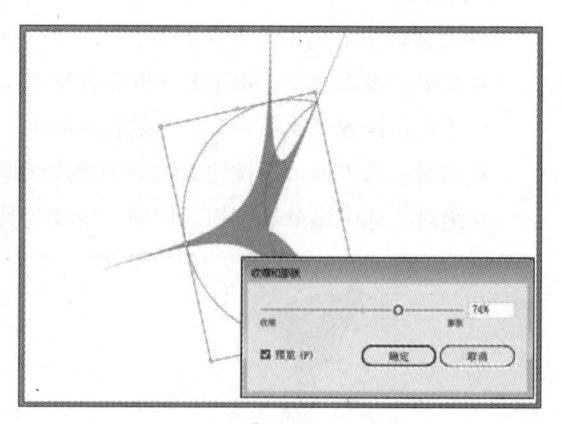　　　　　　　　　　　　　　图 10-34

5. 波纹效果

"波纹效果"可以使路径边缘产生波纹化的扭曲效果。选中图形对象，执行"效果"→"扭曲和变换"→"波纹效果"命令，在弹出的"波纹效果"对话框中设置参数即可，如图10-35所示。

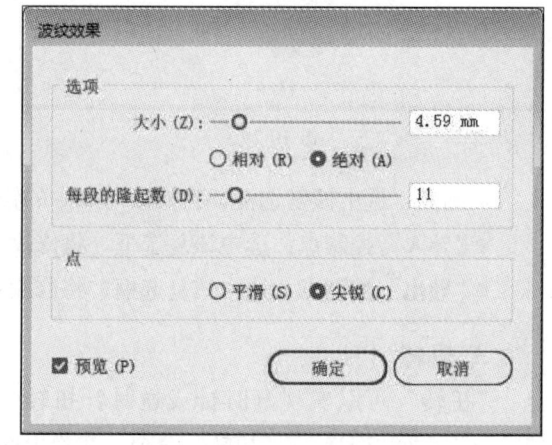

图 10-35

该对话框中主要选项的含义如下：
- **大小**：设置波纹效果的大小尺寸。数值越小，波纹起伏越弱；数值越大，波纹起伏越强。
- **每段的隆起数**：设置每段路径出现波纹隆起的数量，数值越大，波纹越密集。
- **平滑**：单选该按钮，波纹效果为平滑，如图10-36所示。
- **尖锐**：单选该按钮，波纹效果为尖锐，如图10-37所示。

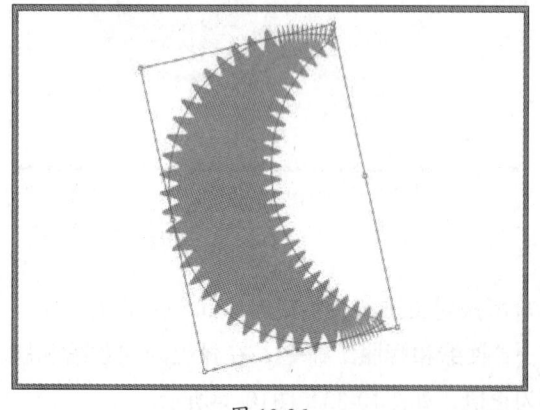

图 10-36 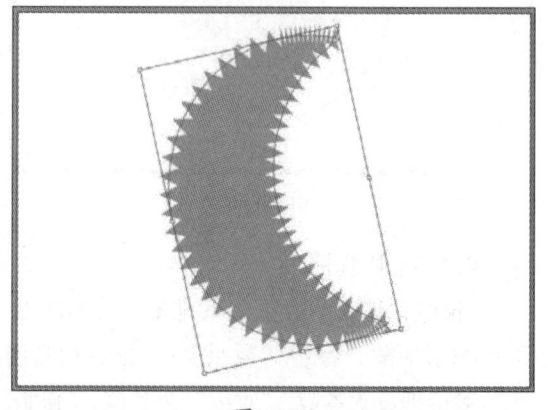　　　　　　　　　　　　　　图 10-37

6. 粗糙化

"粗糙化"可以使图形边缘处产生各种大小不一的凹凸锯齿效果。选中图形对象，执行"效果"→"扭曲和变换"→"粗糙化"命令，在弹出的"粗糙化"对话框中设置参数即可，如图10-38和图10-39所示。

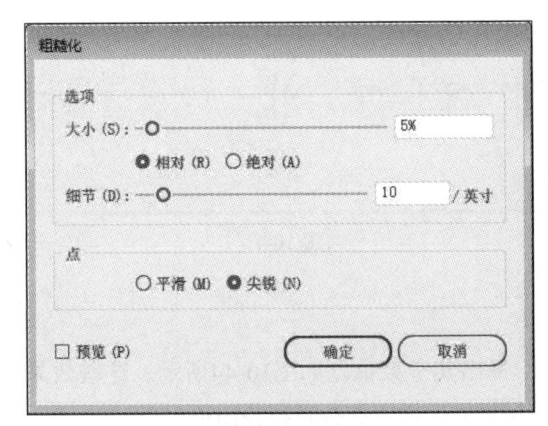

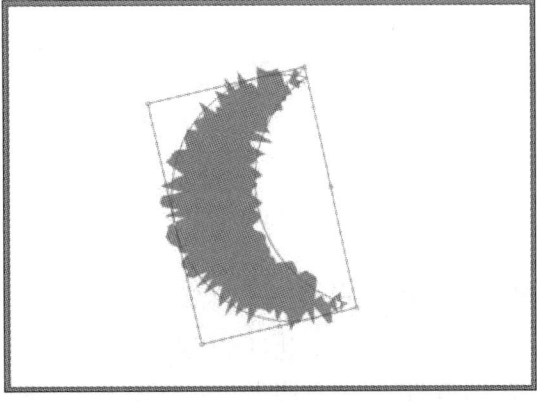

图 10-38

图 10-39

7. 自由扭曲

"自由扭曲"效果是通过为对象添加一个虚拟的方形控制框，调整控制框的控制点来更改对象的形状。选中图形对象，执行"效果"→"扭曲和变换"→"自由扭曲"命令，在弹出的"自由扭曲"对话框中调整控制点即可，如图10-40和图10-41所示。

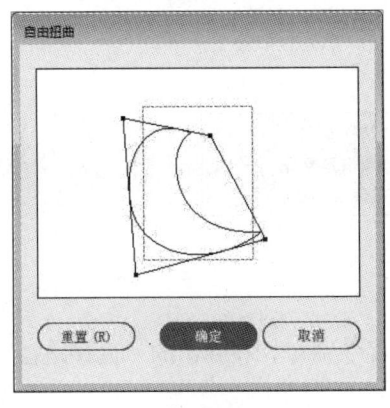

图 10-40

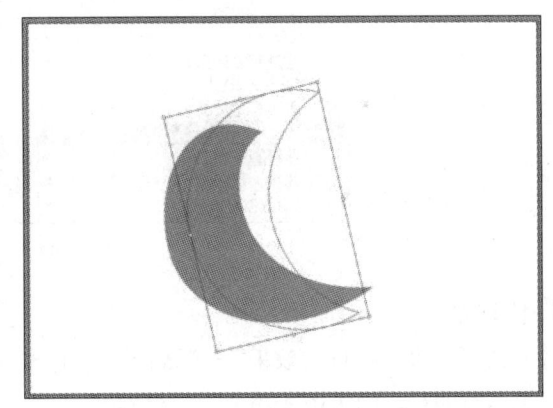

图 10-41

10.1.5 裁剪标记

裁剪标记又称裁剪符号，标明了打印纸张裁切的位置。选中图形对象，执行"效果"→"裁剪标记"命令，所选图形对象自动按照相应的尺寸创建裁剪标记，如图10-42和图10-43所示。

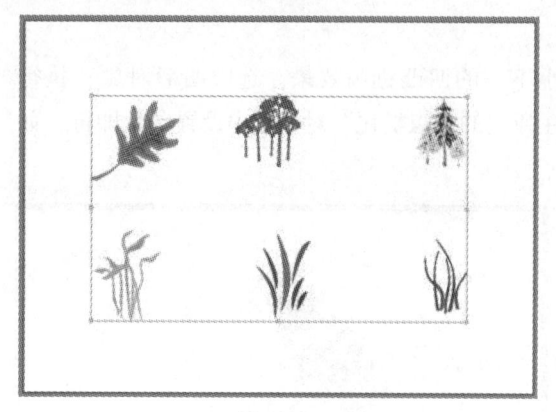

图 10-42 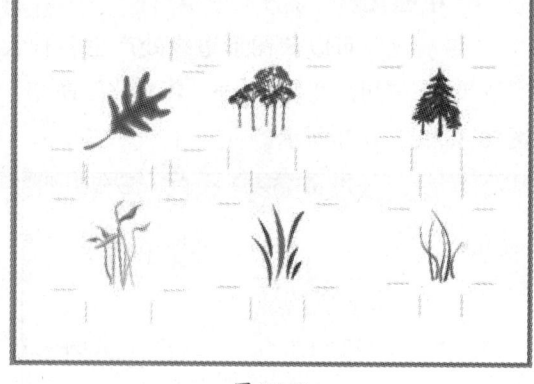　　　　　　　　　　　　　　　图 10-43

■ 10.1.6　路径

选中图形对象，执行"效果"→"路径"命令，弹出其子菜单，如图10-44所示。这些效果可以实现将路径进行移动，将位图转换为矢量轮廓和将所选描边部分转换为图形对象。

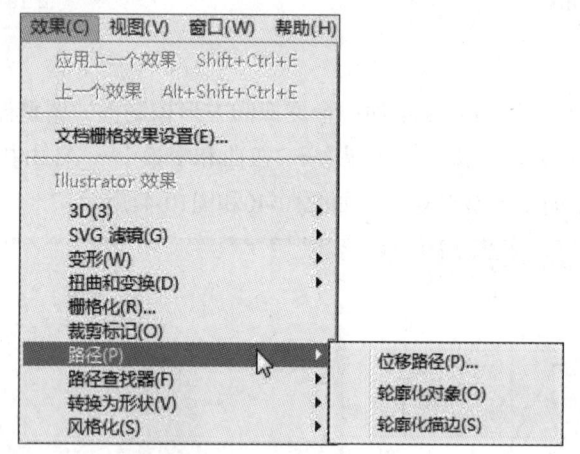

图 10-44

1. 位移路径

选中图形对象，执行"效果"→"路径"→"位移路径"命令，在弹出的"偏移路径"对话框中设置参数即可，如图10-45和图10-46所示。

图 10-45 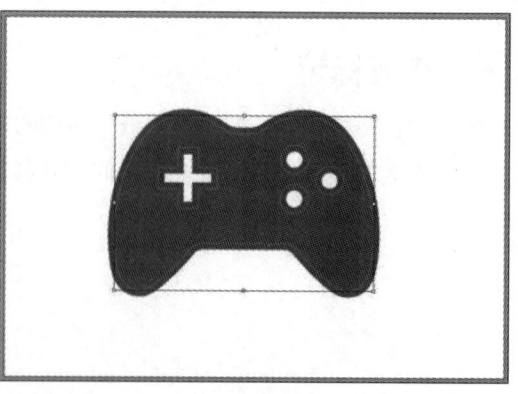　　　　　　　　　　　　　　　图 10-46

2. 轮廓化对象

置入一个位图并选中，执行"效果"→"路径"→"轮廓化对象"命令，"位图"消失不显示（位图没有描边和填色），如图10-47和图10-48所示。

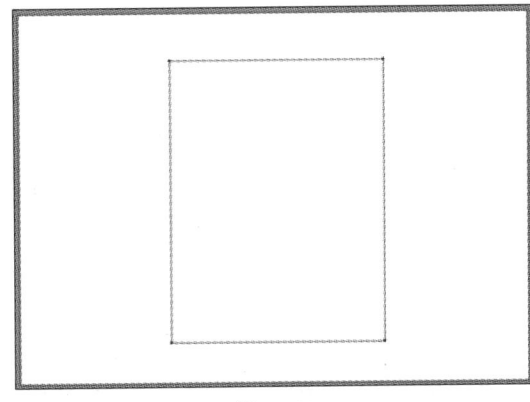

图 10-47

图 10-48

在"外观"面板底部单击"添加新描边" 按钮，设置其参数即可，如图10-49和图10-50所示。

图 10-49

图 10-50

3. 轮廓化描边

"轮廓化描边"效果可以暂时应用于所选对象，而非将对象的轮廓转换为图形。选中图形对象，执行"效果"→"路径"→"轮廓化描边"命令即可。

■ 10.1.7 路径查找器

"路径查找器"效果和"路径查找器"面板原理相同。但是"路径查找器"效果不会对原始对象产生真实的变形；"路径查找器"面板则会对图形本身形态进行调整，被删除的部分彻底消失。选中图形对象，执行"效果"→"路径查找器"命令，弹出其子菜单，如图10-51所示。

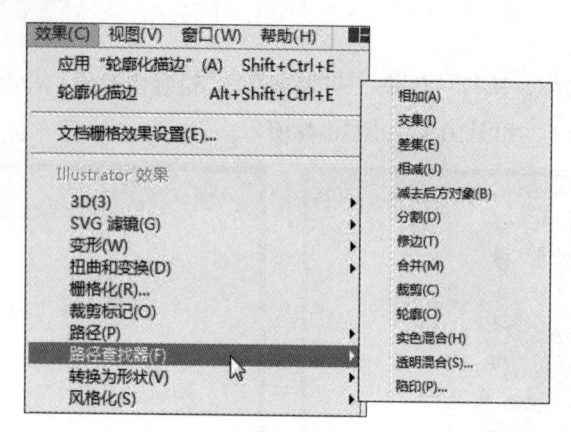

图 10-51

1. 相加

描摹所有对象的轮廓，结果形状会采用顶层对象的上色属性。图10-52和图10-53所示为应用该效果的前后效果图。

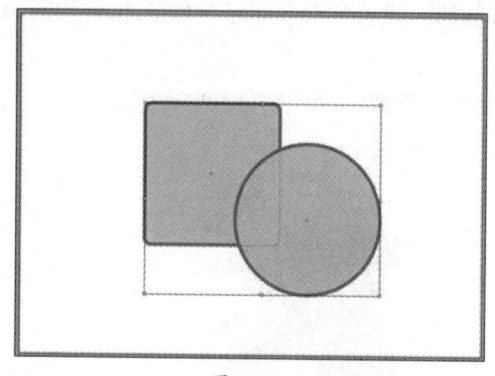

图 10-52 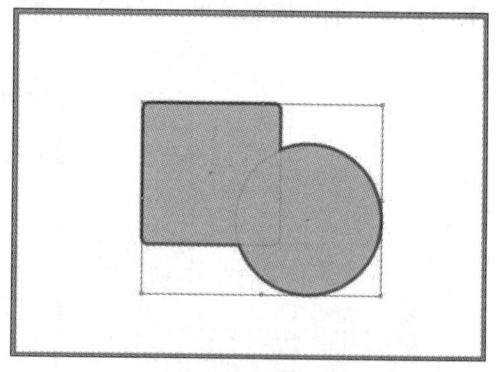　　　　　　　　　图 10-53

2. 交集

描摹被所有对象重叠的区域轮廓，如图10-54所示。

3. 差集

描摹对象所有未被重叠的区域，并使重叠区域透明。若有偶数个对象重叠，则重叠处会变成透明；而有奇数个对象重叠时，重叠处则会填充颜色，如图10-55所示。

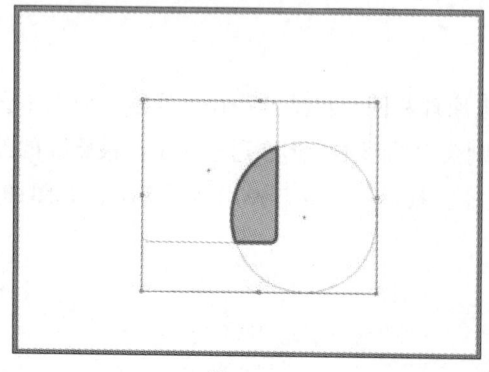

图 10-54 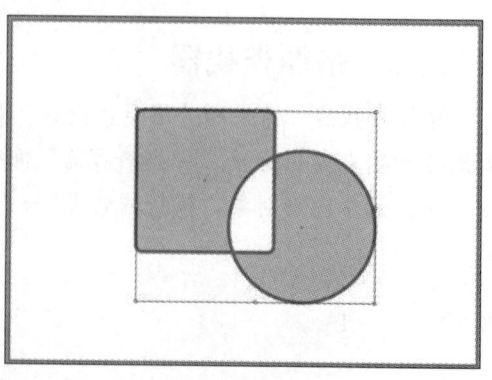　　　　　　　　　图 10-55

4. 相减

最后面的对象中减去最前面的对象，如图10-56所示。

5. 减去后方对象

最前面的对象中减去最后面的对象，如图10-57所示。

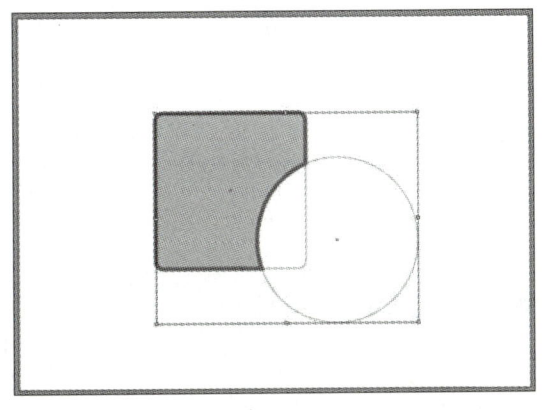

图 10-56

图 10-57

6. 分割

按照图形对象重叠方式，将其切分为多个部分，如图10-58所示。

7. 修边

删除已填充对象被隐藏的部分。删除所有描边，且不合并相同颜色的对象，如图10-59所示。

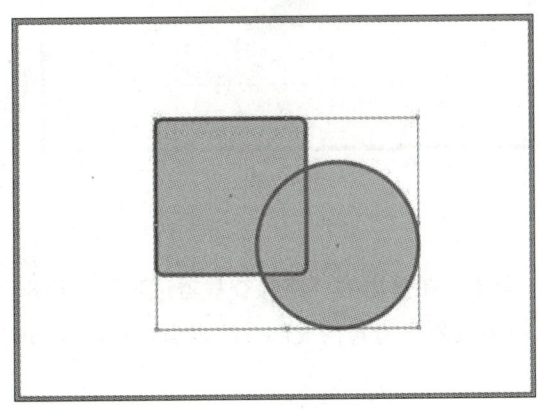

图 10-58

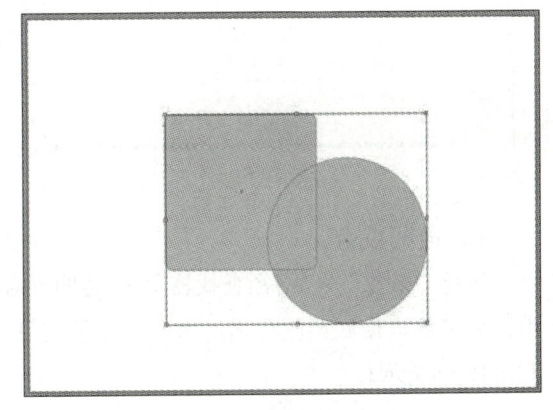

图 10-59

8. 合并

删除已填充对象被隐藏的部分。删除所有描边，且合并具有相同颜色的相邻或重叠的对象，如图10-60所示。

9. 裁剪

将图稿分割成由组件填充的表面，删除图稿中所有落在最上方对象边界之外的部分和所有描边，如图10-61所示。

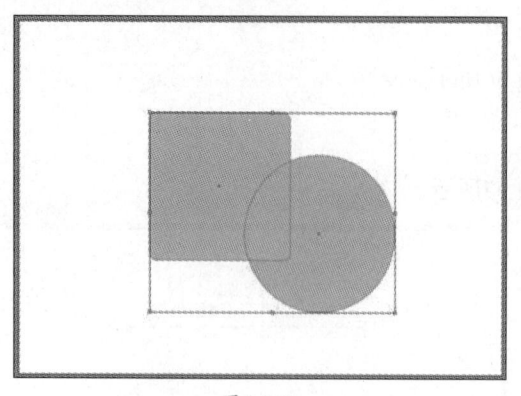

图 10-60 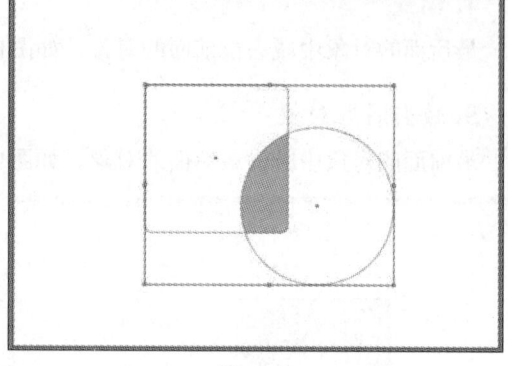　　　　　　　　　　　　　图 10-61

10. 轮廓

将对象分割为其组件线段或边缘，如图10-62所示。

11. 实色混合

通过选择每个颜色组件的最高值来组合颜色，如图10-63所示。

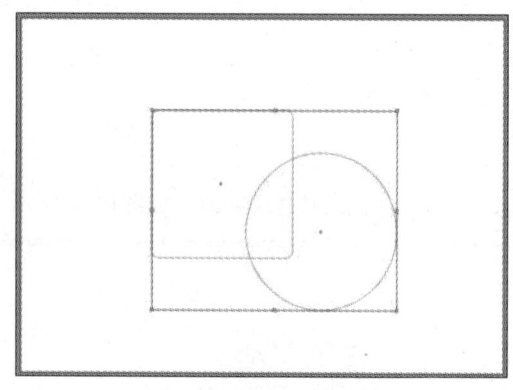

图 10-62 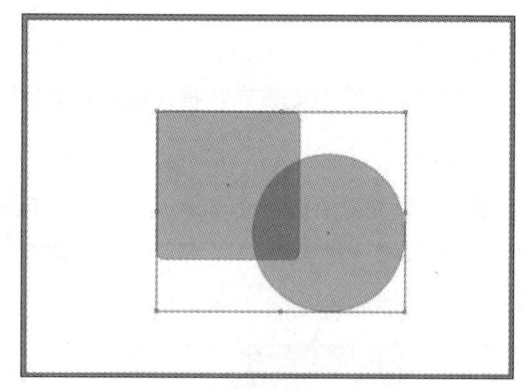　　　　　　　　　　　　　图 10-63

12. 透明混合

执行"效果"→"路径查找器"→"透明混合"命令，在弹出的"路径查找器选项"对话框中设置参数，使底层颜色透过重叠的图稿可见，将图像划分为其构成部分的表面，如图10-64和图10-65所示。

图 10-64 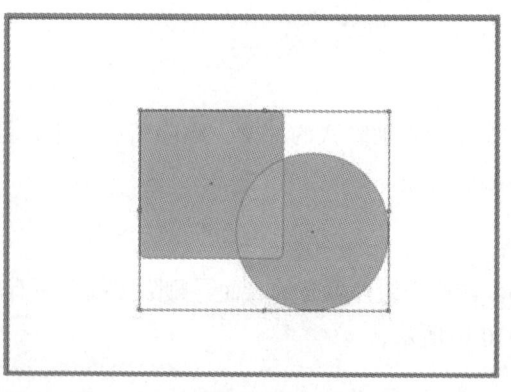　　　　　　　　　　　　　图 10-65

13. 陷印

通过在两个相邻颜色之间创建一个小重叠区域（称为陷印）来补偿图稿中各颜色之间的潜在间隙。

10.1.8 转换为形状

"转换为形状"效果可以将图形对象转换为矩形、圆角矩形或者椭圆。选中图形对象，执行"效果"→"转换为形状"命令，弹出其子菜单，如图10-66所示。

1. 矩形

选中图形对象，执行"效果"→"转换为形状"→"矩形"命令，会弹出"形状选项"对话框，如图10-67所示。

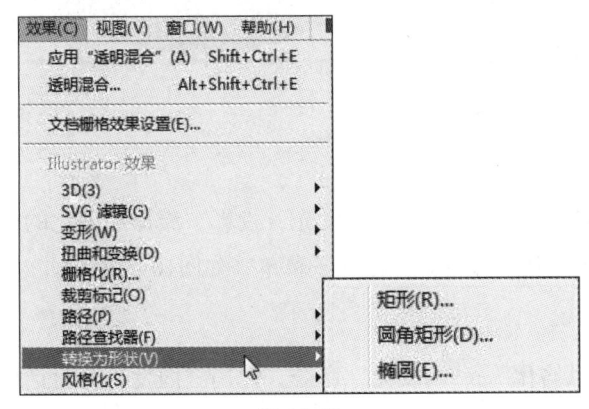

图 10-66

图 10-67

该对话框中主要选项的含义如下：

- **形状**：在此下拉列表框中可以更换形状样式。
- **额外宽度、额外高度**：设置参数增加或减少的尺寸。

图10-68和图10-69所示为转换为矩形形状前后效果对比图。

图 10-68

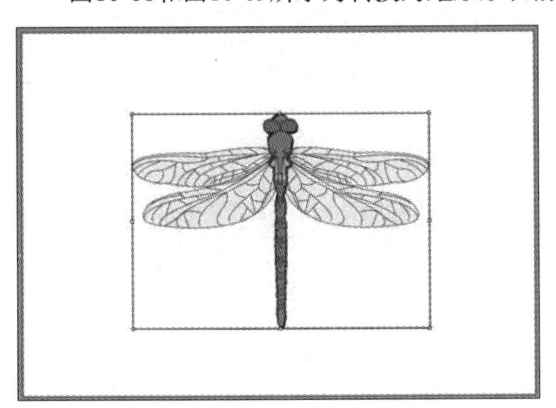

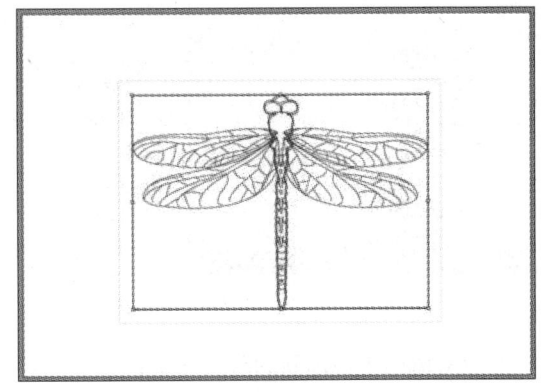

图 10-69

2. 圆角矩形

选中图形对象，执行"效果"→"转换为形状"→"圆角矩形"命令，在弹出的"形状选项"对话框中设置参数，在"外观"面板中设置填充和描边参数即可，效果如图10-70所示。

3. 椭圆

选中图形对象，执行"效果"→"转换为形状"→"椭圆"命令，在弹出的"形状选项"对话框设置参数，在"外观"面板中设置填充和描边参数，效果如图10-71所示。

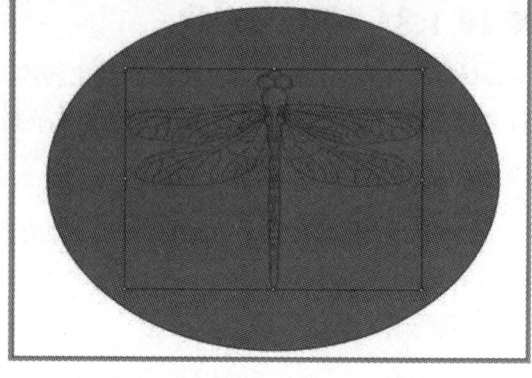

图 10-70

图 10-71

■ 10.1.9 风格化

"风格化"效果可以对图形对象添加内发光、圆角、外发光、投影、涂抹和羽化的外观效果。选中图形对象，执行"效果"→"风格化"命令，弹出其子菜单，如图10-72所示。

1. 内发光

选中图形对象，执行"效果"→"风格化"→"内发光"命令，弹出"内发光"对话框，如图10-73所示。

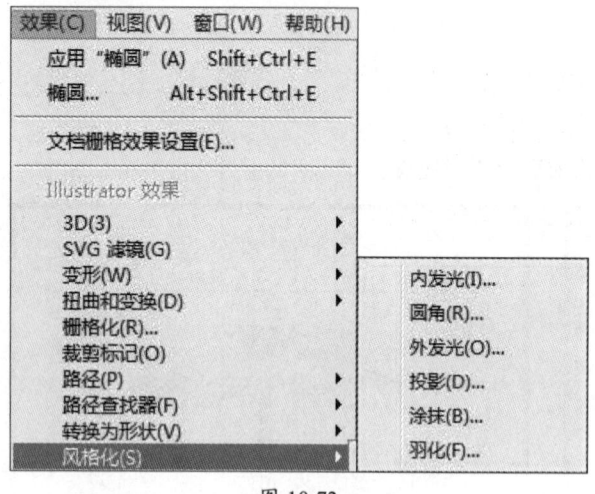

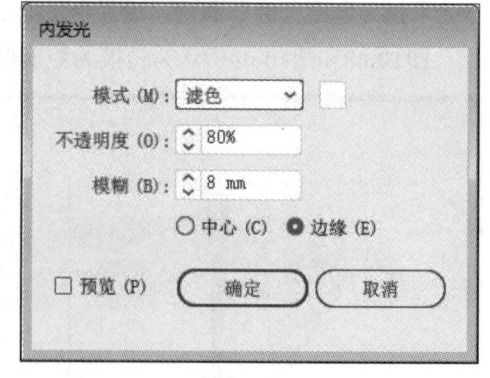

图 10-72

图 10-73

该对话框中各选项的含义如下：

- **模式**：设置内发光的混合模式。
- **不透明度**：设置发光的不透明度百分比。图10-74和图10-75所示为添加不透明度前后效果的对比图。

图 10-74 　　　　　　　　　　　　　　　　图 10-75

- **模糊**：设置指定要进行模糊处理之处到选区中心或选区边缘的距离。
- **中心**：选择该单选按钮，使光晕从对象中心向外发散，如图10-76所示。
- **边缘**：选择该单选按钮，将从对象边缘向内产生发光效果，如图10-77所示。

图 10-76 　　　　　　　　　　　　　　　　图 10-77

2. 圆角

"圆角"可以将路径上的尖角锚点转换为平滑锚点，使对象更加圆润。选中图形对象，执行"效果"→"风格化"→"圆角"命令，在弹出的"圆角"对话框中设置参数即可，如图10-78和图10-79所示。

图 10-78 　　　　　　　　　　　　　　　　图 10-79

3. 外发光

"外发光"可以使图形对象的外侧产生发光效果。选中图形对象，执行"效果"→"风格化"→"外发光"命令，在弹出的"外发光"对话框中设置参数即可，如图10-80和图10-81所示。

图 10-80　　　　　　　　　　　　　图 10-81

4. 投影

"投影"可以为矢量图形或位图添加投影效果。选中图形对象，执行"效果"→"风格化"→"投影"命令，在弹出的"投影"对话框中设置参数即可，如图10-82和图10-83所示。

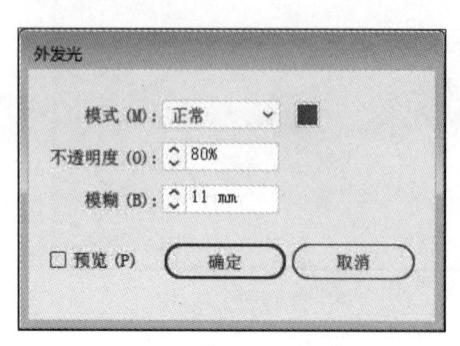

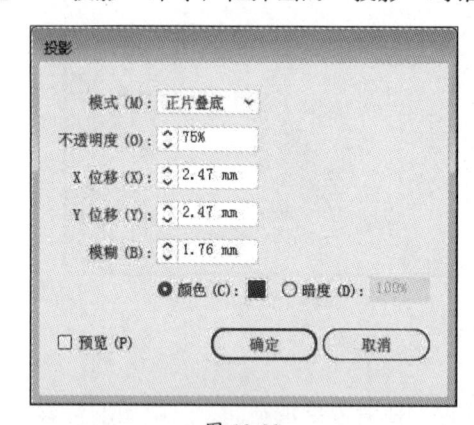

图 10-82　　　　　　　　　　　　　图 10-83

5. 涂抹

"涂抹"能够在保持图形颜色和基本形状的前提下，在图形表面添加画笔涂抹的效果。选中图形对象，执行"效果"→"风格化"→"涂抹"命令，在弹出的"涂抹选项"对话框中设置参数，如图10-84所示。

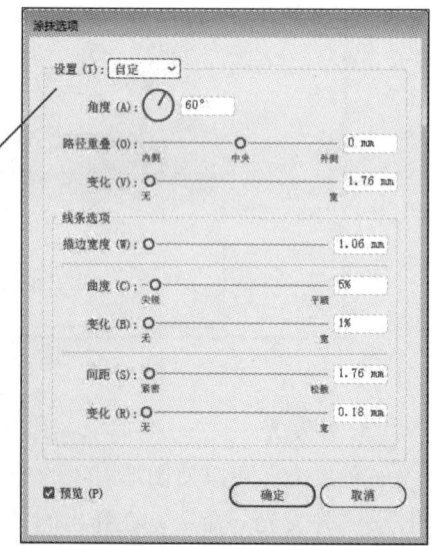

图 10-84

该对话框中各选项的含义如下：
- **设置**：在该下拉列表框中可以选择不同的涂抹效果，图10-85和图10-86所示分别为"涂鸦"和"波纹"效果。

图 10-85    图 10-86

- **角度**：设置涂抹笔触的旋转角度。
- **路径重叠**：控制涂抹线条与对象边界的距离。负值时涂抹线条在路径边界内部，如图10-87所示；正值时涂抹线条在路径边界外部，如图10-88所示。

图 10-87    图 10-88

- **（路径重叠）变化**：控制涂抹线条之间的长度差异，数值越大，线条长短差异越大，如图10-89所示。
- **描边宽度**：控制涂抹线条的宽度，如图10-90所示。

图 10-89    图 10-90

- **曲度**：控制涂抹曲线在改变方向之前的曲度，如图10-91所示。
- **（曲度）变化**：控制涂抹曲线彼此之间的相对曲度差异大小，如图10-92所示。

图 10-91 　　　　　　　　　　　　图 10-92

- **间距**：控制涂抹线条之间的折叠间距，如图10-93所示。
- **（间距）变化**：控制涂抹线条之间的折叠间距差异量，如图10-94所示。

图 10-93 　　　　　　　　　　　　图 10-94

6. 羽化

"羽化"可以使对象边缘产生羽化渐隐效果。选中图形对象，执行"效果"→"风格化"→"羽化"命令，在弹出的"羽化"对话框中设置参数即可，如图10-95和图10-96所示。

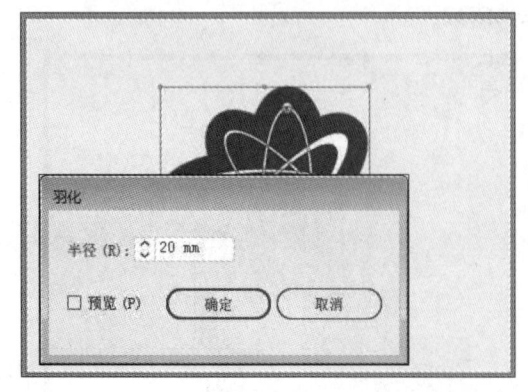

图 10-95 　　　　　　　　　　　　图 10-96

10.2　Photoshop效果

　　Photoshop效果可以制作出丰富的纹理和质感效果。"效果画廊"与Photoshop中的"滤镜库"类似，"效果画廊"可以应用于位图，也可以应用于矢量图形。选中图形对象，执行"效果"→"效果画廊"命令，弹出"滤镜库"对话框，如图10-97所示。在中间的效果列表中列出现有的效果，左侧为观察预览图，右侧为调节参数组，设置完成后单击"确定"按钮即可。

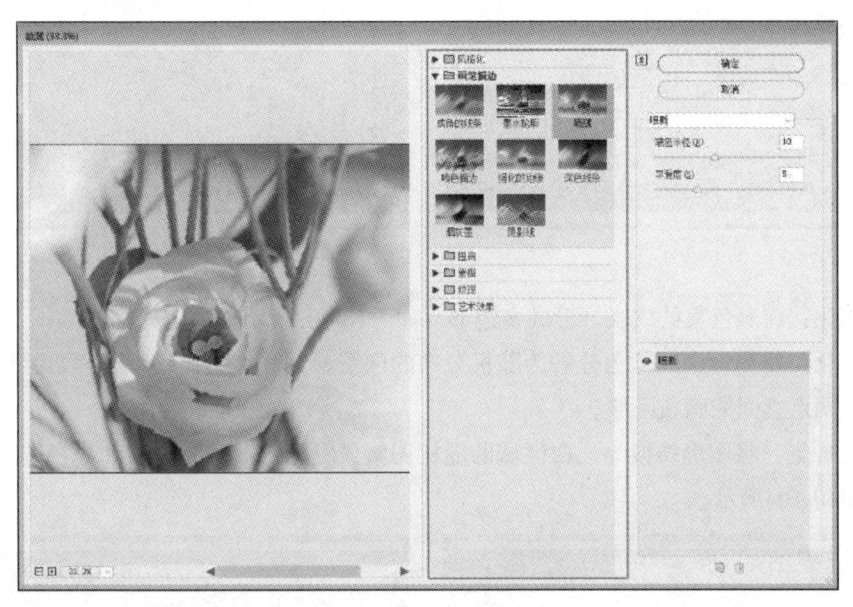

图 10-97

　　图10-98和图10-99所示为应用"海洋波纹"和"拼缀图"效果。

图 10-98 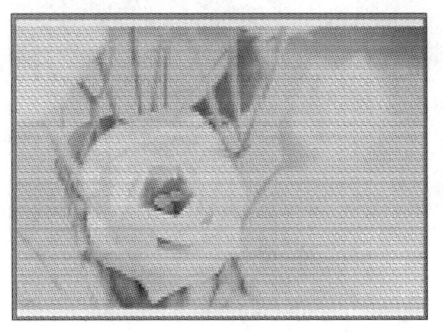　　　　　　　　　　图 10-99

■ 10.2.1　像素化

　　选中图形对象，执行"效果"→"像素化"命令，弹出其子菜单，如图10-100所示。这些效果滤镜可以将图像进行分块或平面化处理。

图 10-100

- **彩色半调**：模拟在图形的每个通道上使用放大的半调网屏的效果。图10-101和图10-102所示为应用该效果滤镜前后对比图。

图 10-101

图 10-102

- **晶格化**：将颜色集结成块，形成多边形，如图10-103所示。
- **点状化**：将图形中的颜色分解为随机分布的网点，如同点状化绘画一样，并使用背景色作为网点之间的画布区域。
- **铜版雕刻**：将图形转换为黑白区域的随机图案或彩色图形中完全饱和颜色的随机图案，如图10-104所示。

图 10-103

图 10-104

10.2.2 扭曲

选中图形对象，执行"效果"→"扭曲"命令，弹出其子菜单，如图10-105所示。这些效果滤镜可以通过更改图像纹理的质感的方式，使图像产生玻璃或海洋波纹的扭曲效果。

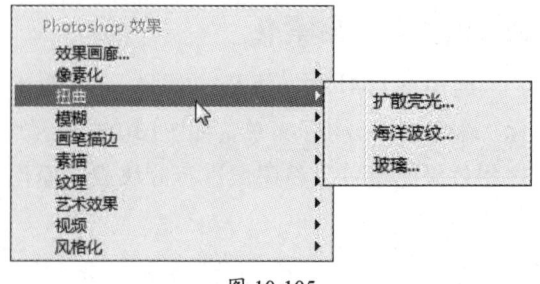

图 10-105

- **扩散亮光**：透过一个柔和的扩散滤镜将图形渲染成像。
- **海洋波纹**：通过扭曲图像像素模拟类似海面波纹的效果。
- **玻璃**：通过模拟玻璃的纹理和质感对图像进行扭曲。图10-106和图10-107所示为应用该效果滤镜前后的对比图。

图 10-106　　　　　　　　　　　图 10-107

10.2.3 模糊

选中图形对象，执行"效果"→"模糊"命令，弹出其子菜单，如图10-108所示。这些效果滤镜可以使图像内容变得柔和，淡化边界颜色。

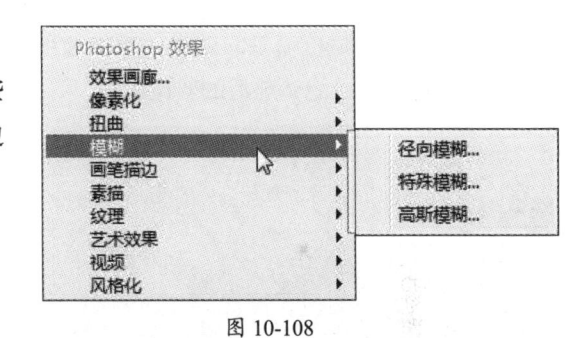

图 10-108

- **径向模糊**：以指定的中心为起始点创建旋转或缩放的模糊效果。要沿同心圆环线模糊，选择"旋转"选项；要沿径向线模糊，选择"缩放"选项。通过移动"中心模糊"框中的图案，指定模糊的原点。图10-109和图10-110所示为应用该效果滤镜前后对比图。

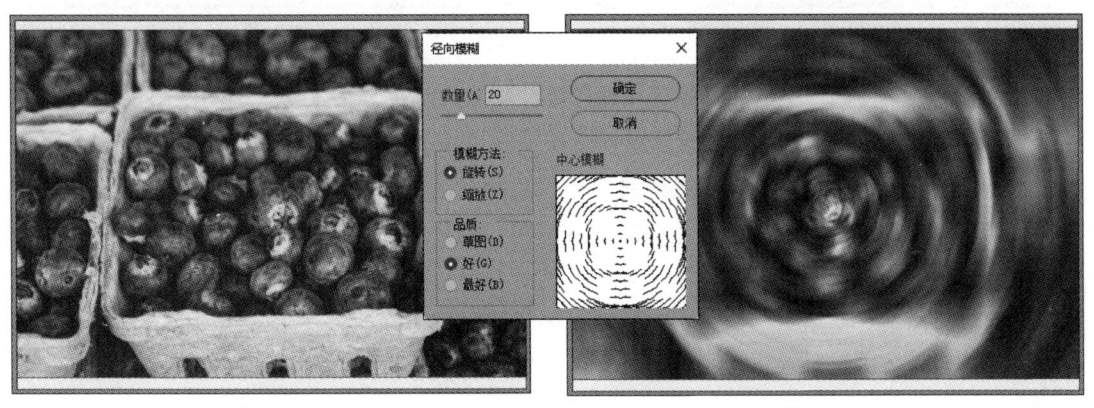

图 10-109　　　　　　　　　　　图 10-110

- **特殊模糊**：使图像的细节颜色呈现出更加平滑的模糊效果。
- **高斯模糊**：使图像有朦胧感的均匀模糊。

10.2.4 画笔描边

选中图形对象，执行"效果"→"画笔描边"命令，弹出其子菜单，如图10-111所示。这些效果滤镜可以不同的画笔笔触来表现图像的绘画效果。

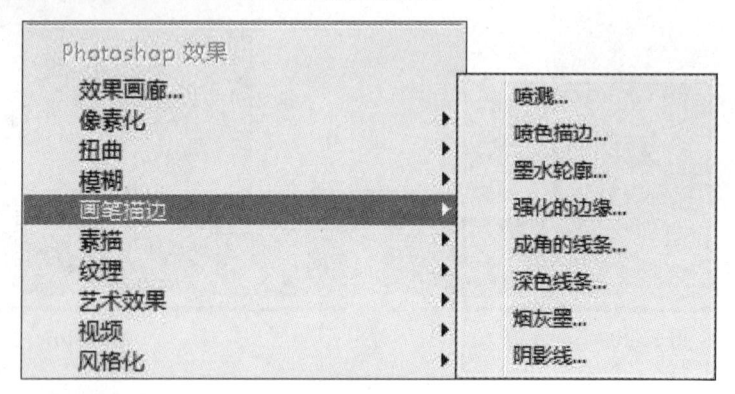

图 10-111

- **喷溅**：模拟喷枪喷溅的效果。增加选项值可以简化整体效果。图10-112和图10-113所示为应用该效果滤镜前后的对比图。

图 10-112    图 10-113

- **喷色描边**：使用图像的主导色，用成角的、喷溅的颜色线条重新绘画图像墨水轮廓。
- **墨水轮廓**：以钢笔画的风格，用纤细的线条在原细节上重绘图像，如图10-114所示。
- **强化的边缘**：强化选中图像的边缘。当"边缘亮度"控制设置为较高的值时，强化效果看上去像白色粉笔；当它设置为较低的值时，强化效果看上去像黑色油墨，如图10-115所示。
- **成角的线条**：使用对角描边重新绘制图像。用一个方向的线条绘制图像的亮区，用相反方向的线条绘制图像的暗区。

图 10-114 　　　　　　　　　　　　　　　图 10-115

- **深色线条**：用短线条绘制图像中接近黑色的暗区，用长白色线条绘制图像中的亮区，如图10-116所示。
- **烟灰墨**：模拟类似烟墨浸染的效果。
- **阴影线**：模拟铅笔阴影线添加纹理的效果，如图10-117所示。

图 10-116 　　　　　　　　　　　　　　　图 10-117

10.2.5　素描

选中图形对象，执行"效果"→"素描"命令，弹出其子菜单，如图10-118所示。这些效果滤镜主要通过黑、白、灰这些非彩色来重绘图像，模拟绘画感、图案感的效果。

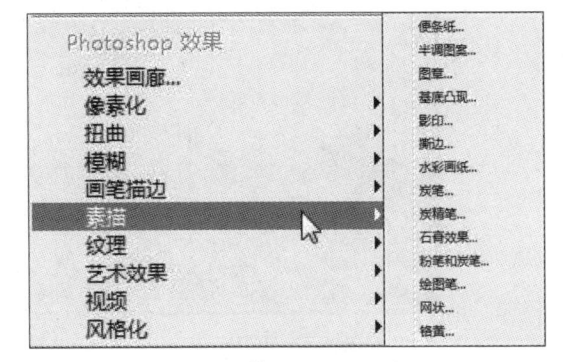

图 10-118

- **便条纸**：创建类似手工制作的纸张构建的图形效果。图10-119和图10-120所示为应用该效果滤镜前后效果对比图。

· 213 ·

图 10-119 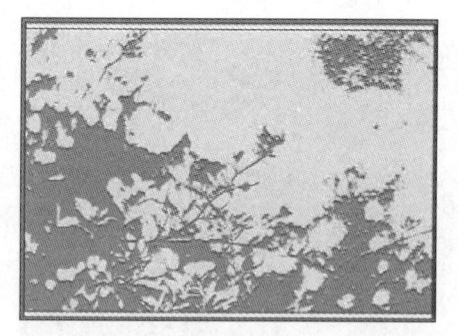　　　　　　　　　　　　图 10-120

- **半调图案**：在保持连续的色调范围的同时，模拟半调网屏的效果。
- **图章**：可简化图像，模拟橡皮或木制图章盖印的黑白效果，如图10-121所示。
- **基底凸现**：模拟浮雕的雕刻状和突出光照下变化各异的表面效果，如图10-122所示。

图 10-121 　　　　　　　　　　　　图 10-122

- **影印**：模拟影印图形的效果。
- **撕边**：模拟制作类似纸张撕裂的效果。
- **水彩画纸**：模拟制作类似水彩画的效果，如图10-123所示。
- **炭笔**：重绘图形，模拟制作色调分离的、涂抹的效果。
- **炭精笔**：模拟制作浓黑和纯白的炭精笔纹理的效果。
- **石膏效果**：模拟制作类似石膏的塑模效果，如图10-124所示。

图 10-123 　　　　　　　　　　　　图 10-124

- **粉笔和炭笔**：制作两种质感结合的效果，炭笔用黑色绘制，粉笔用白色绘制。
- **绘图笔**：使用纤细的线性油墨线条捕获原始图形的细节，使用黑色代表油墨、白色代表纸张来替换原始图形中的颜色所产生的效果，如图10-125所示。

- **网状**：模拟胶片乳胶的可控收缩和扭曲来创建图形，使之在暗调区域呈结块状，在高光区域呈轻微颗粒化的效果。
- **铬黄**：将图形处理成类似擦亮的铬黄表面的效果。高光在反射表面上是高点，暗调是低点，如图10-126所示。

图 10-125

图 10-126

■ 10.2.6 纹理

选中图形对象，执行"效果"→"纹理"命令，弹出其子菜单，如图10-127所示。这些效果滤镜主要用来模拟常见的材质纹理效果。

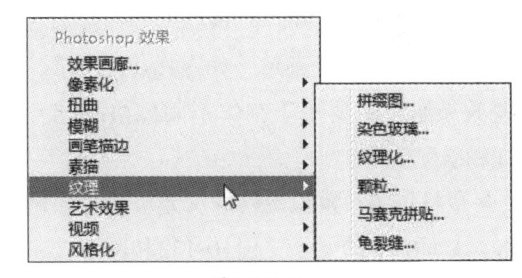

图 10-127

- **拼缀图**：将图形分解为由若干方形图块组成的效果，图块的颜色由该区域的主色决定，随机减小或增大拼贴的深度，以复现高光和暗调。
- **染色玻璃**：将图形重新绘制成许多相邻的单色单元格效果，边框由填充色填充，图10-128和图10-129所示为应用该效果滤镜前后效果对比图。

图 10-128

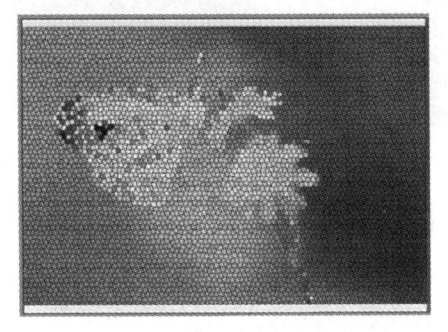

图 10-129

- **纹理化**：将所选择或创建的纹理应用于图形，如图10-130所示。
- **颗粒**：通过模拟不同种类的颗粒对图形添加纹理的效果。
- **马赛克拼贴**：添加马赛克效果，即看起来是由小的碎片或拼贴组成，且在拼贴之间添加了缝隙的效果。

- **龟裂缝**：根据图形的等高线生成精细的纹理，应用此纹理使图形产生浮雕的效果，如图10-131所示。

图 10-130

图 10-131

10.2.7 艺术效果

选中图形对象，执行"效果"→"艺术效果"命令，弹出其子菜单，如图10-132所示。这些效果滤镜主要用于制作不同风格的艺术纹理和绘画效果。

- **塑料包装**：模拟塑料的反光质感，强调表面细节的效果，图10-133和图10-134所示为应用该效果滤镜前后的对比图。

图 10-132

图 10-133

图 10-134

- **壁画**：模拟制作壁画的质感效果，如图10-135所示。
- **干画笔**：模拟制作干画笔（介于油彩和水彩之间）绘制图形边缘的效果。
- **底纹效果**：模拟制作水浸底纹的效果。
- **彩色铅笔**：模拟制作彩色铅笔画的效果。保留重要边缘，外观呈粗糙阴影线，纯色背景色透过比较平滑的区域显示出来。
- **木刻**：将图形描绘成好像是由从彩纸上剪下的边缘粗糙的剪纸片组成的效果。高对比度的图形看起来呈剪影状，而彩色图形看上去是由几层彩纸组成，效果如图10-136所示。

图 10-135 　　　　　　　　　　　　　　图 10-136

- **水彩**：模拟制作水彩画的效果。
- **海报边缘**：根据设置的海报选项值减少图形中的颜色数，并在边缘上绘制黑色线条的效果，如图10-137所示。
- **海绵**：模拟制作海绵浸水的效果。
- **涂抹棒**：使画面呈模糊和浸染的效果。
- **粗糙蜡笔**：模拟制作蜡笔的粗糙质感效果，如图10-138所示。

图 10-137 　　　　　　　　　　　　　　图 10-138

- **绘画涂抹**：模拟油画的细腻涂抹质感效果。
- **胶片颗粒**：为图像添加胶片颗粒状效果的杂色，如图10-139所示。
- **调色刀**：减少图形中的细节以生成描绘得很淡的画布效果，如图10-140所示。
- **霓虹灯光**：模拟制作类似霓虹灯发光的效果。

图 10-139 　　　　　　　　　　　　　　图 10-140

实训案例 制作文字的毛绒效果

案/例/描/述

本案例制作的是文字的毛绒效果。在实操中主要用到的知识点有新建文档、钢笔工具、直接选择工具、矩形工具、渐变、变换旋转、混合工具、效果等。

案/例/详/解

下面将对案例的制作过程进行详细讲解。

步骤01 打开Illustrator软件，执行"文件"→"新建"命令，打开"新建文档"对话框，设置参数，单击"创建"按钮即可，如图10-141所示。

步骤02 选择"钢笔工具"，绘制不闭合的路径（按住Shift键绘制水平直线），如图10-142所示。

图 10-141 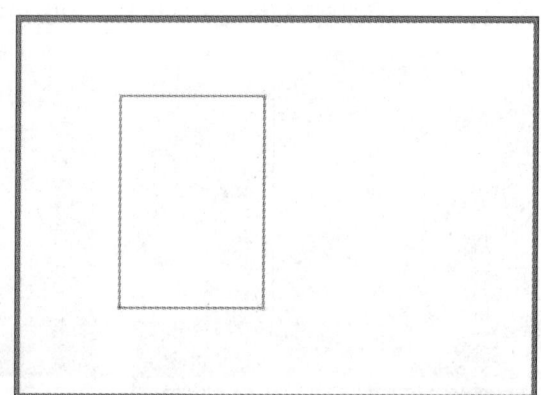　　　　　　　　　　图 10-142

步骤03 选择"直接选择工具"，分别单击右上角和右下角锚点，出现 ⊙ 时向下拖动，如图10-143所示。

步骤04 使用同样的方法绘制另一段路径，如图10-144所示。

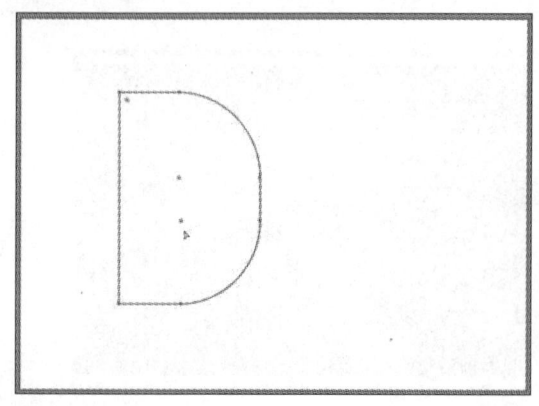

图 10-143 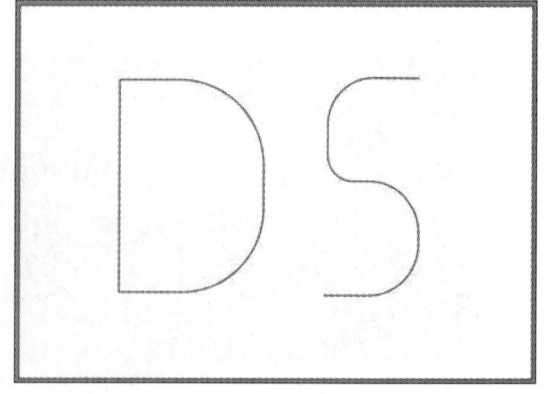　　　　　　　　　　图 10-144

步骤 05 选择"矩形工具",绘制两个矩形并分别填充颜色,如图10-145所示。

步骤 06 选择"椭圆工具",按住Shift键绘制正圆,如图10-146所示。

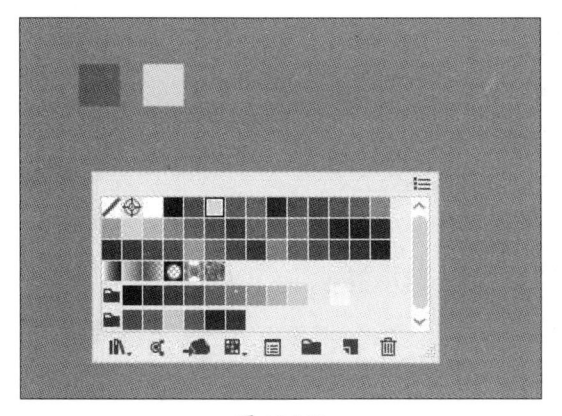

图 10-145 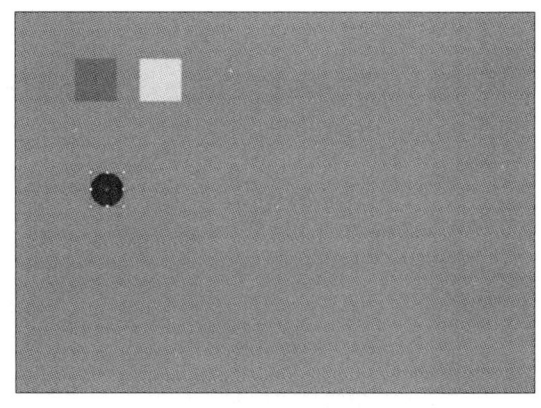　　　　　　　　图 10-146

步骤 07 执行"窗口"→"渐变"命令,在弹出的"渐变"面板中单击"吸管工具"。

步骤 08 分别在渐变色条两端处吸取矩形的颜色进行更改,如图10-147所示,效果如图10-148所示。

图 10-147 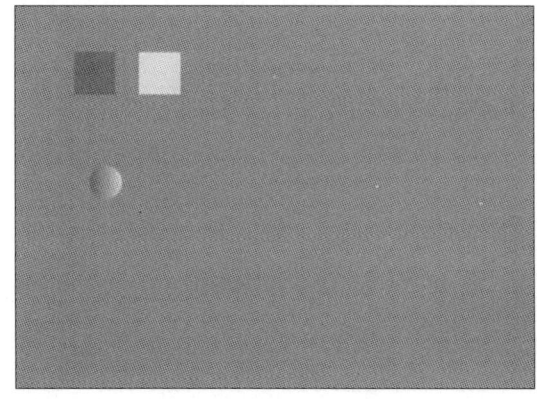　　　　　　　　图 10-148

步骤 09 执行"对象"→"变换"→"旋转"命令,在弹出的"旋转"对话框中设置参数,如图10-149所示。

步骤 10 按住Alt键复制一个圆形并选中,如图10-150所示。

图 10-149 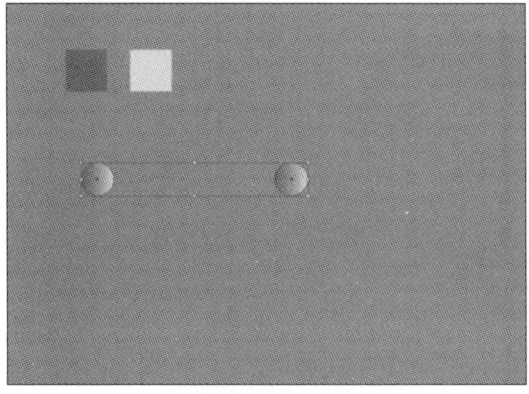　　　　　　　　图 10-150

步骤 11 按住Alt键向下拖动复制并选中，如图10-151所示。

步骤 12 双击"混合工具" ，在弹出的"混合选项"对话框中设置参数，如图10-152所示。

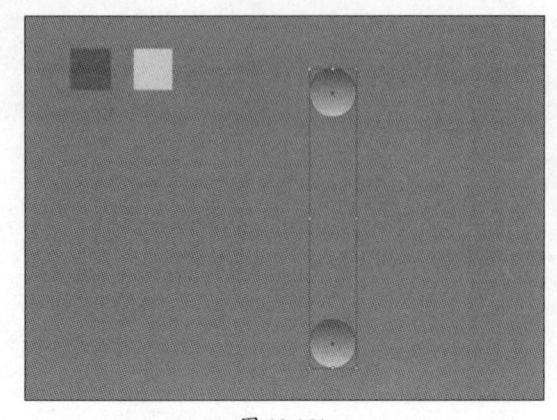

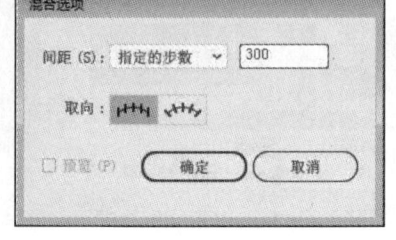

图 10-151

图 10-152

步骤 13 分别单击两个圆建立混合，如图10-153所示。

步骤 14 按住Alt键复制并移动混合轴，如图10-154所示。

图 10-153

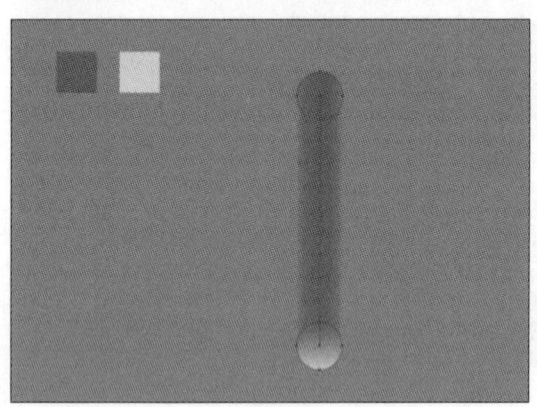

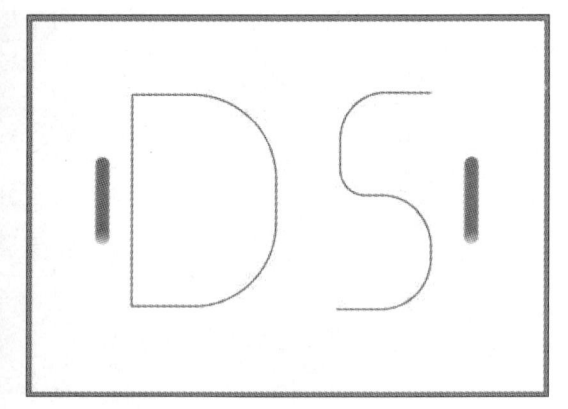

图 10-154

步骤 15 选中其中一组，执行"对象"→"混合"→"替换混合轴"命令，如图10-155所示。

步骤 16 对另一个路径执行相同的操作，如图10-156所示。

图 10-155

图 10-156

步骤17 选中两个对象,执行"效果"→"扭曲和变换"→"粗糙化"命令,在弹出的"粗糙化"对话框中设置参数,如图10-157所示。

步骤18 效果如图10-158所示。

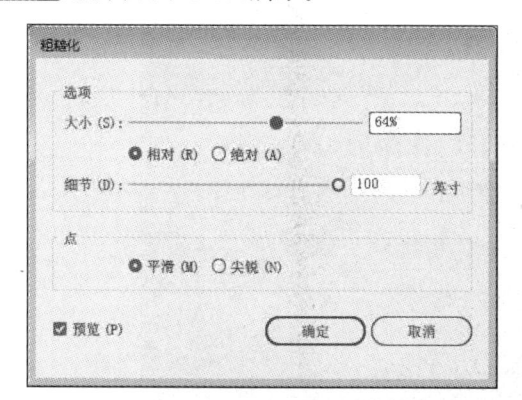

图 10-157 　　　　　　　　　　　图 10-158

步骤19 选中两个对象,执行"效果"→"扭曲和变换"→"收缩与膨胀"命令,在弹出的"收缩与膨胀"对话框中设置参数,如图10-159所示。

步骤20 效果如图10-160所示。

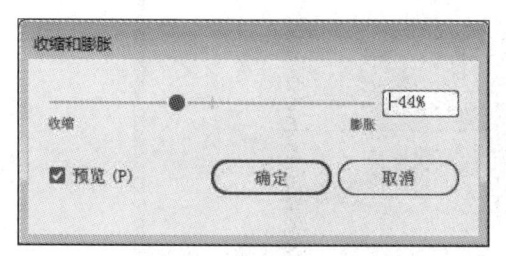

图 10-159 　　　　　　　　　　　图 10-160

步骤21 选择"矩形工具",绘制矩形,置于底层,如图10-161所示。

步骤22 在控制栏中单击"任意形状渐变"按钮,调整不透明度为40%,如图10-162所示。

图 10-161 　　　　　　　　　　　图 10-162

步骤23 若要更改颜色,可以创建一个渐变图形,如图10-163所示。

步骤24 选中有毛绒效果的图像,选择"吸管工具",吸取圆形的颜色即可,最终效果如图10-164所示。

图 10-163

图 10-164

至此,完成文字的毛绒效果的制作。

第 11 章
打印与自动化处理

内容概要

文件自动化处理可以在工作时减少工作量，提高工作效率。本章将讲解如何在制作完成后设置打印参数，如何利用"动作"面板和"批处理"命令快速处理需要执行相同操作的文件。

知识要点

- 打印设置。
- "动作"面板。
- 批处理。

数字资源

【本章案例素材来源】："素材文件\第11章"目录下
【本章案例最终文件】："素材文件\第11章\实训案例"目录下

11.1 文件的打印

Illustrator具有强大的打印功能，用户可以很方便地进行打印设置，并在激光打印机、喷墨打印机中打印出高分辨率彩色文档。

执行"文件"→"打印"命令，或按Ctrl+P快捷键，弹出"打印"对话框，如图11-1所示。在该窗口可以预览打印效果，并且可以对打印机、打印份数、输出选项和颜色管理等进行设置。

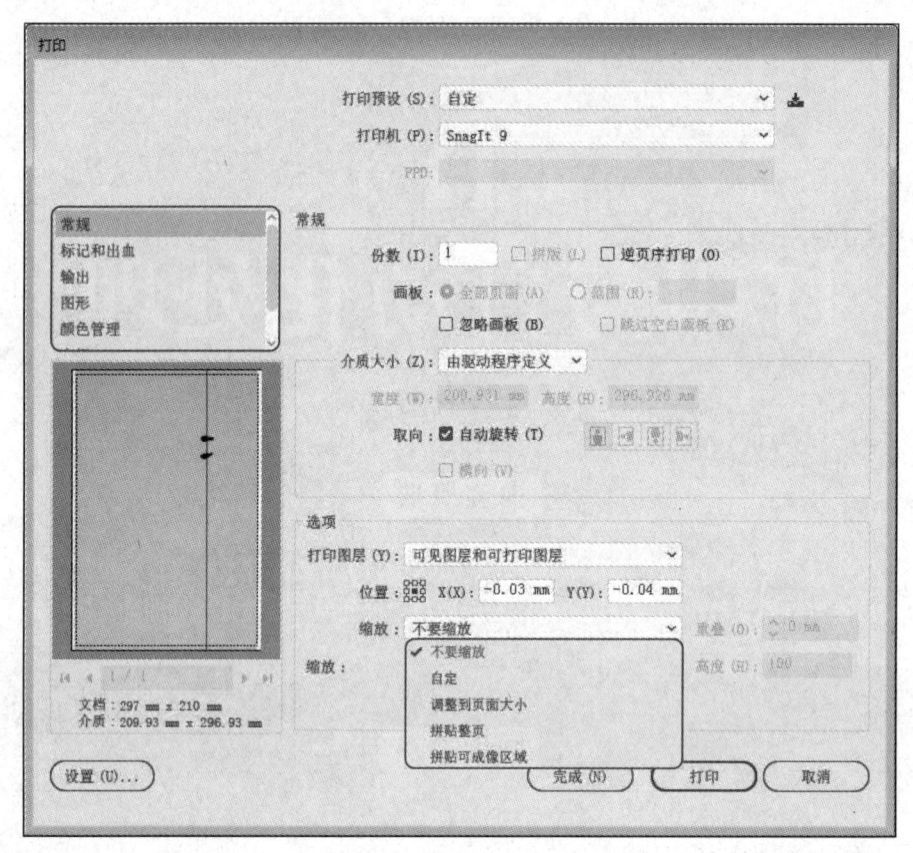

图 11-1

1. 常规

"常规"中的选项主要用于设置页面大小和方向、指定要打印的页数、缩放图稿，指定拼贴选项以及选择要打印的图层。

- **份数**：输入要打印的份数；选中"逆页序打印"复选框，将从后向前打印文档。
- **画板**：若文档中包含多个文档，则需在此选项中选择要打印的画板页面。
- **介质大小**：在下拉列表中选择打印纸张的尺寸。
- **宽度、高度**：设置纸张的宽度和高度。
- **取向**：选择纸张打印的方向。取消选中"自动旋转"复选框，可以单击4个方向按钮进行选择。
- **打印图层**：选择要打印的图层，在下拉列表中可以选择"可见图层和可打印图层""可见图层"和"所有图层"3个选项。

- **缩放**：在其下拉列表框中选择缩放形式。

2. 标记和出血

"标记和出血"选项中主要设置印刷标记与创建出血参数，如图11-2所示。

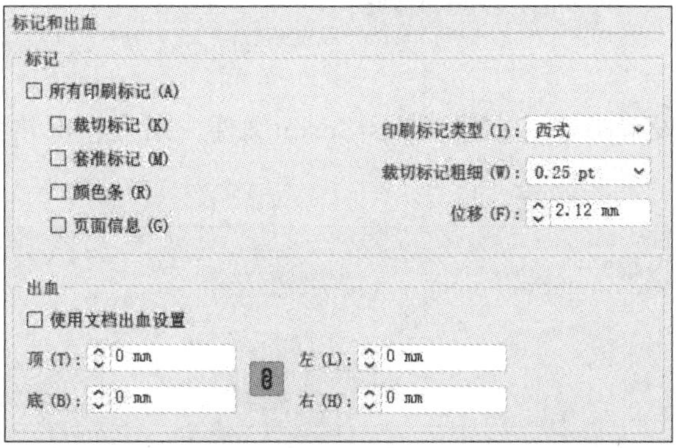

图 11-2

- **所有印刷标记**：打印所有的打印标记。
- **裁切标记**：在被裁剪区域的范围内添加一些垂直和水平的线。
- **套准标记**：用来校准颜色。
- **颜色条**：一系列的小色块，用来描述CMYK油墨和灰度的等级，可以用来校正墨色和印刷机的压力。
- **页面信息**：包含打印的时间、日期、网线、文件名称等信息。
- **印刷标记类型**：有"西式"和"日式"两种。
- **裁切标记粗细**：裁切标记线的宽度。
- **位移**：指裁切线和工作区之间的距离。避免制图打印的标记在出血上，它的值应该比出血的值大。
- **出血**：取消选中"使用文档出血设置"复选框，则可以设置顶、底、左、右的出血参数。

3. 输出

"输出"选项主要设置文档的输出方式、打印机分辨率、油墨属性等参数，如图11-3所示。

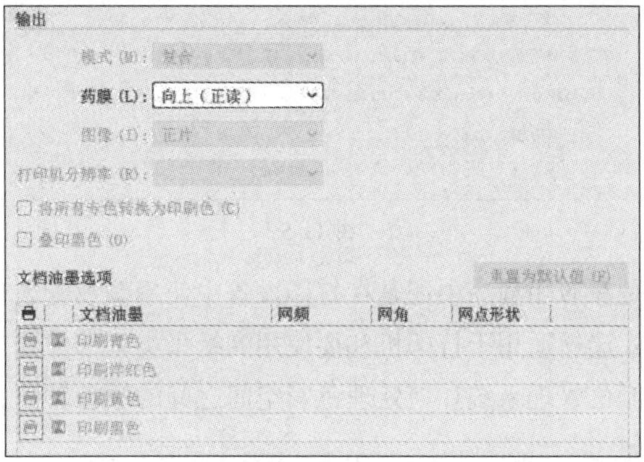

图 11-3

- **模式**：设置分色模式。
- **药膜**：胶片或纸上的感光层。
- **图像**：通常的情况下，输出的胶片为负片，类似照片底片。
- **打印机分辨率**：前面的数字是加网线数，后面的数字是分辨率。

4. 图形

"图形"选项主要设置路径、字体、PostScript文件、渐变、网格和混合的打印选项，如图11-4所示。

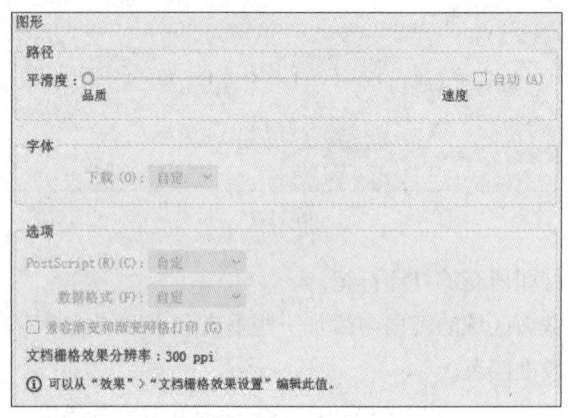

图 11-4

- **路径**：当路径向曲线转换的时候，若选择的是"品质"，会有很多细致的线条的转换效果；若选择的是"速度"，则转换的线条的数目会很少。
- **下载**：显示下载的字体。
- **PostScript**：选择PostScript兼容性水平。
- **数据格式**：数据输出的格式。

5. 颜色管理

"颜色管理"选项主要设置打印颜色配置文件和渲染方法，如图11-5所示。

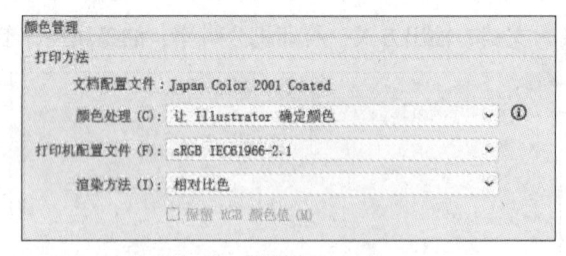

图 11-5

- **颜色处理**：设置是在应用程序中还是在打印设备中使用颜色管理。
- **打印机配置文件**：选择适用于打印机和要使用的纸张类型的配置文件。
- **渲染方法**：确定颜色管理系统如何处理色彩空间之间的颜色转换。

6. 高级

"高级"选项主要控制打印期间的矢量图稿拼合（或可能栅格化），如图11-6所示。

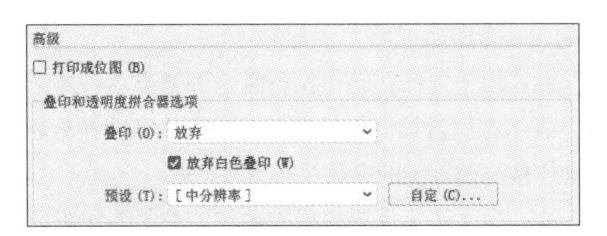

图 11-6

- **打印成位图**：把文件作为位图打印。
- **叠印**：设置叠印方式。
- **预设**：可以选择高分辨率、中分辨率和低分辨率3个选项。

7. 小结

"小结"选项主要查看完成设置后的文件相关打印信息及打印图像中包含的警告信息，如图11-7所示。

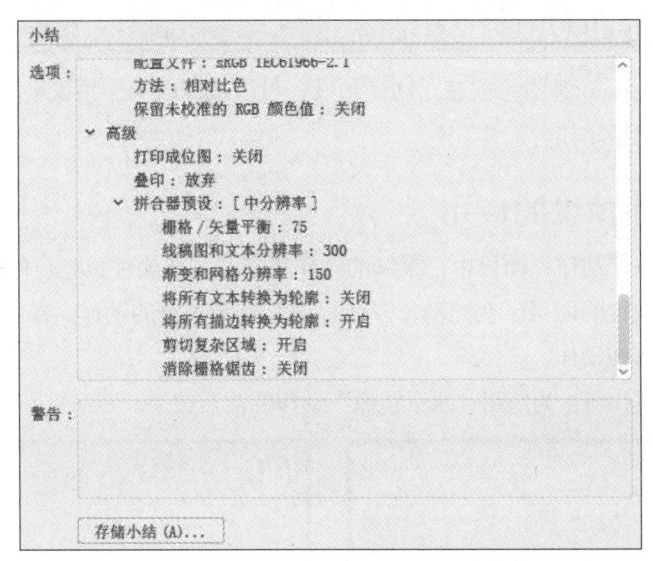

图 11-7

11.2 "动作"面板

在"动作"面板中可以将绘制图像的操作记录下来，将记录的动作应用给其他图形使用。执行"窗口"→"动作"命令，弹出"动作"面板，如图11-8所示。该面板主要用于记录、播放、编辑和删除各种动作。

图 11-8

该面板中各个按钮的含义介绍如下：
- **"切换对话开/关"** ：用于选择在动作执行时是否弹出各种对话框或菜单。若动作中的命令显示该按钮，表示在执行该命令时会弹出对话框以设置参数；若隐藏该按钮时，表示忽略对话框，动作按先前设定的参数执行。
- **"切换项目开/关"** ：用于选择需要执行的动作。关闭该按钮，可以屏蔽此命令，使其在动作播放时不被执行。
- ：这些按钮用于对动作的各种控制，从左至右各个按钮的功能依次是停止播放/记录、开始记录、播放当前所选动作。
- **创建新动作集** ：单击该按钮即可创建一个新的动作组。
- **创建新动作** ：单击该按钮即可创建一个新的动作。
- **删除所选动作** ：单击该按钮即可删除所选动作。

11.3 动作的记录与应用

Photoshop和Illustrator都附带安装了动作预设，可以按原始动作预设进行操作，也可以根据需求更改，或者创建新动作。

11.3.1 动作预设的应用

应用预设是指将"动作"面板中已录制的动作应用于图像文件或相应的图层上。

选择需要应用预设的图层，在"动作"面板中选择需执行的动作，单击"播放当前所选动作"按钮 即可运行该动作。

如图11-9和图11-10所示为应用"水平镜像"动作的前后效果。

图 11-9

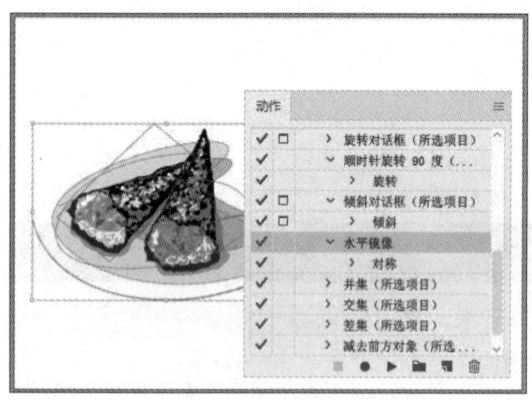

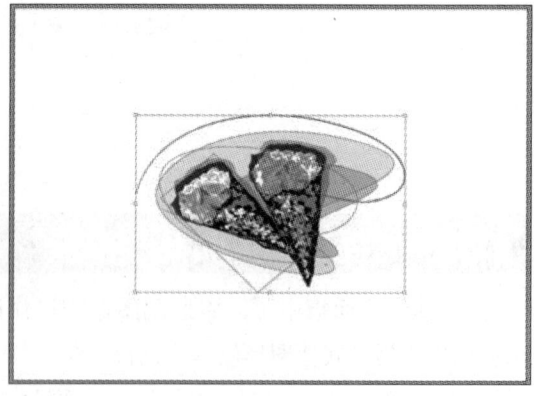

图 11-10

11.3.2 记录与播放动作

并非动作中的所有任务都能直接记录。例如，"效果"和"视图"菜单中的命令、用于显示或隐含面板的命令，以及使用选择、钢笔、画笔、铅笔、渐变、网格、吸管、实时上色工具和剪刀等工具的情况都无法记录。

创建新动作时，所用的命令和工具都将添加到动作中，直到停止记录。在"动作"面板中，单击"创建新动作集"按钮，在弹出的"新建动作集"对话框中进行命名，如图11-11所示，单击"创建新动作"按钮，在弹出的"新建动作"对话框中设置参数，完成后单击"记录"按钮，如图11-12所示。

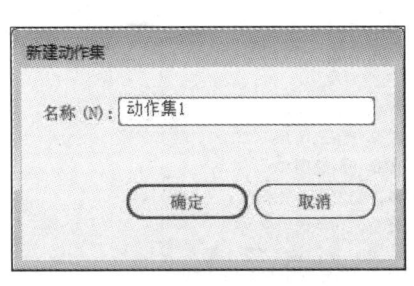

图 11-11

图 11-12

此时动作面板底部的"开始记录"按钮呈红色状态。若要停止记录，在"动作"面板底部单击"停止播放/记录"按钮即可。若要应用动作，只需选中该动作，单击"播放当前所选动作"按钮即可。

11.3.3 动作的编辑处理

动作记录完成后，还可以对该动作进行编辑处理，例如复制或删除动作、追加或插入动作、指定回放速度等。

1. 复制或删除动作

若创建的动作类似于某个动作，则不需要重新记录，只需选择该动作，按住Alt键的同时拖动至"创建新动作"按钮处，如图11-13所示；或单击"动作"面板中菜单按钮，在弹出的快捷菜单中选择"复制"选项，如图11-14所示。

图 11-13

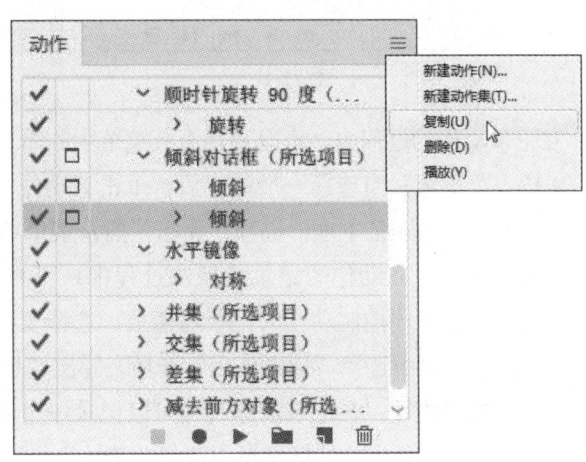

图 11-14

若要删除某些动作，其操作方法和复制类似：只需选择该动作后拖至"删除所选动作"按钮 🗑 处；或单击"动作"面板中菜单按钮 ≡，在弹出的快捷菜单中选择"删除"选项，如图11-15和图11-16所示。

图 11-15

图 11-16

2. 追加或插入动作

记录完成后若要追加记录或插入记录，可以单击"开始记录"按钮；若要停止记录，在"动作"面板底部单击"停止播放/记录"按钮 ■ 即可，如图11-17和图11-18所示。

图 11-17

图 11-18

在记录动作的过程中，可以利用面板菜单中的命令并根据需要插入一些项目，其中包括：

- **插入菜单项**：当选择一个动作后，单击"动作"面板中的菜单按钮，在弹出的快捷菜单中选择"插入菜单项"选项，弹出"插入菜单项"对话框，如图11-19所示。
- **插入停止**：在动作的记录或播放过程中，可根据需要在记录过程中加入一些人为的停顿，以更好地控制动作的记录与播放，选择要在其下面插入停止的动作或命令，在弹出的快捷菜单中选择"插入停止"选项，弹出"记录停止"对话框，如图11-20所示。
- **插入选择路径**：在记录动作时，可以记录一个路径作为动作的一部分，操作时可选择一个路径，在弹出的快捷菜单中选择"插入选择路径"选项即可。

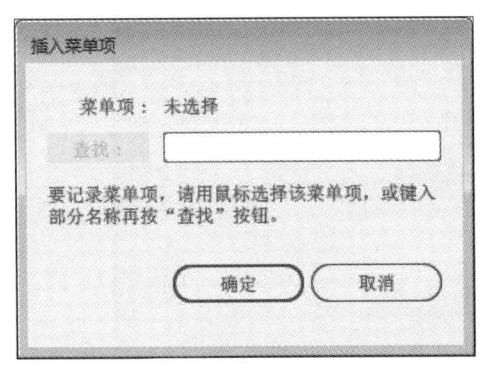

图 11-19 　　　　　　　　　图 11-20

> **提示**：在"插入菜单项"对话框中，用户可以在选定的动作名称前插入一个新的动作集，也可以在"查找"文本框内输入所要使用的动作名称，Illustrator就会自动开始查找。
> 　　在"记录停止"对话框中的"信息"文本框内键入停止时所要显示的信息，当选择"允许继续"复选框后，即可暂时停止录制，而选择"允许继续"选项可继续进行，完成设置后，单击"确定"按钮。

3. 指定回放速度

可以调整动作的回放速度或将其暂停，以便对动作进行调试。选择该动作后，单击面板中的菜单按钮，在弹出的快捷菜单中选择"回放选项"选项，如图11-21所示。在弹出的"回放选项"对话框中设置动作的播放速度，也可以选择暂停，以便对动作进行更改，如图11-22所示。

图 11-21 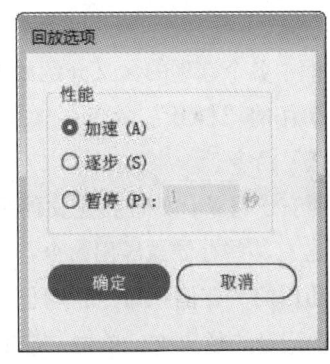　　　　　　　　　图 11-22

该对话框中各个选项的含义介绍如下：
- **加速**：以正常的速度播放动作（默认设置）。
- **逐步**：完成每个命令并重绘图像，然后再执行动作中的下一个命令。
- **暂停**：指定应用程序在执行动作中的每个命令之间应暂停的时间量。

11.4　批处理

"批处理"命令可以对大量重复做的文件播放动作，做批量化处理。在"动作"面板中，单击面板中的菜单按钮，在弹出的快捷菜单中选择"批处理"选项，弹出"批处理"对话框，如图11-23所示。

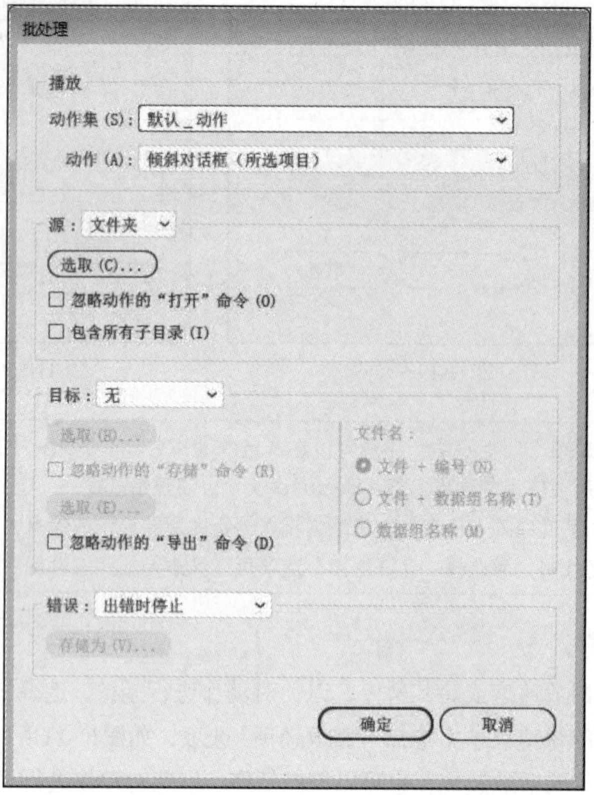

图 11-23

该对话框中各个选项的含义介绍如下：

- **忽略动作的"打开"命令**：从指定的文件夹打开文件，忽略记录为原动作部分的所有"打开"命令。
- **包含所有子目录**：处理指定文件夹中的所有文件和文件夹。

若动作含有某些存储或导出命令，可以设置的选项如下：

- **忽略动作的"存储"命令**：将已处理的文件存储在指定的目标文件夹中，而不是存储在动作中记录的位置上。单击"选取"以指定目标文件夹。
- **忽略动作的"导出"命令**：将已处理的文件导出到指定的目标文件夹中，而不是存储在动作中记录的位置上。单击"选取"以指定目标文件夹。

若选择"数据组"作为"源"，则可以设置在忽略"存储"和"导出"命令时生成文件名的选项如下：

- **文件+编号**：生成文件名，方法是取原文档的文件名，去掉扩展名，然后缀以一个与该数据组对应的数字编号。
- **文件+数据组名称**：生成文件名，方法是取原文档的文件名，去掉扩展名，然后缀以下划线加该数据组的名称。
- **数据组名称**：取数据组的名称生成文件名。

实训案例 创建动作和批处理

案/例/描/述

本案例主要讲解如何创建动作和批量应用动作。在实操中主要用到的知识点有打开文件、创建动作、批处理等。

案/例/详/解

下面将对案例的制作过程进行详细讲解。

步骤 01 打开Illustrator软件，执行"文件"→"打开"命令，打开素材文件"金属文字.ai"，如图11-24所示。

步骤 02 执行"窗口"→"动作"命令，弹出"动作"面板，如图11-25所示。

图 11-24    图 11-25

步骤 03 在"动作"面板中单击"创建新动作集"按钮，在弹出的"新建动作集"对话框中进行命名，如图11-26所示。

步骤 04 单击"创建新动作"按钮，在弹出的"新建动作"对话框中设置参数，完成后单击"记录"按钮，如图11-27所示。

图 11-26    图 11-27

步骤05 此时"动作"面板底部的"开始记录"按钮 呈红色状态，如图11-28所示。

步骤06 选择"画板工具" ，如图11-29所示。

图 11-28 　　　　　　　　　　　图 11-29

步骤07 执行"文件"→"导出"命令，在弹出的"导出"对话框中设置参数，如图11-30所示。

步骤08 单击"导出"按钮，在弹出的"JPEG选项"对话框中设置参数，如图11-31所示。

图 11-30 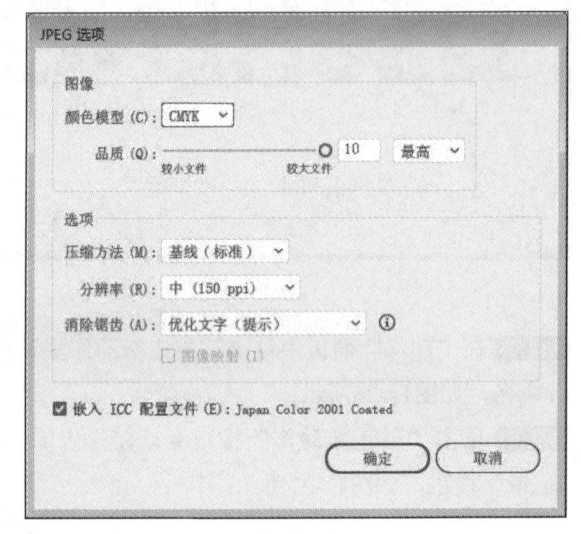　　　　　　　　　　　图 11-31

步骤09 在"动作"面板底部单击"停止播放/记录"按钮 ，结束录制，如图11-32所示。

步骤10 单击"动作"面板菜单按钮 ，在弹出的快捷菜单中选择"批处理"选项，在弹出的"批处理"对话框中设置参数，如图11-33所示。

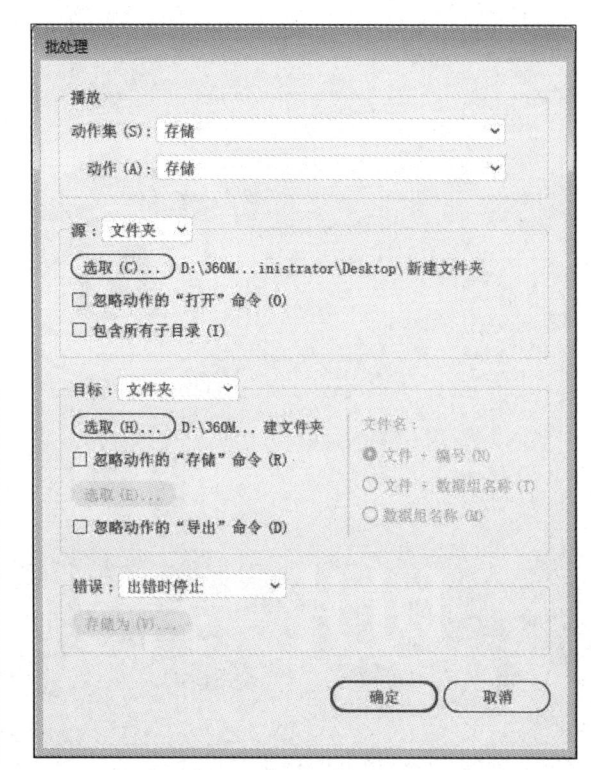

图 11-32　　　　　　　　　　　　　　图 11-33

步骤 11 单击"确定"按钮，系统会自动处理，如图11-34所示。

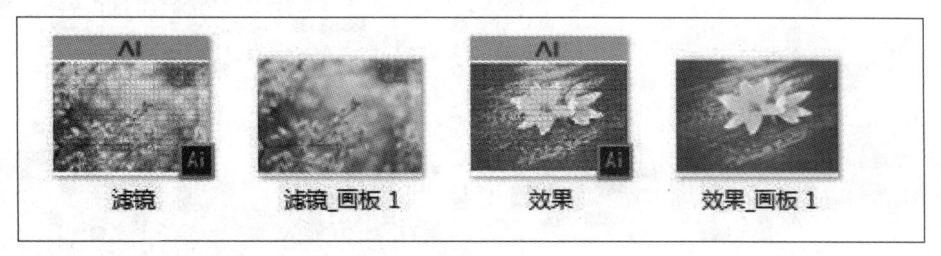

图 11-34

至此，完成创建动作和批处理操作。

第 12 章
切片与网页输出

内容概要

随着互联网的发展，网页设计越来越受重视。与印刷设计不同，网页设计由于呈现的介质不同，在前期的颜色、文件大小设置，后期的切片处理等方面都会影响到最后的视觉呈现。因此，在输出网页内容时，需要特别注意输出的格式和图像压缩比率。

知识要点

- 切片划分。
- Web网页格式与方法。

数字资源

【本章案例素材来源】："素材文件\第12章"目录下
【本章案例最终文件】："素材文件\第12章\实训案例\"目录下

12.1 切片工具组

在Illustrator中，设计好的网页图片不能直接上传至网络，需要对其进行"切片"。默认情况下，切片区域可导出为包含于表格单元格中的图像文件。在工具箱中长按或右击"切片选择工具"，展开其工具组，如图12-1所示。

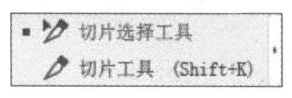

图 12-1

12.1.1 切片工具

"切片工具"可将图稿分割为单独的Web图像。选择"切片工具"，在图像中按住鼠标左键拖动，绘制一个矩形选框，如图12-2所示。

图 12-2

释放鼠标后创建切片，如图12-3所示。"切片工具"和"矩形选框工具"类似，按住鼠标左键拖动的同时按住Shift键可以创建正方形切片，按住Alt键可以从中心向外创建矩形切片，按住Shift+Alt组合键可以创建从中心向外的正方形切片。

图 12-3

12.1.2 切片选择工具

使用"切片选择工具"，在图像中单击即可选中切片，切片控制框变为蓝色。将鼠标光标放至边缘处变为双箭头，拖动即可调整切片的位置与大小，如图12-4所示。

图 12-4

在移动过程中，按住Ctrl键可将切片进行旋转移动，如图12-5所示。

图 12-5

12.2 切片的创建与编辑

除了自由绘制切片，还可以基于参考线创建切片、沿水平和垂直方向平均地划分切片。创建完切片后可以设置切片选项，以及进行复制、释放、删除切片等操作。

12.2.1 基于参考线创建切片

若要基于参考线创建切片，可以按Ctrl+R组合键显示标尺，创建参考线，如图12-6所示。

图 12-6

执行"对象"→"切片"→"从参考线创建"命令，创建切片，如图12-7所示。

图 12-7

■12.2.2 划分切片

若要沿水平或垂直方向或沿两个方向同时划分切片，可以执行"划分切片"命令。先使用"切片工具"选中图像，如图12-8所示。

图 12-8

执行"对象"→"切片"→"划分切片"命令，在弹出的"划分切片"对话框中设置参数，效果如图12-9所示。

图 12-9

12.2.3 设置切片选项

切片的选项确定了切片内容如何在生成的网页中显示、如何发挥作用。使用"切片选择工具"选中切片，执行"对象"→"切片"→"切片选项"命令，弹出"切片选项"对话框，如图12-10所示。

图 12-10

该对话框中各个选项的含义介绍如下：
- **切片类型**：设置切片的输出类型。选择"图像"选项，生成的网页中为图像文件；选择"无图像"选项，生成的网页中包含 HTML 文本和背景颜色；仅当选择文本对象并选择"对象"→"切片"→"建立"命令来创建切片时，才选择"HTML 文本"选项。
- **名称**：设置切片名称。
- **URL**：设置切片链接的Web地址，在浏览器中单击切片图像时，即可链接到此处设置的网址和目标框架。
- **目标**：设置目标框架的名称。

- **信息**：设置出现在浏览器中的信息。
- **替代文本**：输入字符，文本将出现在浏览器中的该切片位置上。
- **背景**：选择一种背景色填充透明区域。

■12.2.4 编辑切片

若要复制切片，需使用"切片选择工具"选中切片，按住Alt键的同时拖动切片，即可复制相同的切片，如图12-11所示。

图 12-11

按住Shift键可以选择多个切片，执行"对象"→"切片"→"组合切片"命令，可以将多个切片组合成一个切片组合，如图12-12所示。

图 12-12

若要删除切片，需使用"切片选择工具"选中切片，按Delete键删除。
若要释放切片，需使用"切片选择工具"选中切片，执行"对象"→"切片"→"释放"命令，即可将切片释放为一个无描边、无填充的矩形。

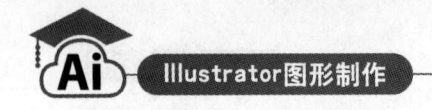

12.3　Web图形输出

Illustrator 提供多种工具用来创建网页输出，以及创建并优化网页图形。执行"文件"→"导出"→"存储为Web所用格式（旧版）"命令，弹出"存储为Web所用格式"对话框，如图12-13所示。

图 12-13

该对话框中主要选项的含义介绍如下：

- **显示方法** 原稿 优化 双联 ：选择"原稿"选项，窗口中只显示没有优化的图像；选择"优化"选项，窗口中只显示优化的图像；选择"双联"选项，窗口中会显示优化前和优化后的图像。
- **缩放工具** ：单击放大图像，按住Alt键单击缩小图像。
- **切换切片可见性** ：单击此按钮，窗口显示切片。
- **导出**：在其下拉列表框中可以选择导出"所有切片""所有用户切片"和"选中的切片"。

单击"存储"按钮，在弹出的"将优化结果存储为"窗口中设置存储位置，单击"存储"按钮，即可得到存储为切片的图像文件，如图12-14所示。

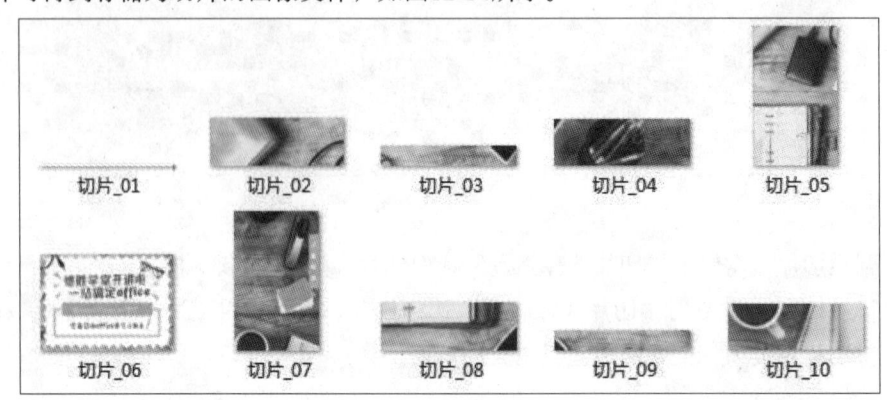

图 12-14

12.3.1 优化GIF格式设置

不同格式的存储图像，其质量与大小也不相同，合理选择优化格式，可以有效地控制图像的质量。可供选择的Web图像的优化格式有GIF、JPEG、PNG-8、PNG-24。如图12-15所示为GIF格式参数选项。

图 12-15

该选项组中各个选项的含义介绍如下：
- **名称**：在该下拉列表框中可以选择内置的输出预设。
- **颜色**：设置用于生成颜色查找表的方法，以及在颜色查找表中使用的颜色数量。
- **仿色**："仿色"是一种通过模拟计算机的颜色来显示提供的颜色的方法。
- **透明度**：有3种透明度算法，分别为"扩散透明度仿色""图案透明度仿色"和"杂色透明度仿色"。
- **杂边**：设置一种混合透明像素的颜色。
- **交错**：当正在下载文件时，在浏览器中显示图像的低分辨率版本。
- **Web靠色**：设置将颜色转换为最接近Web颜色库等效颜色的容差级别，数值越高，转换的颜色越多。

12.3.2 优化JPEG格式设置

JPEG格式既保证了图像的质量，还能将其进行压缩，是常用和常见的图像格式。如图12-16所示为JPEG格式的参数选项。

图 12-16

该选项组中主要选项的含义介绍如下：
- **品质**：设置压缩图像的方式。"品质"数值越高，文件越大，图像细节越丰富。
- **连续**：在Web浏览器中以渐进的方式显示图像。
- **优化**：创建更小但兼容性更低的文件。
- **ICC配置文件**：包含基于ICC的配置文件。
- **模糊**：创建类似于"高斯模糊"的图像效果。数值越大，模糊越明显，同时减低图像文件的大小。

12.3.3 优化PNG格式设置

PNG格式是一种专门为Web开发的用于将图像压缩到Web上的文件格式。PNG格式支持24位真彩色图像并产生无锯齿状的透明背景。如图12-17所示为PNG-8格式参数选项。

图 12-17

另一种优化图像格式为PNG-24格式，这种图像格式可以在图像中保留多达256个透明度级别，适用于压缩连续色调图像，但是生成的文件相对其他格式较大。如图12-18所示为PNG-24格式的参数选项。

图 12-18

12.4 设计知识：网页版式设计

如今的网站已经不仅仅是人们查询资料的工具，而是融合了多种功能于一身，为人们提供学习、生活、工作及娱乐等信息的重要渠道，因此，人们对网站的要求也与日俱增。对网页版式的要求不仅仅在于其是否美观，还要强调人们的适用习惯和其心理引导作用。

12.4.1 网页的基本组成元素

在制作网站前，要先确定网页的内容。一个网页通常由文本、图片、超链接和表单等元素组成，组成网页的常用元素如图12-19所示。

图 12-19

1. 文本

文本是网页中最基本的元素，也是网页的主体。规划合理、美观的文本能带给用户清新的感觉，如图12-20所示。

图 12-20

文本的添加方式既可以是手工逐字逐句地输入，也可以是把其他应用软件中的文本复制粘贴到网页的编辑窗口中。要仔细考虑文本的大小、颜色及其他样式，再配以精美的图片，这样才能创造出精美的页面效果。网页中的文本样式繁多、风格不一，吸引用户的网页通常都具有美观的文本样式。

2. 图片

网页之所以丰富多彩，是因为有了图片，可见图片在网页中的重要性。在网页中既可以通过图片的形式表达主题，也可以通过图片对网页进行装饰。图片在网页中的作用是无可替代的，一幅精美适合的图片，往往可以胜过数篇洋洋洒洒的文字，如图12-21所示。另外，绝大多数网站还需要有一个Logo，如图12-22所示。Logo是一种视觉化的信息表达方式，是具有一定含义并能够使人理解的视觉图形，有简洁、明确及一目了然的视觉传递效果。

3. 动画

一个引人注目的网站，仅有文字和图片是远远不够的，这样很难吸引用户的目光。适当地添加一些精美的网络动画，不仅可以为网页效果锦上添花，还可以使展示的内容栩栩如生。如图12-23所示为使用Animate制作的网页小游戏。

动画是网页上最活跃的元素，制作优秀、创意出众的动画是吸引用户的最有效的手段。网页中的Banner可以采用动画形式，如图12-24所示。

图 12-21

图 12-22

图 12-23

图 12-24

4. 表格

表格是网页排版的灵魂，使用表格排版是现在网页的主要制作形式，如图12-25所示。通过表格可以精确地控制各元素在网页中的位置。这里提到的"表格"并非指网页中直观意义上的表格，其范围要更广一些。表格是一种HTML语言中的元素，主要被用于排列网页内容，组织整个网页的外观。通过在表格中放置相应的图片或其他内容，可有效地构建符合设计效果的页面。有了表格的存在，网页中的元素才得以被方便地固定在设计的位置上。一般表格的边线不在网页中显示。

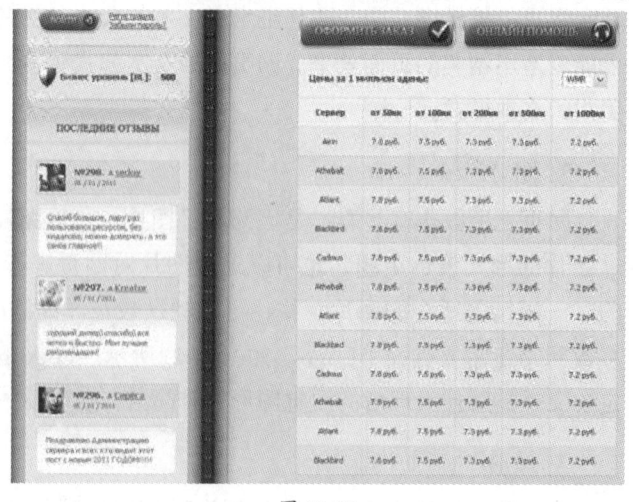

图 12-25

5. 超链接

超链接是网站的灵魂，是从一个网页指向一个目的端的链接。这个目的端可以是另一个网页，也可以是一幅图片，一个电子邮件地址，一个文件，一个程序，还可以是相同网页中的其他位置。超链接可以是文本或者图片，如图12-26所示，其中既有文本链接又有图片链接，还可以通过导航栏进行超链接。

图 12-26

6. 表单

表单是被用来收集站点用户信息的域集。站点用户填写表单的方式是输入文本，单击单选按钮或勾选复选框，以及从下拉菜单中选择选项。在填写好表单后，站点用户便送出所输入的数据，该数据会根据所设置的表单处理程序以各种不同的方式进行处理。下面的搜索框就是一个很典型的文本框表单，如图12-27所示。

图 12-27

■12.4.2 网页版式的设计原则

网页版式既要从外观上进行创意设计以达到吸引眼球的目的，还要结合图形和版面设计的相关原理，使其变成一门独特的艺术。通常来讲，网页版式的设计应遵循以下几个基本原则。

1. 用户导向

设计网页时首先要明确使用网页的人群，站在用户的角度和立场上来考虑网页版式的设计。要做到这一点，必须和用户沟通，了解他们的需求、目标、期望和偏好等。

2. KISS

"KISS"就是"Keep It Simple and Stupid"的缩写。简洁和易于操作，是网页设计的重要

原则。网页的建设要方便普通用户查阅信息和使用网络服务，减少用户操作上的麻烦，使其操作流畅，一般在设计网页时要尽量做到简洁，并且有明确的操作提示。

3. 布局控制

如果网站布局凌乱，把大量的信息简单地集合在页面中，就会干扰用户的阅读。在进行网页设计时一般需要注意以下两点。

（1）Miller公式。

心理学家George A. Miller的研究表明，人一次性接受的信息量在7bit左右为宜。总结成一个公式为：一个人一次所接受的信息量为（7±2）bit。这一原理被广泛应用于网站的建设中，一般网页上面的栏目最佳选择在5~9个。

（2）分组处理。

上面提到，对于信息的分类，不能超过9个栏目。但如果内容较多，超出了9个，就需要进行分组处理。

4. 视觉平衡

在设计网页时，需要运用各种元素来达到视觉冲击的目的。根据视觉原理，与文字相比较，图形的视觉冲击力更大。因此，为了取得视觉平衡，在设计网页时需要以更多的文字来平衡一幅图片。另外，人们的阅读习惯是从左到右、从上到下，视觉平衡也要遵循这一原理。

5. 颜色的搭配和文字的可阅读性

颜色是影响网页的重要因素，不同的颜色给人的感觉也不同。通常情况下，一个网页版式尽量不要使用超过4种颜色的设计，太多的颜色容易让人感觉没有方向感和侧重点。当主题色确定好以后，在考虑其他配色时，一定要注意其他配色与主题色的关系，以及最终要体现什么样的效果。另外，还要考虑哪种因素可能占主要地位，是明度、纯度还是色相。

为了方便阅读网页中的信息，可以参考报纸的编排方式，将网页的内容进行分栏设计。

6. 和谐与一致性

网页版式中的各元素都要使用一定的规格，要有一致的结构设计，要统一网页的设计原则和方向，这样设计出来的网页版式才会风格统一。

7. 更新和维护

适时地对网页进行内容或形式上的更新，是保持网站鲜活性的重要手段，长期没有更新的网站是不会有人去看的。如果想要经营一个即时性质的网站，除了形式，内容也要每日更新，并且要考虑事后维护及管理的问题。设计一个网页可能比较简单，而维护管理的各项事务则比较烦琐。这项工作重复而枯燥，但千万不能不做，因为维护及管理是网站后期运行极为重要的工作之一。

实训案例 制作网页切片

案/例/描/述

本案例主要使用"切片"工具对网页进行切片。在实操中主要用到的知识点有打开文件、切片工具、切片选择工具、Web输出等。

案/例/详/解

下面将对案例的制作过程进行详细讲解。

步骤01 打开Illustrator软件,执行"文件"→"打开"命令,在弹出的"打开"对话框中选择素材文件"网页.jpg",单击"打开"按钮即可,如图12-28所示。

步骤02 选择"画板工具",调整画板至整幅画面,如图12-29所示。

图 12-28

图 12-29

步骤03 选择"切片工具",按住鼠标左键框选标题栏部分,如图12-30所示。

步骤04 继续绘制文字部分切片,如图12-31所示。

图 12-30

图 12-31

· 249 ·

步骤05 绘制文字旁边汉堡部分的切片，如图12-32所示。

图 12-32

步骤06 绘制左下角矩形部分切片，如图12-33所示。

图 12-33

步骤07 绘制底端中间矩形部分切片，如图12-34所示。

图 12-34

步骤08 绘制右下角矩形部分切片，如图12-35所示。

图 12-35

步骤09 选择"切片选择工具"，选择文字部分的切片，按住Alt键调整，如图12-36所示。

图 12-36

第12章 切片与网页输出

步骤 10 使用"切片工具"和"切片选择工具"调整切片，如图12-37所示。

步骤 11 执行"文件"→"导出"→"存储为Web所用格式（旧版）"命令，弹出"存储为Web所用格式"对话框，如图12-38所示。

步骤 12 单击"存储"按钮后，在弹出的"将优化结果存储为"窗口中设置存储位置，单击"存储"按钮，即可得到存储为切片的图像文件，如图12-39所示。

至此，完成网页切片的制作。

图 12-37

图 12-38

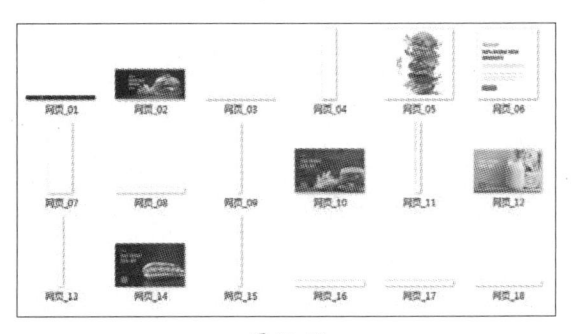

图 12-39

参考文献

[1] 周冠中等. Adobe Illustrator官方认证标准教材[M]. 北京: 清华大学出版社, 2022.

[2] 凤凰高新教育. 中文版Illustrator 2022基础教程[M]. 北京: 北京大学出版社, 2023.

[3] 梁晓龙. 图形创意设计必修课：Illustrator版[M]. 北京: 清华大学出版社, 2022.

[4] 相世强. Illustrator平面创意设计完全实训手册[M]. 北京: 清华大学出版社, 2021.

[5] 游小荣, 孔艳芬. 平面广告设计与制作: Photoshop+Illustrator: 第3版: 微课版[M]. 3版. 北京: 人民邮电出版社, 2023.

[6] 李金明, 李金蓉. 中文版Illustrator 2021完全自学教程[M]. 北京: 人民邮电出版社, 2021.

扫码获取
- 配套资源
- 系统讲解
- 实战案例
- 灵感手记